基因表达谱数据挖掘的粒计算方法与应用

孙　林　徐久成　著

科学出版社
北京

内 容 简 介

基因表达谱数据挖掘是生物信息学领域的重要研究内容之一,发展高效实用的基因表达谱数据处理技术有助于挖掘重要的肿瘤基因信息,对肿瘤的早期发现、临床诊断与治疗以及疾病预防具有非常重要的科学意义和实际价值。粒计算是当前人工智能领域中模拟人类思维和解决复杂问题的新理论与新方法,它涵盖了所有有关粒度的理论、方法和技术,是研究大规模复杂问题求解、大数据分析与挖掘、不确定性信息处理的有力工具。由此,如何高效地从大规模复杂高维的基因表达谱数据中迅速挖掘数据之间的潜在关系,已成为粒计算研究知识获取技术的关键问题。本书介绍了基因表达谱数据挖掘的粒计算方法与应用的最新进展,内容涉及基因表达谱数据挖掘的相关技术、粒计算的相关理论、基于邻域熵的肿瘤基因选择方法、基于邻域互信息的肿瘤基因选择方法、基于监督学习和粒计算的肿瘤基因选择方法。

本书可供生物信息学、计算机科学、人工智能等相关专业的研究人员阅读,也可供相关领域的工程技术人员参考。

图书在版编目(CIP)数据

基因表达谱数据挖掘的粒计算方法与应用 / 孙林,徐久成著. 一 北京:科学出版社,2023.11
ISBN 978-7-03-076453-9

Ⅰ. ①基… Ⅱ. ①孙… ②徐… Ⅲ. ①基因表达-数据采集-人工智能-计算方法-研究 Ⅳ. ①Q753②TP18

中国国家版本馆 CIP 数据核字(2023)第 186921 号

责任编辑:王 哲 / 责任校对:胡小洁
责任印制:赵 博 / 封面设计:迷底书装

科学出版社 出版
北京东黄城根北街 16 号
邮政编码:100717
http://www.sciencep.com
北京富资园科技发展有限公司印刷
科学出版社发行 各地新华书店经销
*

2023 年 11 月第 一 版 开本:720×1 000 1/16
2025 年 1 月第三次印刷 印张:15 3/4
字数:320 000

定价:129.00 元
(如有印装质量问题,我社负责调换)

前　　言

　　作为一门新兴的交叉学科，生物信息学融合了生物学、计算机科学、人工智能、数学、物理、化学等学科知识，对生物学大数据进行获取、分析、处理及应用，旨在揭示海量生物学数据中所包含的规律和信息，以便为医药、卫生、食品、农业、能源、材料等领域提供有效的数据支撑。基因表达谱数据挖掘是生物信息学领域的重要研究内容之一。基因表达谱数据中蕴含大量的基因信息，但是只有极少数基因与肿瘤的发病机理高度相关。因而，发展高效实用的基因表达谱数据处理技术有助于挖掘重要的肿瘤基因信息，对深入认知肿瘤发生和扩张的机理具有重要的研究价值，也为肿瘤早期诊断、预防、治疗等提供了崭新的科学方法，有助于为癌症病人量身定制最佳的治疗方案，可为肿瘤防治和抗肿瘤药物研发提供重要的技术支撑。由此，这将会是一项具有重要科学意义和实际应用价值的研究课题。

　　作为知识表示和数据挖掘的重要工具，粒计算是模拟人类思考问题和解决大规模复杂问题自然模式的一种新的理论、技术与方法，是在问题求解过程中使用信息粒，从不同角度、不同层次对现实问题进行描述、推理与求解。到目前为止，研究者已经对粒计算理论及其应用做了大量有意义的探索，使得粒计算的研究范围非常广泛，所有与粒度相关的理论、方法、技术和工具都可归为粒计算的研究范畴。粒计算改变了传统的计算观念，在海量数据挖掘的研究中享有独特的优势，在智能系统的设计和实现中发挥着重要作用。目前，粒计算在智能信息处理领域得到了专家学者们的广泛关注。随着粒计算研究工作的不断深入，人们从不同的角度研究得到不同的粒计算理论模型。当前，这些理论与方法依靠各自的特点和优势已经广泛应用于对不确定、不精确、不完整信息的处理以及对大规模海量数据的挖掘和对复杂问题的求解等。粒计算理论模型中的知识粒具有不确定性，它直接影响问题求解的效率和精度。不确定性人工智能的新时代已经到来，研究不确定性信息的表示、处理和模拟，让机器模拟人类认识客观世界和人类自身的认知过程，使机器具有不确定性智能，已经成为人工智能领域的一个重要课题。于是，探索有效的知识不确定性分析技术及粒计算的知识获取理论与方法是当前粒计算研究的一项重要任务。

　　基于粒计算的基因表达谱数据分类技术为癌症诊断开辟了全新的研究领域。粒计算在处理复杂问题过程中，可以去掉次要的或者不必要的细节信息，保留重要信息，对问题进行抽象和简化。粒计算方法将功能相关的基因按表达谱的相似程度归纳为共同表达类别，有助于对基因功能、基因调控、细胞过程及细胞亚型等进行综合研究。因此，运用粒计算方法对基因表达谱数据进行挖掘分析，为肿瘤疾病的预测、分类、诊断提供有效的技术平台，也为临床医学、病理学的研究提供重要的理论依据，是生物信息学研究的重点和热点。

本书总结了基因表达谱数据挖掘的粒计算方法与应用方面取得的最新研究成果和相关研究进展，旨在将粒计算与基因表达谱数据挖掘相结合，运用粒计算的理论与方法度量和处理基因表达谱数据。全书共 5 章，分为 3 部分内容，章节总体按照从理论到应用的思路进行编排。第 1 部分为相关技术与基本理论概述，主要在第 1 章基因表达谱数据挖掘的相关技术和第 2 章粒计算的相关理论中介绍。第 2 部分从粒计算角度研究基于邻域粗糙集理论的肿瘤基因选择模型与方法，包括第 3 章基于邻域熵的肿瘤基因选择方法和第 4 章基于邻域互信息的肿瘤基因选择方法。第 3 部分为粒计算扩展模型的应用研究，主要是第 5 章基于监督学习和粒计算的肿瘤基因选择方法。各章之间内容相对独立，自成体系，但都紧密围绕基因表达谱数据挖掘的粒计算方法与应用的主题展开。本书的内容引用了基因表达谱数据挖掘与粒计算领域相关专家学者及作者前期的一些研究成果，同时也包含了作者部分最新的研究成果，因此，本书既是对前期研究工作的总结，也是对未来研究的展望，可为读者进一步拓展粒计算理论与方法的应用研究提供一些参考和帮助。

撰写本书时，引用和参考了国内外的基因表达谱数据挖掘与粒计算有关的诸多研究成果，在这里对所涉及的研究人员表示深深的谢意。本书中所列的参考文献未能覆盖全部相关的研究成果，在此也对那些可能被遗漏文献的作者表示衷心的感谢。此外，已毕业的硕士研究生张霄雨、王蓝莹、徐天贺、李涛、王云、穆辉宇、黄方舟、高云鹏等对涉及的硕士学位论文的章节内容进行了整理和校对，在此同样表示感谢。同时，感谢科学出版社王哲编辑在本书的出版过程中给予的大力帮助和支持，也感谢国家自然科学基金项目（No. 62076089，No. 61976082，No. 61772176）、天津市自然科学基金项目、天津科技大学人才基金、河南师范大学优秀科技创新团队项目的资助。

由于作者自身知识水平有限，书中难免存在不妥之处，恳请读者朋友批评指正。

作　者

2023 年 10 月

目　　录

第 1 章　基因表达谱数据挖掘的相关技术

1.1　引　言

伴随着人类基因组信息的爆炸式增长，迫切需要研究者们对海量的生物信息进行有效处理[1,2]。由此，生物信息学应运而生。早期的生物信息学研究主要是运用数学理论、统计学方法和计算机来处理和分析宏观生物学的数据[3,4]。随着计算机技术的迅速发展，众多领域借助计算机技术进行相关分析研究，并取得较好的成果[5-7]。一些专家学者采用计算机技术对生物信息学进行相关的研究分析，进而代替了传统的人为观察和实验，促进了生物信息学迅猛发展[8,9]。从广义角度考虑，生物信息学借助计算机强大的功能对生物医学中的蛋白质、基因、各种电图等生物数据进行存储和分析等[10,11]。从狭义角度考虑，生物信息学是运用数学及人工智能方法建立合理且有效的算法，并借助计算机的硬件及软件探索关键的生物信息，对数以万计的生物信息进行分析及预测等，从而获得关键信息[12,13]。但真正与疾病相关的基因极为稀少，因此研究的关键是采用高效的数据分析算法，并通过计算找出基因表达谱数据中的有效基因[14]。肿瘤是由基因突变等因素导致组织异常增长引起的，恶性肿瘤通常被称为癌症[15]。它们侵入并破坏周围的组织，可能导致转移并异常生长，如果不及时治疗，会给人类的健康带来巨大的威胁。在我国癌症患病问题也十分严峻，2020 年全球新发癌症病例 1929 万例，其中中国新发癌症 457 万人。目前，我国患有恶性肿瘤的癌症病发者已经超过了世界很多国家和地区[15-17]。

准确和可靠地对肿瘤进行分类，是成功诊治和治疗癌症的关键[18]。目前人们对恶性肿瘤进行分类的方法主要依赖于各种临床、形态学和分子变量等[19]。数据挖掘和机器学习理论和技术的迅猛发展，及其在基因微阵列处理中的广泛使用，对揭示癌症的产生及恶化过程具有重要的积极意义[20,21]。近年来，随着微阵列技术的发展，海量的基因表达谱数据被发布出来，通过对这些数据的分析和处理，哪怕是一些组织未产生明显改变，根据成千上万个基因的表达水平也能对其做出前期预判[22]。微阵列数据中各个样本都体现了组织细胞中各基因的表达水平，但影响疾病分类的基因只占很少一部分[23]。

基因表达谱数据挖掘是生物信息学研究的一个重要内容[24]，其研究有助于挖掘肿瘤特定基因信息，对肿瘤的早期发现、临床治疗及疾病预防有着关键作用[25]。基因表达谱数据中蕴含大量的基因信息，然而只有极少数基因与肿瘤的发病机理高度相关。专家们指出肿瘤可大致划分为两类，即良性肿瘤和恶性肿瘤[26]，恶性肿瘤的生长速度快，并且伴随全身的转移和扩散。肿瘤的机理[27]是细胞在正常生长过程中，受到机体、环境等各种因素的影响，细胞中的基因产生了突变、基因重新排列及基因过度扩增，导致正常细胞的非正常生长，使局部组织形成肿块。肿瘤危害人类的健康，尤其是恶性肿瘤甚至会夺去人类的生命[28]。相关学者通过深入研究自身免疫性疾病的相关基因信息，如脑血管疾病、糖尿病和心血管疾病等，掌握关键的疾病基因信息，进而挖掘出各种疾病的关键基因，实现对疾病的临床治疗和诊断[29,30]。因此，研究基因表达谱数据进行基因选择是发现、预防和治疗肿瘤的核心问题，对人类医学技术的发展具有推动作用[31,32]。基因不能直接被计算机识别和分析，因此在获取基因信息时，通过多种方法将基因信息转换为基因数据，这些基因数据代表相应的基因且以微矩阵的形式被构建成多种基因数据集[33]。但获取基因数据集所需代价昂贵，部分研究者将有代表性的数据集作为公共数据集发布，其他研究者可免费使用，例如，常用的数据库有 SMD[34]、GEO[35]和 Oncomine[36]等。绝大多数的公开数据集存在样本少、基因维度高等问题，这种"维数灾难"严重影响获取关键基因信息的效率[37]。若直接处理高维的肿瘤基因数据集，必然会对时间、性能等造成巨大的影响。鉴于这种"维数灾难"，学者们采用肿瘤基因选择的相关方法，对基因数据集进行降维处理[38]，肿瘤基因选择方法主要运用数学理论知识对基因数据集的微阵列进行建模及处理，从而剔除原始基因数据集中包含的噪声、冗余和无关基因[39]。针对"少样本、高维度"的基因微阵列数据集，肿瘤基因选择方法是一种高效的处理方法[40]。近年来，相关领域的专家们对基因表达谱数据的挖掘做出了许多贡献，选出的基因子集规模越来越小且分类精度也较高[41,42]。

基于微阵列技术基因疾病诊断的关键在于选出相关性较强的基因，获取基因子集，进而提高基因分类任务的分辨能力[43,44]。近年来，相关领域的研究者针对基因表达谱数据进行分析，通过实验结果分析对比，验证所提方法的可行性和有效性，为该领域的研究提供了大量的理论支撑[45-47]。但由于基因数据中具有较多的噪声和冗余基因，在筛选有效基因的过程中难免漏选一些有效基因；同时由于基因数据维度高，在复杂计算过程中所需时间较长，基因选择效率偏低[48]。由此从基因微阵列数据特点出发，运用机器学习方法对肿瘤基因数据进行分析，提出一些分类精度高的肿瘤基因选择方法，通过实验验证其有效性[49]。综上所述，基因表达谱数据挖掘对深入认知肿瘤发生和扩张的机理都具有重要的科学意义和研究价值，也为肿瘤早期诊断、预防、治疗等情况提供了崭新的科学方法[50]，有助于为癌症病人量身定制最佳的治疗方案，使肿瘤疗效最大且副作用最小，其研究对中国乃至世界的肿瘤防治和抗肿瘤药物研发提供重要的技术支撑[51,52]。

1.2　基因表达谱数据

1.2.1　基因表达谱数据的表示

　　DNA 微阵列随着分子生物学相关技术的发展而发展,现已成为分子诊断的重要方法[53]。DNA 微阵列技术是在物体平板(载物台或硅片等)上放置多个 DNA 复制片段。利用基因芯片,可以快速、有效地分析单个反应中许多基因的表达[54],它不仅有利于肿瘤分类和亚型发现,而且也为探索人类身体机能异常的遗传原因提供参考和依据[55]。通常情况下,基因表达数据是通过基因芯片高通量地测定出来的海量基因的定量表达水平数据[56]。在基于基因芯片的试验中,有两类样本:实验样本和参考样本。这些样本经常从不同状态的样本中选取,如正常组织与肿瘤组织、不同发育阶段组织,或用药前后的细胞或组织等。实验样本与参考样本 mRNA 在逆转录过程中,分别用不同的红、绿荧光基团标记,并将它们混合,与微阵列上的探针序列进行杂交,经过适当的洗脱步骤后,用激光扫描仪对芯片进行扫描,获得对应于每种荧光的荧光强度图像,通过专用的图像分析软件,可获得微阵列上每个点的红、绿荧光强度,其比值称为该基因在试验样本中的表达水平[56,57]。多个 DNA 标本用来组合成一个数组,平面中各个位点的 mRNA 数量代表了测试基因的表达水平[58]。各个芯片上可同时检测若干个样品,获得大量的基因表达。图 1-1 显示了 DNA 微阵列技术获得基因表达谱数据的一般流程[15]。

　　将两类基因的集合混合后并制作成基因芯片,因此基因芯片中包含数以万计的基因。为方便后续的实验,依据一定规则为每个基因标记与其对应的值,最后按照特定的顺序将多个基因芯片有序排列,从而得到基因表达谱数据的矩阵。基因表达谱数据的矩阵非常关键,例如,从中可清晰地了解样本与基因、基因与基因以及样本与样本之间的关系描述等相关信息[24]。

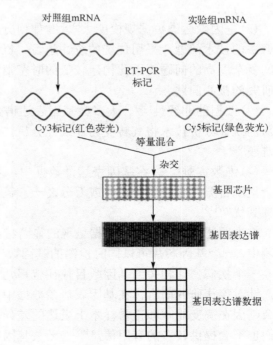

图 1-1　从 DNA 微阵列获取基因表达谱数据的一般流程

1.2.2　基因表达谱数据的特点

　　肿瘤的产生与恶化主要表现在致病关联基因在合成蛋白质的过程中产生的异常及抗癌基因失去活性[15,59]。利用 DNA 微阵列技术获取基因表达谱数据，推进了生物信息学和机器学习领域的新研究[60]。这些数据用于从样本的组织和细胞中收集关于基因差异表达的信息，而这些差异性有助于疾病的诊断和肿瘤的亚型分类[61]。典型的分类任务是将健康人与癌症患者区分开，及对多类型的肿瘤进行亚型分类。基因表达谱数据特征数从几千到几万不等，但与肿瘤有关联的信息基因可能不到百条。若利用现有的基因分类方法直接对数据集进行实验，会造成较高的计算复杂度和时空消耗，分类效果也不一定理想，很有可能在进行数据分析时造成"假阳性"的结果[15,62]。因为基因芯片技术可获得海量的基因表达谱数据，其特征对应不同基因的表达量，类别对应不同的肿瘤类型。利用机器学习的相关知识可实现对肿瘤分类纳入已知类别（监督学习）[15,63]；鉴定不同肿瘤类别的标记基因（特征选择）；识别未知的肿瘤亚型（无监督学习）[15,64]。在肿瘤基因表达谱数据的研究过程中仍然存在许多复杂的、具有挑战性的技术问题需要进一步深入分析和解决。

　　(1)肿瘤基因表达谱数据中的高噪声[15,39]。在实验或数据处理过程中可能会产生噪声、误差以及标记错误等情况，因此，需要构造能够有效消除噪声的鲁棒性强的模型与方法。

　　(2)基因表达谱数据规模庞大[57,65]。如何分析处理大规模基因表达谱数据集是亟待解决的技术问题，采用传统的统计学习、机器学习、数据挖掘等方法存在计算和空间复杂度高的问题，因此构建较低的时空消耗、高效的基因表达谱数据分析算法是研究的核心问题。

　　(3)数据的非线性[66]。大多数基因表达谱数据呈现非线性，因而如何使用传统或新的统计分析技术将其转变为非线性分析，处理非线性基因表达谱数据是一个技术难题[66]。

　　(4)维数灾难[67]。在基因表达谱数据中，基因数远远超过采集的样本数，其比例会呈现百分之一、千分之一或万分之一，甚至亿分之一，使得当前研究成果很难发挥其优势[15]。

　　综上所述，基因表达谱数据呈现的显著特点是维数高、样本少[68]。在基因芯片检测中，一个基因芯片可以同时检测的基因数一般为几千个[56]。通过实际研究发现，与某一个疾病密切相关的基因数目往往就那几十个，通常不会超过 100 个，由此可知，针对疾病研究而言，在基因表达谱数据中往往存在大量冗余的基因，同时这些冗余基因在病变样本和正常样本上表达的差异值也很小，并且对于基因分类而言，它们也不会提供较多的有用信息[69]。无关基因和冗余基因的存在会导致搜索空间的增大，使得搜索算法运行时间加长，甚至会降低算法的挖掘性能，影响最后的挖掘结果[70,71]。于是，专家学者们在对基因表达谱矩阵分析研究之前，通常会将这些冗余信息从基因集合中剔除[56]，进而有效地降低基因表达谱数据的维数，这些研究工作对研究基因表达谱数据挖掘是非常有必要的。

1.2.3　基因表达谱数据的数学描述

在利用基因芯片测量基因表达水平时，每个芯片上由成千上万个点组成，每个点代表一个基因，芯片测出某个样本的基因集合中基因的表达值，将多个基因芯片数据值合并得到一个矩阵，即基因表达矩阵[56,72]。基因表达矩阵是一个 $M \times N$ 矩阵，其中 M 表示样本数量，N 表示全部基因个数。设 $S = \{s_1, s_2, \cdots, s_M\}$ 表示由实验样本所构成的样本集合，其中 s_j $(1 \leqslant j \leqslant M)$ 表示在某个样本下所有基因的表达值，设 $G = \{g_1, g_2, \cdots, g_N\}$ 表示一个样本中所有基因组成的基因集合，其中 $g_i (1 \leqslant i \leqslant N)$ 表示一个基因。w_{ij} 表示基因 g_i 在样本 s_j 中的基因表达值，通常情况下 $M << N$。基因表达矩阵 GEP 可表示为图 1-2 所示的两种形式[56]。

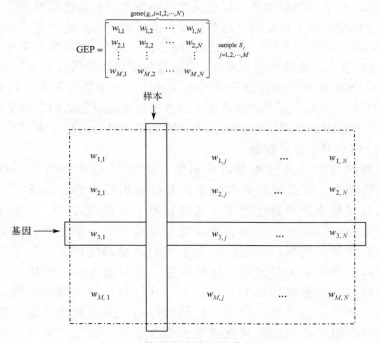

图 1-2　基因表达数据的数学描述

基因表达数据集中的基因可以分为四种主要类型[73]：信息基因、冗余基因、无关基因和噪声基因。信息基因是数据集的相关基因，在同样的功能基因组簇中有着更显著的样本分类能力；冗余基因是数据集相关基因，但基因表达数据集中存在与其有相似功能但样本分类能力更显著的其他基因,所以称这些基因为冗余基因;无关基因不是数据集相关基因,它的存在与否对样本分类没有影响;噪声基因是数据集相关基因,但是它们的存在会对样本分类产生不良的效果,因此无关基因和冗余基因的剔除对于基因表达谱数据分析是十分重要的[6,56]。

1.3 特征选择

1.3.1 基因表达谱数据的特征选择

基因表达谱数据具有高维、小样本的特点,且包含有噪声、冗余,多数算法在处理该数据时都需要考虑这些特性[74],其中较为重要的便是如何在保证准确分类的前提下对特征空间进行降维,以减少计算复杂度和噪声对分类效果的负面影响[68]。目前,针对癌症的分类问题,学者们已提出了许多的解决方案,无论在分类效果或算法效率上都取得了显著的进步。现已获得的肿瘤基因表达谱数据的样本包含有标签的、有部分标签的和无标签的,这些数据的类型同时也促进了有监督、半监督和无监督基因选择方法的研究[75]。有监督的特征选择方法[76]的研究对象是带标签的基因数据,通过标签来训练特征选择模型,且通过标签来验证所选基因子集的有效性。半监督的特征选择方法[77]是将部分标签作为辅助信息来提升无监督特征选择的效果。无监督的特征选择方法[78]则是通过基因数据自身固有的结构来评价基因间的相关性。现在大多数方法是通过监督的方式对特征空间进行降维,本书采用的数据即为带标签的肿瘤基因表达谱数据。

特征选择的目的是通过衡量各个特征包含的信息来评估各个特征的重要性,通过剔除噪声、冗余或相关性较低的数据减小数据集的规模[79]。基于基因表达谱数据实现肿瘤分类时进行特征选择有两个重要原因[80],一是避免高维数据的维数灾难问题,须剔除冗余和噪声数据以减少基因的个数,进而减少在时间和空间上不必要的消耗,同时提高训练模型的精确度;二是为了降低学习的难度,选出真正强相关的基因用以简化模型,并帮助理解中间数据的产生[68]。特征子集选择的基本流程如图 1-3 所示,具体过程:输入原始数据,通过不同的搜索策略,产生候选子集;使用评价函数评估产生的候选子集;若所选特征子集符合条件则停止,否则继续搜索直到符合条件;通过子集分类精度、特征个数等评价指标,确定最优特征子集。其中特征选择过程主要包括两个环节:子集搜索和子集评价[81]。

针对基因表达谱数据,也即从最初的 N 个基因中选出 B 个基因组成基因子集,$B < N$,选出的该子集使得实现肿瘤分类效果最优[81]。特征选择可被形式化为:

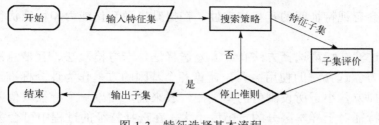

图 1-3　特征选择基本流程

给定一个数据集 $J = (S, F, C, V_{ij})$，其中 $S = \{s_1, s_2, \cdots, s_n\}$ 表示样本集合，$F = \{f_1, f_2, \cdots, f_m\}$ 表示特征集合，是一个 $n \times m$ 的矩阵，$C = \{c_1, c_2, \cdots, c_r\}$ 表示样本类别集合，V_{ij} 表示第 i 个样本对应的第 j 个特征值，$i = 1, 2, \cdots, n$，$j = 1, 2, \cdots, m$。特征选择是从原始数据特征集 F 中选出具有相对最优分辨性能的特征子集 S'，其中 $|S'| < |F|$。

在基因表达谱数据的特征空间中，由于不同基因所包含信息量的不同，可将基因根据与样本分类的关联程度划分为强相关、弱相关、不相关与冗余等类型[81]。

定义 1-1[81]　给定基因数据集 $J = (S, G, C)$，其中 S 为样本集，$G = \{g_1, g_2, \cdots, g_m\}$ 为基因集，$g_j \in G$ 为一个基因，$j = 1, 2, \cdots, m$，C 为样本类别。假设 P 为事件概率，则基因的相关性定义如下：

(1) 如果 $P(C|G-\{g_j\}) \neq P(C|G)$，则划分基因 g_j 为强相关；

(2) 如果 $P(C|G-\{g_j\}) = P(C|G)$ 且 $\exists G' \subset G-\{g_j\}$，$P(C|g_j, G') \neq P(C|G')$，则划分基因 g_j 为弱相关；

(3) 如果 $\forall G' \subset G-\{g_j\}$，$P(C|g_j, G') = P(C|G')$，则划分基因 g_j 为不相关；

(4) 如果 g_j 是弱相关基因，且 G' 是一个关于 g_j 的马尔可夫毯，也即当且仅当 $G' \subset G(g_j \notin G')$，$P(G-G'-\{g_j\}, C|g_j, G') = P(G-G'-\{g_j\}, C|G')$，则 g_j 称为关于集合 G 是冗余基因。

客观来讲，选出的最优基因子集是指子集中的各个基因间是弱相关或不相关，而它们分别与目标基因是强相关的。常用的特征选择方法主要包括有过滤法、封装法和嵌入法[68]。

1.3.2　基于过滤法的特征选择

过滤法是通过数据内在的特性(如相关性或发散性)对各个基因进行评分比较，根据评分排序选择出固定数值个数的基因，或根据设定阈值选择出评分大于所设阈值的基因[68]。具体来说，如计算每个基因与标签的相关性作为评分，根据评分排序选出前 K 个分数较大的特征或剔除相关性小于所设阈值的特征。该过滤法的特点是选择过程和学习器无关，是先对原始基因进行过滤，而后再用选择出的特征进行学习器的训练。基于过滤法的特征选择方法较简单，易于理解和运行，对于数据的理解效果较好[82]。然而，许多过滤法采用单变量策略，在处理数据时仅考虑单个特征的重要性，会忽视特征间的互相依赖性，在提升模型泛化能力和特征优化方面效果一般[15,83]。

常见的过滤式特征选择方法有：方差选择法、卡方检验法、互信息法和 Relief 算法等[81]。方差选择法的使用需要先计算各个基因的方差作为评分标准，然后设定阈值，剔除掉方差小于所设阈值的基因，一般来说，如果一个特征取值差异不大，则认为这个特征对于样本区分的贡献度不大，在选择特征的过程中可舍去[84]。卡方检验法是通过检验定性自变量和因变量间的相关性，观察自变量等于 n 时因变量等于 m 的样本频数，考虑其观察值和期望的差距构建统计量，卡方检验的值越大，其相关性越强[81]。互信息法也是评估定性自变量和定性因变量的相关性，但它不是度量方式，无法进行归一化，在不同的数据上没有可比性，并且不适用于处理连续性数据，但可与最大信息系数结合，先找出针对连续数据最优的离散化处理方法，再将互信息的取值转化为度量方式进行归一化进而解决问题[85]。Relief 算法是一种特征加权方法，主要利用特征与特征标签间的关联度对特征设置权值，权值小于所设阈值的特征将被剔除[81]。

1.3.3 基于封装法的特征选择

封装法是将目标函数预测效果评分作为特征子集重要性的评价标准，如分类精度，围绕分类方法进行特征选择[81]。与过滤法不同，过滤法是从初始特征中选择出子集应用于后面的学习算法，并不考虑选出的子集是否适合后续学习算法，而封装法是将相关方法封装在学习模型中，结合后续学习算法选择出最优特征子集或剔除掉无用特征，通常可以看成搜索方法和学习算法的结合[81]。例如，递归特征消除方法使用基模型进行多轮的训练，每轮后都剔除部分最小绝对值权重的特征，如此递归训练，直到所剩特征满足所需数量。Filippone 等用模拟退火算法作为搜索方法，模糊 C 均值作为学习算法实现基因选择[86]。基于封装法的特征选择方法虽然在性能上优于过滤法，但不如过滤法的通用性强，在更换学习算法时需重新运行，计算量大，且不能保证针对其他学习算法可得到最优解[81]。此外，寻找最优特征子集需要学习算法的反复调用，易引起过拟合。

1.3.4 基于嵌入法的特征选择

嵌入法是将特征选择嵌入学习算法中利用特征的特性影响对特征进行评估，是一种内置特征选择方法[81]。该方法也是根据目标函数实现对特征的选择，但采用嵌入法可避免在寻找最优特征子集时对学习算法的反复调用，降低了过拟合的风险，比封装法有效且易于计算[81]。Fang 等提出一种无监督特征选择方法，通过稀疏重建的低维嵌入来评估局部性和相似性保持，使得所选特征具有良好的稳定性[87]。Lu 从稀疏学习角度针对数据的异构性提出一种可以调整未知异构性的嵌入式特征选择算法[88]，在多分类问题中通过使用所选特征来评估分类性能。然而嵌入法同封装法一样是针对特定学习算法的，通用性不强，而且在高维数据中的计算复杂度较高。

1.3.5　搜索策略

给定一个基因表达谱数据集，对于分类算法来说哪个基因有效是未知的，需要制定搜索策略对特征子集进行寻优，通常搜索策略包括：穷举算法、序列算法和随机算法[89]。

(1) 穷举算法[89]。对原始特征进行穷举搜索，穷举出所有满足设定条件的特征子集，从中搜索出对样本集最优的特征子集，计算所有特征可能组合的评分，选择评分最高的为最优组合[90]。这种算法的计算量较大，适合于低维特征空间，其运算量会随特征数量增加呈现指数级递增，针对基因表达谱这种高维数据，穷举搜索虽简单但不适用[90]。此外典型的还有分支限界法和集束搜索，分支限界法属于自上而下的搜索算法，利用剪枝策略对搜索过程进行优化，进而取得全局最优解；集束搜索是一种启发式的图搜索算法，当图的解空间较大时，为减少搜索算法所占用的时间或空间，会在每步深层扩展时剪去质量较差的节点，从而优化搜索结果。

(2) 序列算法[90]。该算法其实是一种贪心算法，算法的时间复杂度比较低，但解容易陷入局部最优且达不到全局最优[90]。序列算法主要有前向或后向顺序选择、增 L 去 R 算法、双向搜索算法等[91]。其中前向顺序选择初始化一个空集合，搜索选择满足条件的新特征加入集合，使用该算法不能删除已选入的特征，会导致所选特征集合存在冗余特征；后向顺序选择[92]类似于前向算法，但是将原始特征空间作为初始集合进行搜索，通过剔除特征使得剩余集合满足条件，该算法是在高维空间中进行，计算量大于前向算法；增 L 去 R 算法是对前向顺序选择和后向顺序选择算法的结合改进，但在最优 R 值和 L 值的选取上缺乏理论支撑；双向搜索算法同样结合了前向顺序选择和后向顺序选择算法，分别由两端进行搜索，被前向算法选中的后者不能剔除，被后向算法剔除的前者不能再选择，以保证二者可以搜索到相同的特征子集，该算法降低了时间复杂度，但却兼有后向顺序选择和前向顺序选择算法的缺点[81]。

(3) 随机算法[89]。随机算法是一种近似算法，可以找出问题中的近似最优解，该算法需要一定参数的设置且对参数的选取较为重要[89]。随机算法主要有随机产生序列选择算法、模拟退火算法和遗传算法等[90]。其中随机产生序列选择算法是随机地产生一个集合，在这个集合上进行相应算法的搜索；模拟退火算法属于贪心算法，在其搜索过程中加入了随机因子，通过一定概率来接受当前较差解，可能跳出局部最优进而搜索到全局最优解；遗传算法又称为进化算法，是根据生物进化论提出的启发式搜索方法，通过交换、突变等处理产生新解，淘汰适应度分值较低的解，经过多次的繁殖筛选便很可能得到适应度值高的解集合。

1.4　评价标准与指标

针对肿瘤基因表达谱数据，如何判断选出的基因是否对实现肿瘤分类的贡献最大，基因评价函数的选取尤为重要，评价函数相当于特征选择过程中的衡量标准，决定着基因的选取与否及所选特征子集的性能好坏[90]。常用的评价函数主要包括：距离度量、相关性度量、信息度量、一致性度量和误分率度量，通过分析这些特征内部的信息来衡量特征子集。

(1)距离度量[90]。运用基于距离度量的思想是有效的特征子集会使同属一类的样本在该维度空间中的距离尽可能小，而尽可能增大从属不同类的样本间的距离。常用的距离度量主要有欧氏距离、巴氏距离和马氏距离等，其中欧氏距离是最易理解的度量方法，即在空间中两点间的距离；马氏距离不受量纲影响，独立于测量的尺度，与欧氏距离不同的是会考虑各维度间的关联性，但会夸大微小变化的变量；巴氏距离在分类中测量不同类间的分离性。

(2)相关性度量[90]。相关性是指通过一个特征变量的值去预测另一个特征变量的值的能力大小。两个特征间的相关性代表它们之间冗余度的大小，相关性越大，两个特征的冗余度越高，可用于降维减少冗余特征。特征与类别的相关性度量则用于评估特征的有效性，与类别相关性越大的特征对样本分类越有效。常用的相关性度量有 Pearson 相关系数、Fisher 分数、t 检验等。

(3)信息度量[90]。该度量主要计算特征的信息增益，是指特征的先验不确定性和期望的后验不确定性间的差异值，计算特征所得的信息增益越大，特征包含的信息越多越重要，将特征为样本分类带来的信息量大小作为衡量特征重要性的标准。

(4)一致性度量[90]。若两个样本所属的种类不同，但在特征 A 和特征 B 上的值相同，则两个特征不应同时选入最终特征子集。

(5)误分率度量[93]。该度量属于封装法，基于特征子集采用特定的分类器进行样本分类，用所得的分类精度作为特征子集衡量的标准。

在基于基因表达谱数据的肿瘤分类问题中，有效特征子集的选择尤为重要，特征选择模型如图 1-4 所示，首先根据所得基因数据作为训练集进行特征搜索，通过评价标准确定最终特征子集的产生，最后通过分类方法来验证所选基因子集的有效性。

为了能够全面客观地评估特征选择算法的分类性能，本节参照文献[94]~[96]，选取八个评价指标。

(1)分类精度(Accuracy, Acc)[94]：用于描述给定所选特征集的分类器的精度，即正确分类的特征数，其计算公式为

$$Acc = \frac{TP + TN}{TP + TN + FP + FN} \tag{1-1}$$

其中，TP 表示预测为正类的正类数；TN 表示预测为负类的负类数；FN 表示预测为负类的正类数；FP 表示预测为正类的负类数。

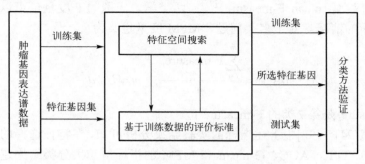

图 1-4　针对肿瘤分类的特征选择模型

(2) 假正率(False Positive Rate, FPR)[94]：是错误分类为正类的负样本的百分比，其计算公式为

$$FPR = \frac{FP}{TN + FP} \tag{1-2}$$

(3) 召回率(recall)[56]也称为查全率(True Positive Rate, TPR)[94]：是正样本被正确分类为正类的百分比，其计算公式为

$$TPR = \frac{TP}{TP + FN} \tag{1-3}$$

(4) 受试者工作特征曲线(Receiver Operating Characteristic, ROC)[95]：是用来反映连续变量的特异性和敏感性的综合指标，其 x 和 y 坐标分别为 FPR 和 TPR。

(5) ROC 曲线下面积(Area under the ROC Curve, AUC)[95]：AUC 是一个重要的评价指标，它考虑了类分布的不均匀性。依据文献[95]，AUC 取值范围为[0.5,1]。

(6) 几何均值准则(Geometric mean criterion, G-mean)[96]：几何均值准则是非平衡数据分类常用的评价标准，只有在根号内的两部分都很大的情况下，G-mean 的值才大。因此，G-mean 可以度量数据集的整体分类性能，其计算公式为

$$G\text{-mean} = \sqrt{\frac{TP}{TP + FN} \times \frac{TN}{TN + FP}} \tag{1-4}$$

(7) F 度量(F-measure)[95]：是一种统计量，是查准率(precision)和召回率(recall)的加权调和平均，其计算公式为

$$F\text{-measure} = \frac{2 \cdot recall \cdot precision}{recall + precision} \tag{1-5}$$

其中，$precision = \dfrac{TP}{TP + FP}$ 是在所有预测为正类的样本中预测正确的百分比；所有真

正为正类的样本中预测正确的百分比，用 $\text{recall} = \dfrac{\text{TP}}{\text{TP} + \text{FN}}$ 表示。

（8）MFM 度量（mean F-measure）[95]：两类学习问题的 F 度量值可以被修改以适应多类非平衡的情况。对于多类问题，MFM 度量定义为

$$\text{MFM} = \frac{\sum\limits_{i=1}^{m}\text{F-measure}_i}{m}, \quad m = |U / d| \qquad (1\text{-}6)$$

其中，F-measure_i 是第 i 类的 F-measure 值。

依据文献[94]~[96]中上述指标的实验结果分析可知，在特征选择的实验结果与分析中，Acc、TPR、AUC、G-mean 和 MFM 的指标值越大分类结果越好，所选特征个数和 FPR 越小分类结果越好[6]。

1.5　小　　　结

随着大数据技术的发展，基因芯片技术和实验仪器的快速进步，基因组信息迅速膨胀，呈现出日益庞大的基因表达谱大数据集。因而，针对疾病诊断、临床治疗和防治等相关研究，基因表达谱数据挖掘具有非常重要的科学意义，也是当前生物信息学交叉领域研究的重点课题。本章首先介绍了基因表达谱数据挖掘的研究背景和意义；其次介绍了基因表达谱数据的表示、特点和数学描述；然后，概述了几类常用特征选择策略及对应的具体方法，叙述了特征选择的三类搜索策略算法及这三类搜索算法的几种代表性算法；最后陈述了特征选择的评价标准与指标，有效评价样本的分类信息。

参 考 文 献

[1] Marks D S, Michnick S W. Democratizing the mapping of gene mutations to protein biophysics. Nature, 2022, 604（7904）: 47-48.

[2] 张冀东, 王志晗, 刘博. 深度学习在生物序列分析领域的应用进展. 北京工业大学学报, 2022, 48（8）: 878-887.

[3] Takahashi H, Strittmatter S M. Mining protein fibrils using structural biology. Nature, 2022, 605（7909）: 227-228.

[4] Zeng H, Vries S E J. A gene-expression axis defines neuron behaviour. Nature, 2022, 607（7918）: 243-244.

[5] 田天祎, 孙福明. 基于域自适应的肿瘤识别模型. 计算机科学, 2022, 49（12）: 250-256.

[6] 殷腾宇. 面向多标记学习的邻域粗糙集特征选择方法研究. 新乡: 河南师范大学, 2021.

[7] Ruan Z, Li S, Grigoropoulos A, et al. Population-based heteropolymer design to mimic protein mixtures. Nature, 2023, 615(7951): 251-258.

[8] 费兆杰, 刘培强, 郭俊宏, 等. 基于加权子网参与度和多源信息融合的关键蛋白质识别算法. 计算机应用研究, 2022, 39(1): 163-169.

[9] Ho J S Y, Zhu Z, Marazzi I. Unconventional viral gene expression mechanisms as therapeutic targets. Nature, 2021, 593(7859): 362-371.

[10] Fischer S, Gillis J. Defining the extent of gene function using ROC curvature. Bioinformatics, 2022, 38(24): 5390-5397.

[11] 张学扶, 曾攀, 金敏. 相关性和相似度联合的癌症分类预测. 计算机科学, 2019, 46(7): 300-307.

[12] 陈铭. 大数据时代的整合生物信息学. 生物信息学, 2022, 20(2): 75-83.

[13] 曹隽喆, 顾宏. 基于计算方法的抗菌肽预测. 计算机学报, 2017, 40(12): 2777-2796.

[14] 潘家文, 钱谦, 伏云发, 等. 最优权动态控制学习机制的多种群遗传算法. 计算机科学与探索, 2021, 15(12): 2421-2437.

[15] 穆辉宇. 肿瘤基因特征选择方法研究. 新乡: 河南师范大学, 2018.

[16] 周祯, 闫超, 张辰宇. 人工智能生物学——生物学 3.0. 中国科学: 生命科学, 2022, 52(3): 291-300.

[17] 张应莉. RG 公司引进蛋白检测技术面临的困境与对策研究. 重庆: 西南大学, 2021.

[18] 宋丹红, 赵方辉, 张勇. 我国癌症经济负担的成因与思考. 中国公共卫生, 2023, 39(2): 137-140.

[19] 郝昆, 孙宇光, 李滨, 等. 恶性淋巴水肿患者临床特征分析. 中国医药, 2023, 18(6): 877-880.

[20] 吴家睿. 21 世纪生物医学的三个主要发展趋势. 生命科学, 2022, 34(11): 1327-1335.

[21] Steele C D, Abbasi A, Islam S M A, et al. Signatures of copy number alterations in human cancer. Nature, 2022, 606(7916): 984-991.

[22] Galeano N J L, Wu H, LaCourse K D, et al. Effect of the intratumoral microbiota on spatial and cellular heterogeneity in cancer. Nature, 2022, 611(7937): 810-817.

[23] 周佳静, 贾英杰, 张利, 等. 数据挖掘法在中医治疗恶性肿瘤中的应用进展. 中国兽医杂志, 2022, 58(6): 80-84.

[24] 黄方舟. 基于 DNA 微阵列数据的肿瘤特征基因选择方法研究. 新乡: 河南师范大学, 2018.

[25] 中国抗癌协会乳腺癌专业委员会. 中国抗癌协会乳腺癌诊治指南与规范(2021 年版). 中国癌症杂志, 2021, 31(10): 954-1040.

[26] 柳懿垚, 杨意, 陈敏思, 等. 基于双分支多视角深度自注意力编码器的乳腺肿瘤分类方法. 中国生物医学工程学报, 2022, 41(5): 527-536.

[27] Takahashi K K, Innan H. Frequent somatic gene conversion as a mechanism for loss of heterozygosity in tumor suppressor genes. Genome Research, 2022, 32(6): 1017-1025.

[28] 陈国飞, 沈嫒, 宋琦, 等. 基于基因表达谱相似性的四物汤重定位及抗乳腺癌有效成分群辨识. 世界科学技术: 中医药现代化, 2021, 23(9): 3217-3225.

[29] Kanaoujiya, Rahul, Meenakshi, et al. Recent advances and application of ruthenium complexes in tumor malignancy. Materials Today: Proceedings, 2023, 72: 2822-2827.

[30] 殷文晶, 陈振概, 黄佳慧, 等. 基于 CRISPR-Cas9 基因编辑技术在作物中的应用. 生物工程学报, 2023, 39(2): 399-424.

[31] 杨若南, 许丽, 李伟, 等. 2022 年基因治疗领域发展态势. 生命科学, 2023, 35(1): 95-102.

[32] 张威. 基因集富集分析在肿瘤标志物筛选中的比较研究. 西安: 第四军医大学, 2013.

[33] 张钰, 魏世丞, 董超芳, 等. 定量结构-性质关系(QSPR)中的计算方法研究进展. 科学通报, 2021, 66(22): 2832-2844.

[34] Hubble J, Demeter J, Jin H, et al. Implementation of gene pattern within the stanford microarray database. Nucleic Acids Research, 2009, 37: 898-901.

[35] Chen W, Zheng R, Peter D, et al. Cancer statistics in China. CA: A Cancer Journal for Clinicians, 2016, 66(2): 115-132.

[36] Rhodes D, Kalyana-Sundaram S, Mahavisno V, et al. Oncomine 3.0: genes, pathways, and networks in a collection of 18000 cancer gene expression profiles. Neoplasia, 2007, 9(2): 166-180.

[37] 梁艳春, 张深, 杜伟, 等. 生物信息学中的数据挖掘方法及应用. 北京: 科学出版社, 2011: 144-181.

[38] Muiños F, Martínez-Jiménez F, Pich O, et al. In silico saturation mutagenesis of cancer genes. Nature, 2021, 596(7872): 428-432.

[39] 叶明全, 高凌云, 伍长荣, 等. 基于对称不确定性和邻域粗糙集的肿瘤分类信息基因选择. 数据采集与处理, 2018, 33(3): 426-435.

[40] Abeel T, Helleputte T, van Peer Y, et al. Robust biomarker identification for cancer diagnosis with ensemble feature selection methods. Bioinformatics, 2009, 26(3): 392-398.

[41] 谢娟英, 王明钊, 周颖, 等. 非平衡基因数据的差异表达基因选择算法研究. 计算机学报, 2019, 42(6): 1232-1251.

[42] 黄德双. 基因表达谱数据挖掘方法研究. 北京: 科学出版社, 2009.

[43] Santhakumar D, Logeswari S. Efficient attribute selection technique for leukaemia prediction using microarray gene data. Soft Computing, 2020, 24(18): 14265-14274.

[44] 冯万有, 蒙丽娜, 陈春, 等. CRISPR/Cas 系统分类和病原体检测的研究进展. 生物技术, 2022, 32(2): 258-267, 251.

[45] Wang Z, Ruan Q, An G. Facial expression recognition using sparse local Fisher discriminant analysis. Neurocomputing, 2016, 2016(174): 756-766.

[46] Shoshani O, Brunner S F, Yaeger R, et al. Chromothripsis drives the evolution of gene

amplification in cancer. Nature, 2021, 591（7848）: 137-141.

[47] 自加吉, 李彬, 王唯斯, 等. 基于数据挖掘分析 MTERF3 基因在肝细胞癌的表达及预后意义. 生物技术, 2018, 28（5）: 484-491.

[48] 牛勇, 李华鹏, 刘阳惠, 等. 超高维数据特征筛选方法综述. 应用概率统计, 2021, 37（1）: 69-110.

[49] 何治尧, 罗敏, 杨莉, 等. 肿瘤免疫与基因治疗研究进展. 中国科学: 生命科学, 2022, 52（11）: 1567-1577.

[50] 郭安源. 基因转录表达数据的生物信息挖掘研究. 中国科学: 生命科学, 2021, 51（1）: 70-82.

[51] Li X, Kim Y, Tsang E K, et al. The impact of rare variation on gene expression across tissues. Nature, 2017, 550（7675）: 239-243.

[52] Dmitrieva-Posocco O, Wong A C, Lundgren P, et al. β-Hydroxybutyrate suppresses colorectal cancer. Nature, 2022, 605（7908）: 160-165.

[53] 刘聪, 张治华. 基于 Hi-C 技术识别基因组结构变异及其在肿瘤研究中的应用. 中国科学: 生命科学, 2020, 50（5）: 506-523.

[54] 王萍, 赵建龙, 胡斌, 等. DNA 功能化纳米金结合基因芯片可视化检测 microRNAs. 中国科学: 生命科学, 2016, 46（3）: 314-320.

[55] Li X, Yang S. A summary of feature selection techniques for gene chip in bioinformatics based on RSA algorithm. International Journal of Nanotechnology, 2022, 19（6-11）: 938-947.

[56] 徐天贺. 基于邻域互信息的特征基因选择方法研究. 新乡: 河南师范大学, 2014.

[57] 周鹏. 神经网络集成算法研究及在基因表达数据分析中的应用. 武汉: 华中科技大学, 2004.

[58] 杨小涛. 支持向量机算法研究及在基因表达谱数据分析中的应用. 武汉: 华中科技大学, 2004.

[59] 蒲唯高, 许博, 王海云, 等. 免疫治疗相关假性进展的研究进展. 中国肿瘤, 2022, 31（4）: 301-310.

[60] 徐久成, 黄方舟, 穆辉宇, 等. 基于 PCA 和信息增益的肿瘤特征基因选择方法. 河南师范大学学报（自然科学版）, 2018, 46（2）: 104-110.

[61] 陈希, 王峻, 余国先, 等. 基于单细胞数据的癌症协同驱动模块识别方法. 中国科学: 信息科学, 2023, 53（2）: 250-265.

[62] 徐久成, 李涛, 孙林, 等. 基于信噪比与邻域粗糙集的特征基因选择方法. 数据采集与处理, 2015, 30（5）: 973-981.

[63] 邓小燕. 谱聚类在基因表达数据分析中的应用与研究. 重庆: 重庆大学, 2010.

[64] 黄雨柔, 吴松锋, 舒坤贤, 等. 从蛋白质基因组学视角出发的精准肿瘤学. 生物工程学报, 2022, 38（10）: 3616-3627.

[65] Arowolo M O, Adebiyi M O, Adebiyi A A, et al. A hybrid heuristic dimensionality reduction methods for classifying malaria vector gene expression data. IEEE Access, 2020, 8:

182422-182430.

[66] 胡昇. 基于生物信息学技术筛选慢性乙型肝炎血液相关基因的研究. 广州: 南方医科大学, 2013.

[67] Wang W. New method of dimensionality reduction for gene expression data based on sparse class preserving projection. Acta Electonica Sinica, 2016, 44（4）: 873-877.

[68] 陈昊楠, 金敏. 基于特征交互与权重集成的癌症分类方法. 计算机应用研究, 2021, 38（4）: 1051-1057.

[69] Han F, Zhu S, Ling Q, et al. Gene-CWGAN: a data enhancement method for gene expression profile based on improved CWGAN-GP. Neural Computing and Applications, 2022, 34（19）: 16325-16339.

[70] 贾婷婷, 竺丽萍, 肖光辉, 等. 棉花 SMXL 基因家族的全基因组分析及表达分析. 中国科学: 生命科学, 2022, 52（12）: 1868-1882.

[71] 李欣. 基于决策森林法的肿瘤基因表达谱数据分析. 北京: 北京工业大学, 2011.

[72] 李蓉, 任喜梅, 钟春晓, 等. 基于高维随机矩阵的癌症基因网络识别方法. 计算机仿真, 2021, 38（3）: 175-179.

[73] 杜伟. 机器学习及数据挖掘在生物信息学中的应用研究. 长春: 吉林大学, 2011.

[74] 杨国亮, 康乐乐. 基于图正则平滑低秩表示的基因表达谱特征选择. 计算机应用与软件, 2018, 35（3）: 157-161, 166.

[75] 高美虹, 尚学群. 利用人工智能预测癌症的易感性、复发性和生存期. 生物化学与生物物理进展, 2022, 49（9）: 1687-1702.

[76] 盛文俊, 曹林, 张帆. 基于有监督注意力网络的伪造人脸视频检测. 计算机工程与设计, 2023, 44（2）: 504-510.

[77] 王祥炜, 韩锐, 刘驰. 基于层级化数据记忆池的边缘侧半监督持续学习方法. 计算机科学, 2023, 50（2）: 23-31.

[78] 陈利文, 叶锋, 黄添强, 等. 基于摄像头域内域间合并的无监督行人重识别方法. 计算机研究与发展, 2023, 60（2）: 415-425.

[79] 黎建宇, 詹志辉. 面向大规模特征选择的自监督数据驱动粒子群优化算法. 智能系统学报, 2023, 18（1）: 194-206.

[80] 甘富文, 武明辉, 吴亚平, 等. 多特征融合的肝细胞癌分化等级术前预测方法研究. 计算机应用与软件, 2022, 39（7）: 147-153.

[81] 王云. 基于模糊邻域的肿瘤特征基因选择方法研究. 新乡: 河南师范大学, 2019.

[82] 王盼红, 朱昌明. MIF-CNNIF: 一种基于 CNN 的交叉特征的多分类图像数据框架. 计算机科学, 2022, 49（S2）: 502-509.

[83] 王大志, 季焱晶, 陈彦桦, 等. 基于样本重叠与近似马尔可夫毯的特征选择算法. 计算机应用研究, 2023, 40（3）: 725-730.

[84] 吴兴宇, 江兵兵, 吕胜飞, 等. 基于马尔科夫边界发现的因果特征选择算法综述. 模式识别与人工智能, 2022, 35(5): 422-438.

[85] Kira K, Rendell L A. The feature selection problem: traditional methods and a new algorithm//The Tenth National Conference on Artificial Intelligence, 1992: 129-134.

[86] Filippone M, Masulli F, Rovetta S. Unsupervised gene selection and clustering using simulated annealing//Proceedings of International Conference on Fuzzy Logic and Applications, 2005: 229-235.

[87] Fang X Z, Xu Y, Li X L, et al. Locality and similarity preserving embedding for feature selection. Neurocomputing, 2014, 128: 304-315.

[88] Lu M. Embedded feature selection accounting for unknown data heterogeneity. Expert Systems with Applications, 2019, 119: 350-361.

[89] 王恒, 蒋大成, 宋晓华. 边缘计算中最大化服务价值的任务卸载算法. 计算机与数字工程, 2022, 50(9): 1876-1880, 2011.

[90] 施启军, 潘峰, 龙福海, 等. 特征选择方法研究综述. 微电子学与计算机, 2022, 39(3): 1-8.

[91] 李旭, 赖祥威, 曹继翔, 等. 基于深度神经网络的煤矿瓦斯浓度序列预测算法. 计算机应用, 2022, 42(S2): 315-319.

[92] 黄兆孟, 徐旭, 张立言. 一种使用注意力双向异构 LSTM 的治疗引擎. 小型微型计算机系统, 2021, 42(8): 1598-1603.

[93] 张新亚, 沈菊红, 刘楷. 一种输入数据为模糊数的模糊支持向量机. 计算机工程与应用, 2017, 53(20): 122-127.

[94] Sun L, Wang L Y, Ding W P, et al. Feature selection using fuzzy neighborhood entropy-based uncertainty measures for fuzzy neighborhood multigranulation rough sets. IEEE Transactions on Fuzzy Systems, 2021, 29(1): 19-33.

[95] Shu W H, Qian W B, Xie Y H. Incremental feature selection for dynamic hybrid data using neighborhood rough set. Knowledge-Based Systems, 2020, 194: 105516.

[96] 陈祥焰, 林耀进, 王晨曦. 基于邻域粗糙集的高维类不平衡数据在线流特征选择. 模式识别与人工智能, 2019, 32(8): 726-735.

第 2 章　粒计算的相关理论

　　粒计算作为一种方法论，旨在求解问题的过程中，用粒度合适的"粒"作为处理的对象，从而在保证求得满意解的前提下，提高解决问题的效率，其合适的粒度常常是由提出的问题及问题的环境决定的，这一点对设计基于粒计算的数据处理框架有非常重要的意义[1-3]。截至目前，国内外研究人员已经对粒计算理论和模型进行了深入的研究[4-12]。根据粒计算的本质和宗旨，它模拟人类的思维规律，从粒计算角度思考大数据处理，在数据源头和处理过程中考虑数据的合适粒度，对大数据挖掘理论和方法有重要的科学研究意义和价值[13,14]。粒计算在解决大规模复杂问题及问题求解过程中使用了信息粒和信息粒化，作为一种信息处理范式已经得到了快速发展，有学者认为粒计算技术是处理大数据的最有效方法之一[15,16]。目前，粒计算已成为智能信息处理领域中一个非常活跃的研究方向[1-16]。在过去的十几年中，人们看到了粒计算研究的快速发展以及研究者对其急速增长的研究兴趣，许多粒计算的模型和方法以及扩展的模型和方法被提出[17-23]。这些成果增强了人们对粒计算的理解。具体地，粒计算理论是模糊集理论[17]、粗糙集理论[18,19]、商空间理论[20,21]、云模型理论[22,23]等具体粒计算模型的超集。粒计算模型大体分为两大类：一类以处理不确定性问题为主要目标，如以模糊集理论为基础的词计算模型[24]；另一类则以多粒计算为目标，如商空间理论、粗糙集理论和云模型等[25-28]。这两类模型的侧重点有所不同，前者在粒化过程中侧重于计算对象的不确定性问题处理，后者多粒计算的目的是减少不确定复杂问题处理的复杂程度。当前，粒计算理论与方法的研究进展迅速，与粒计算相关的各种模型种类繁多[17-24]。在文献[1]、[13]～[28]的粒计算基本理论的研究内容基础上，本章针对粗糙集理论、模糊集理论、邻域粗糙集理论、粗糙模糊集、多粒度粗糙集模型等粒计算的几个主要理论模型，以及信息熵度量和邻域熵度量进行简要介绍，这样有利于加深读者对粒计算相关理论和方法的理解。

2.1　粒计算的基本概念

　　一般来说，粒就是所研究问题的一个子集，可以用来表示对这个子集的一种度量[1]。粒计算技术主要有两个方面的问题：粒化和以粒作为对象的运算、推理等[29,30]。
　　(1)粒化。
　　人脑通过对事物的共性进行概括、总结和整理，提炼出抽象的、高层次的、综合的知识，利用这些知识指导对新事物的认知[31]。这是因为人类具有很强的全局分析能力，能从各种不同的粒度将错综复杂的信息抽象归纳成比较简单的概念，即对研究的对象取较粗的粒度[32]。人类在认识外界事物的过程时，总是从粗略、总体的判断进入细致的分析，不断对外界事物进行信息加工和粒化[33]。粒化是一种对知识进行总结概括的方法，不同的粒化准则下可得到多个不同的粒度层，进而得到多粒度的网络结构[34]。粗糙集理论认为，知识源于有认知能力的主体的分类能力，并用等价关系形式化表示粒[1]。

（2）粒的运算和推理。

①不同粒层之间的映射。

由粒化得到不同粒层之间的联系可以用映射来表示[29]。在不同粒层上同一个问题以不同的粒度、不同的细节表示，粒层之间的映射就建立了同一问题不同细节描述之间的关系[32]。

②不同粒度之间的转换。

在不同粒度上观察、分析、求解问题并且实现在不同粒度间的自由转换，是粒计算的根本任务[31]。考虑粗糙集模型，若等价关系由信息表的特征子集决定，则对特征子集的增加或减少一般都可以实现在不同粒度之间的转换[32]。

③性质保持性。

粒化允许同一问题在不同粒度层次上表示，一个自然的要求就是该问题的某些关键的性质必须能够在不同粒度上体现出来，这是衡量粒化好坏的一个标准[35]。

（3）粒化与粒、粒与粒、粒与层之间关系。

粒和粒化、层以及粒之间的关系是粒计算研究中的关键问题[1]。粒之间的关系可以分成两类：相互关系和内部关系[36]。不管哪种关系，粒化是处理粒之间的关系，分解是将一个大粒细化，建构是将一组相似的、等价的、功能相近的粒组成一个较大粒。粒和粒之间关系主要有内部关系、等价关系、相容关系和偏序关系等[37]。对粒之间的关系研究能促进问题的求解，粒之间的关系越简单，粒的合成越方便，否则越复杂。

（4）粒计算的研究方法。

粒计算的形成和发展积累了多种思想、模式、范式、方法论、技术和工具[1]。作为一个有待阐释的术语，对粒计算的研究可以从不同的观点着手[37]。目前，粒计算的研究思路和方法实质上可归为以下三类。

①从代数的角度研究粒计算。

基于不同的二元关系，信息或知识经过粒化后得到大小和结构不同的粒[38]。一般来说，用等价关系或不可区分关系粒化，得到的粒是互不相交的，这种粒处理起来是孤立的，因此也是容易的[38]。而用非等价关系粒化，得到的信息粒或知识粒的边缘是模糊的，即粒与粒之间有交叉元素，互相影响，这种粒处理起来是复杂的，因为一个元素可能出现在多个粒中[1]。这是粒计算研究最困难，也是最关键的问题之一。用代数的观点作为研究粒计算的手段，其优点在于可根据粒化的需要自由地定义被用于粒化的二元关系[38]。

②从逻辑的角度研究粒计算。

用谓词及其关于逻辑连接词的组合公式去粒化信息或知识，并用逻辑推理手段去处理粒化得到的粒子，从而形成不同形式的逻辑运算公式[39]。这种逻辑的手段，其优点在于谓词是严格的，被粒化的信息或知识没有二义性[40]。但谓词是一种逻辑语言的基本单位，必然受到这种语言的语法和语义约束。因此，要定义或建立这种谓词，必然要服从相应语言的语法和语义的限制。

③从拓扑学的角度研究粒计算。

以邻域系统、非标准分析方法和商拓扑方法等去处理信息和知识，把每个邻域看成一个粒，作为粒计算处理的基本单位[41]。其优点在于它能处理连续性对象。但在粒化这些问题之前，必然增加许多约束的初始条件[41]。

2.2　粗糙集理论

当今社会，由于计算机科学的发展，特别是网络技术的飞速发展，各个领域的数据和信息量迅速膨胀，当面临大数据时代中的各种挑战时，从大规模复杂数据中挖掘和发现有效的潜在信息和知识是当前至关重要的研究内容[42]。因此，近三十年来，知识发现和数据挖掘研究日益受到人工智能学界的广泛重视[43]。Pawlak 教授于20 世纪 80 年代初提出的 Rough 集（粗糙集）理论就是一种新的处理知识发现和数据挖掘的方法，该理论能定量分析处理不确定、不精确、不完整的信息与知识[44,45]。粗糙集理论的主要思想是在不改变信息系统/决策信息系统的分类能力的基础上，利用特征约简、特征值约简（规则约简），剔除相应的冗余信息，进而提取知识的决策规则和分类规则[46]。粗糙集理论的优势是针对处理的数据集合，不需要给出问题相关的任何先验知识，就可以从现有数据集中直接得出约简、导出决策规则[47]。所以，针对不确定性数据及其问题的相关描述或处理相对而言是客观的，在智能制造、工业机器人、无人驾驶、地震预报、采矿工程等领域得到了广泛应用，对推动不确定性数据处理和实际应用具有重要的科学意义，也是当前非常活跃的研究领域[48]。但是，粗糙集理论在对不精确、不确定、模糊的原始数据处理上也表现出一定的局限性，众多学者研究发现粗糙集理论与概率论、模糊数学、Vague 集理论、概念格理论等其他处理复杂的不确定性数据及问题的相关理论具有很好的互补性[49]。

粗糙集理论以不可分辨关系为基础，是建立在分类机制的基础上的[50]。它将分类理解为特定空间上的等价关系，而等价关系则构成了对该空间的划分，其主要思想是在保持信息系统分类能力不变的前提下，通过知识约简，删除其中的冗余知识，进一步导出问题的决策或分类规则[46-50]。粗糙集理论与其他处理不确定和不精确问题理论的最显著区别是它无须提供问题所需处理的数据集合之外的任何先验信息，可以从现有数据集中直接得出约简、导出决策规则[47]。因而对问题的不确定性描述或处理比较客观，在机器学习与知识获取、数据挖掘、医疗数据分析、专家系统、决策分析、模式识别等方面得到了广泛应用[51]。由于粗糙集理论在处理不精确或不确定原始数据方面的欠缺性，所以与概率论、模糊数学和证据理论等其他处理不确定或不精确问题的理论有很强的互补性[44,45]。

1. 信息系统与决策信息系统

信息系统是一种基于信息表的知识表示形式，它是粗糙集理论中对知识进行表示和处理的基本工具[52]。粗糙集理论研究的信息系统通常用一个数据表来表示[53]。

定义 2-1[54]　称 $S = <U, A, V, f>$ 是一个信息系统，其中 U 是非空的对象集，即 $U = \{x_1, x_2, \cdots, x_n\}$ 称为论域，U 中的每个 x_i $(1 \leq i \leq n)$ 称为一个对象；A 表示特征的非空有限集合；$V = \bigcup \{V_a | a \in A\}$，$V_a$ 为特征 a 的值域；f: $U \times A \to V$ 是一个信息函数，它为每个对象的每个特征赋予一个信息值，即 $\forall a \in A$，$x \in U$，有 $f(x, a) \in V_a$。

信息系统 $S = <U, A, V, f>$ 也称为知识表达系统[55]，有时也简记为 $S = <U, A>$。

定义 2-2　设 U 是对象集，令 $U^2 = U \times U = \{(x_i, x_j) | x_i, x_j \in U\}$，则 $R \subseteq U^2$ 称为 U 上的一个等价关系，若 R 满足以下条件：

(1) 自反性：$(x_i, x_i) \in R$ $(1 \leq i \leq n)$；

(2) 对称性：$(x_i, x_j) \in R \Rightarrow (x_j, x_i) \in R$ $(\forall i, j \leq n)$；

(3) 传递性：$(x_i, x_j) \in R$，$(x_j, x_k) \in R \Rightarrow (x_i, x_k) \in R (\forall i, j, k \leq n)$。

设 R 是 U 上的一个等价关系，记 $[x_i]_R = \{x_j \in U | (x_j, x_i) \in R\}$，则 $[x_i]_R$ 称为包含 x_i 的等价类。

对于每个特征子集 $B \subseteq A$，定义一个二元不可分辨关系(Indiscernibility Relation) IND(B)，即 IND$(B) = \{(x, y) \in U \times U | \forall a \in B, a(x) = a(y)\}$。

显然，IND(B) 是一个等价关系，它构成论域 U 上的一个划分 $U/\text{IND}(B)$，划分 $U/\text{IND}(B)$ 中等价类的个数用 $|U/\text{IND}(B)|$ 表示[56]。在不发生混淆的情况下，也用 B 代替 IND(B)。

事实上，信息系统可直观地表示为一个二维表的形式，通常称该二维表为信息表，它是表达描述知识的数据表格，其中，行是样本，列是样本的特征，数据表格中有对应样本的特征值[57]。于是可知，后文提到的信息系统或信息表都是指同一个概念，可以混用。

例如，表 2-1 就是一个关于病人的信息系统(信息表)：这里 $S = <U, A>$，其中 $U = \{1, 2, 3, 4, 5, 6\}$ 是病人编号的集合，$A = \{头疼，肌肉疼，体温\}$ 是特征的集合。

表 2-1　一个信息系统

对象编号	头疼	肌肉疼	体温
1	是	是	正常
2	是	是	高
3	是	是	很高
4	否	是	正常
5	否	否	高
6	否	是	很高

一个信息系统对应一个关系数据表；反过来，一个关系数据表也对应着一个信息系统[58]。因此，信息系统 $S = <U, A, V, f>$ 是关系数据表的一种抽象描述[56-59]。

定义 2-3[60, 61]　一个决策信息系统 S 可以表示为 $S = <U, A, V, f>$。其中，U 是对象的集合，也称为论域，$U = \{x_1, x_2, \cdots, x_n\}$，$A = C \cup D$ 是特征集合，特征子集 C 和 D 分别称为条件特征集和决策特征集且 $C \cap D = \varnothing$，$V = \bigcup\{V_a | a \in A\}$ 是特征值的集合，V_a 表示特征 a 的值域；$f: U \times A \rightarrow V$ 是一个信息函数，它指定 U 中每一个对象 x 的特征值。

决策信息系统又称为决策表，它表示当满足某些条件时，决策（行为、操作、控制）应当如何进行，条件特征 C 和决策特征 D 的等价关系 IND(C) 和 IND(D) 的等价类分别称为条件类和决策类[62]。例如，表 2-2 就是一个关于病人诊断的决策系统（决策表），这里 $S = <U, A>$，其中 $U = \{1, 2, 3, 4, 5, 6\}$ 是病人编号的集合，$A = \{$头疼，肌肉疼，体温，流感$\}$ 是特征的集合，$C = \{$头疼，肌肉疼，体温$\}$ 是条件特征集，$D = \{$流感$\}$ 是决策特征集。

表 2-2　流感诊断决策表

对象编号	头疼	肌肉疼	体温	流感
1	是	是	正常	否
2	是	是	高	轻度
3	是	是	很高	重
4	否	是	正常	否
5	否	否	高	否
6	否	是	很高	较重

2. 近似集及其性质

设 U 是一个非空有限论域，R 是 U 上的二元关系，R 称为不可分辨关系，$S = <U, R>$ 称为近似空间，$\forall (x, y) \in U \times U$，若 $(x, y) \in R$，则称元素 x 与 y 在 S 中是不可分辨的[63]。U/R 是 U 上由 R 生成的等价类全体，它构成 U 上的一个划分。U/R 中的集合称为基本集或原子集，任意有限个基本集的并和空集均称为可定义集，其余称为不可定义集，可定义集也称为精确集，不可定义集也称为粗糙集[64]。

令$[x]_R = \{y \in U | (x, y) \in R\}$，称$[x]_R$为由 R 决定的 x 的 R 等价类，关系 R 的等价类称为 S 中的基本集（基本概念）或原子。

定义 2-4[65]   给定信息系统 $S = <U, A, V, f>$，对于每个子集 $X \subseteq U$ 和不可分辨关系 $B(B \subseteq R)$，X 的下近似集和上近似集分别可以由 B 的基本集定义如下

$$\underline{B}(X) = \bigcup \{Y_i | Y_i \in U/\mathrm{IND}(B) \wedge Y_i \subseteq X\} \tag{2-1}$$

$$\overline{B}(X) = \bigcup \{Y_i | Y_i \in U/\mathrm{IND}(B) \wedge Y_i \cap X \neq \varnothing\} \tag{2-2}$$

其中，$U/\mathrm{IND}(B)$ 是不可分辨关系 B 对 U 的划分。由此粗糙集的下近似集和上近似集定义为

$$\underline{B}(X) = \{x | x \in U \wedge [x]_B \subseteq X\} \tag{2-3}$$

$$\overline{B}(X) = \{x | x \in U \wedge [x]_B \cap X \neq \varnothing\} \tag{2-4}$$

即当且仅当$[x]_B \subseteq X$，$x \in \underline{B}(X)$；当且仅当$[x]_B \cap X \neq \varnothing$，$x \in \overline{B}(X)$。同时也将 X 的 B 边界域（Boundary Region）、X 的 B 正域（Positive Region）及 X 的 B 负域（Negative Region）分别定义为

$$\mathrm{POS}_B(X) = \underline{B}(X) \tag{2-5}$$

$$\mathrm{BN}_B(X) = \overline{B}(X) - \underline{B}(X) \tag{2-6}$$

$$\mathrm{NEG}_B(X) = U - \overline{B}(X) \tag{2-7}$$

图 2-1 为集合 X 关于知识 B 的正域、边界域和负域。

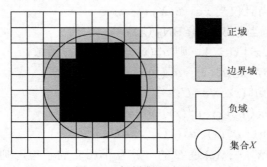

正域

边界域

负域

集合X

图 2-1   粗糙集示意图

当且仅当 $\underline{B}(X) = \overline{B}(X)$ 时，称 X 是 B 可定义的，也即对于 B，X 为精确集；当且仅当 $\underline{B}(X) \neq \overline{B}(X)$ 时，称 X 是 B 不可定义的，也即对于 B，X 为粗糙集。也可将 $\underline{B}(X)$ 看成 X 中的最大可定义集，将 $\overline{B}(X)$ 看成含有 X 的最小可定义集[66]。从近似集的定义，可以得到下近似和上近似的下列性质[65-67]，证明过程详见文献[65]～[67]。

定理 2-1 $\underline{B}(X)$ 和 $\overline{B}(X)$ 有下列性质：

(1) $\underline{B}(X) \subseteq X \subseteq \overline{B}(X)$;

(2) $\underline{B}(\varnothing) = \overline{B}(X) = \varnothing$，$\underline{B}(U) = \overline{B}(U) = U$;

(3) $\overline{B}(X \bigcup Y) = \overline{B}(X) \bigcup \overline{B}(Y)$;

(4) $\underline{B}(X \bigcap Y) = \underline{B}(X) \bigcap \underline{B}(Y)$;

(5) $X \subseteq Y \Rightarrow \underline{B}(X) \subseteq \underline{B}(Y)$;

(6) $X \subseteq Y \Rightarrow \overline{B}(X) \subseteq \overline{B}(Y)$;

(7) $\underline{B}(X \bigcup Y) \supseteq \underline{B}(X) \bigcup \underline{B}(Y)$;

(8) $\overline{B}(X \bigcap Y) \subseteq \overline{B}(X) \bigcap \overline{B}(Y)$;

(9) $\underline{B}(-X) = -\overline{B}(X)$;

(10) $\overline{B}(-X) = -\underline{B}(X)$;

(11) $\underline{B}(\underline{B}(X)) = \overline{B}(\underline{B}(X)) = \underline{B}(X)$;

(12) $\overline{B}(\overline{B}(X)) = \underline{B}(\overline{B}(X)) = \overline{B}(X)$ 。

3. 近似度量

在粗糙集理论中，在不可分辨关系 B 的基础上，给出元素 x 对集合 X 的粗糙隶属函数[67]的定义如下

$$\mu_X^B(x) = \frac{\mathrm{card}(X \bigcap [x]_B)}{\mathrm{card}([x]_B)} \tag{2-8}$$

显然，$0 \leqslant \mu_X^B(x) \leqslant 1$。

定理 2-2[67]　粗糙隶属函数满足以下性质:

(1) $\mu_X^B(x) = 1$，当且仅当 $x \in \underline{B}(X)$;

(2) $\mu_X^B(x) = 0$，当且仅当 $x \in -\overline{B}(X)$;

(3) $0 < \mu_X^B(x) < 1$，当且仅当 $x \in \mathrm{BN}_B(X)$;

(4) 如果 $B = \{(x, x) \mid x \in U\}$，则 $\mu_X^B(x)$ 是 X 的特征函数;

(5) 如果 $(x, y) \in B$，则 $\mu_X^B(x) = \mu_X^B(y)$;

(6) $\mu_{U-X}^B(x) = 1 - \mu_X^B(x)$，$\forall x \in U$;

(7) $\mu_{X \bigcup Y}^B(x) \geqslant \max(\mu_X^B(x), \mu_Y^B(x))$，$\forall x \in U$;

(8) $\mu_{X \bigcup Y}^B(x) \leqslant \min((\mu_X^B(x), \mu_Y^B(x))$，$\forall x \in U$;

(9) 如果 $X = \{X_1, X_2, \cdots, X_n\}$ 是 U 的一族互不相交的子集，则 $\mu_{\bigcup X}^B(x) = \sum\limits_{X_i \in X} \mu_X^B(x)$，

$\forall x \in U$。

定义 2-5[64]　给定论域 U，集合 X 是一个关于特征子集 B 的粗糙集，其 B 的精度可定义为

$$d_B(X) = \frac{\underline{B}(X)}{\overline{B}(X)} \tag{2-9}$$

其中，$X \neq \varnothing$；如果 $X = \varnothing$，此时可定义 $d_B(X) = 1$。

显然，对每个 B 和 $X \subseteq U$ 有 $0 \leqslant d_B(X) \leqslant 1$。

当 $d_B(X) = 1$ 时，X 的 B 边界区域为空集，集合 X 为 B 可定义的；当 $d_B(X) < 1$ 时，集合 X 有非空的 B 边界区域，集合 X 为 B 不可定义的，即粗糙的[64]。集合 X 关于知识 B 的精度也称为近似精度[68]。

在以后章节的讨论中，将等价关系、特征、知识等概念混用，不予分辨。

定义 2-6[69]　假定集合 X 是论域 U 上的一个关于知识 B（特征子集）的粗糙集，定义其 B 粗糙精度（在不发生混淆的情况下，也简称为粗糙度）为

$$\rho_B(X) = 1 - d_B(X) \tag{2-10}$$

粗糙集 X 的精度是在一个区间 $[0, 1]$ 上的实数，它定义了粗糙集 X 的可定义程度，即集合 X 的确定度；X 的粗糙度与精度恰恰相反，它定义了集合 X 的知识的不完全程度[69]。

在粗糙集中，粗糙集的边界域往往导致部分元素不能被准确判定。如果集合 X 为 B 粗糙可定义，则可以确定 U 中某些元素是否属于 X 或 $-X$；如果集合 X 为 B 内不可定义，则可以确定 U 中某些元素是否属于 $-X$，但不能确定 U 中任一元素是否属于 X；如果集合 X 为 B 外不可定义，则可以确定 U 中某些元素是否属于 X，但不能确定 U 中任一元素是否属于 $-X$；如果集合 X 为 B 全不可定义，则不能确定 U 中任一元素是否属于 X 或 $-X$。

在粗糙集的论域 U 中，可以给出两个定义来度量对特征子集 B 的近似分类能力。

定义 2-7[70]　设集合簇 $F = \{F_1, F_2, \cdots, F_m\}$（$U = \bigcup\limits_{i=1}^{m} F_i$）是论域 U 上定义的知识，B 是一个特征子集，定义 B 对 F 近似分类的精度为

$$d_B(F) = \frac{\sum\limits_{i=1}^{m} |\underline{B}(F_i)|}{\sum\limits_{i=1}^{m} |\overline{B}(F_i)|} \tag{2-11}$$

定义 2-8[71]　设集合簇 $F = \{F_1, F_2, \cdots, F_m\}$（$U = \bigcup\limits_{i=1}^{m} F_i$）是论域 U 上定义的知识，B 是一个特征子集，定义 B 对 F 近似分类的质量为

$$r_B(F) = \frac{\sum\limits_{i=1}^{m} |\underline{B}(F_i)|}{|U|} \tag{2-12}$$

定理 2-3[72]　设集合簇 $F = \{F_1, F_2, \cdots, F_m\}$（$U = \bigcup\limits_{i=1}^{m} F_i$）是论域 U 上定义的知识，

B 是一个特征子集。若存在 $i \in \{1, 2, \cdots, m\}$ 使得 $\underline{B}(F_i) \neq \varnothing$，则对于任意 $j (j \neq i, j \in \{1, 2, \cdots, m\})$ 都有 $\overline{B}(F_i) \neq U$。

定理 2-4[73]　设集合簇 $F = \{F_1, F_2, \cdots, F_m\}$（$U = \bigcup\limits_{i=1}^{m} F_i$）是论域 U 上的知识，B 是一个特征子集。若存在 $i \in \{1, 2, \cdots, m\}$ 使得 $\overline{B}(F_i) = U$，则对于任意 $j (j \neq i, j \in \{1, 2, \cdots, m\})$ 有 $\underline{B}(F_i) = \varnothing$。

定义 2-9[74]　设 $Q \subseteq C$，规则 $Q \rightarrow d$ 的近似质量 $r(Q \rightarrow d)$ 定义为

$$r(Q \rightarrow d) = \frac{\sum |\{Q(X) \mid X \in U / \mathrm{IND}(d)\}|}{|U|} \tag{2-13}$$

近似质量 $r(Q \rightarrow d)$ 定义中的分子相当于等价关系 $\mathrm{IND}(d)$ 的 Q 正域。

若 $B \subseteq C$ 且 $F = \{F_1, F_2, \cdots, F_m\}$ 是论域 U 上由决策表 S 中 $\mathrm{IND}(d)$ 得到的划分，则 B 对 F 近似分类的质量 $r_B(F)$ 和定义 2-9 中规则 $Q \rightarrow d$ 的近似质量 $r(Q \rightarrow d)$ 具有一致性。

4. 决策表的特征约简

(1) 决策表特征约简与知识依赖性。

知识约简是粗糙集理论的重要内容之一[74]。在决策表中，从形成对论域的划分不变这一角度来讲，并非所有的特征都是必不可少的。换句话说，在保持对论域分类能力不变的前提下，有些特征是多余的，删除冗余特征就是信息系统中的特征约简问题[70-74]。

定义 2-10[75]　设 $S = <U, A, V, f>$ 是一个信息系统，令 $P \subseteq A$，对于 $a \in P$，如果 $\mathrm{IND}(P) = \mathrm{IND}(P - \{a\})$，则称特征 a 在 P 中是不必要的，否则是必要的。

定义 2-11[76]　设 $S = <U, A, V, f>$ 是一个信息系统，令 $P \subseteq A$，如果 $\forall a \in P$ 在 P 中都是必要的，则称特征集 P 是独立的，否则称 P 是相互依赖的。

定义 2-12[77]　设 $S = <U, A, V, f>$ 是一个信息系统，若 $Q \subseteq A$，则称 Q 中所有必要特征组成的集合为特征集 Q 的核（Core），记为 $\mathrm{Core}(Q)$。

定义 2-13[78]　设 $S = <U, A, V, f>$ 是一个信息系统，$P \subseteq A$。如果

①$\mathrm{IND}(P) = \mathrm{IND}(A)$；

②P 是独立的，则称 P 是 A 的一个约简（Reduct）。

一般来讲，一个特征子集 $P \subseteq A$ 可以有多个约简，P 的所有约简所成的集合记为 $\mathrm{Red}(P)$。

对一个特征子集 $P \subseteq A$，有定理 2-5。

定理 2-5[75,76]　$\mathrm{Core}(P) = \cap \mathrm{Red}(P)$。

该定理表明，一组特征的核是该组特征所表达的知识的不可消去的知识特征集

合，它是信息系统中进行特征约简的基础。

给定 P 和 Q 是论域 U 上的两个特征子集，特征子集 Q 相对于特征子集 P 的正域[79]可以定义为

$$\mathrm{POS}_P(Q) = \bigcup_{X \in U/Q} \underline{P}(X) \tag{2-14}$$

定义 2-14[80]　设 $S = <U, A, V, f>$ 是一个决策表，其中 $A = C \cup D$，$C \cap D = \varnothing$，令 $P \subseteq C$，$Q \subseteq D$，$a \in P$，如果 $\mathrm{POS}_P(Q) = \mathrm{POS}_{P-\{a\}}(Q)$，则称 a 为 P 中 Q 不必要的，否则称 a 为 P 中 Q 必要的。

定义 2-15[81]　设 $S = <U, A, V, f>$ 是一个决策表，其中 $A = C \cup D$，$C \cap D = \varnothing$，令 $P \subseteq C$，$Q \leqslant D$，若任意特征 $a \in P$ 在 P 中相对于 Q 是必要的，则称 P 相对于 Q 是独立的，否则是相依的。

在决策表 $S = <U, A, V, f>$ 中，C 中所有 D 必要的特征组成的集合称为 C 的 D 核，简称为相对核（Relative Core），记为 $\mathrm{Core}_C(D)$。

定义 2-16[47,60]　设 $S = <U, A, V, f>$ 是一个决策表，$A = C \cup D$，$C \cap D = \varnothing$，令 $P \subseteq C$。如果 $\mathrm{POS}_P(D) = \mathrm{POS}_C(D)$ 且 P 相对于 D 独立，则称 P 是 C 的一个 D 约简，简称为相对约简。

定理 2-6[82]　C 的所有 D 约简记为 $\mathrm{Red}_C(D)$，则有 $\mathrm{Core}_C(D) = \cap \mathrm{Red}_C(D)$。

定理 2-7 给出了知识 P 与知识 Q 之间所具有的性质。

定理 2-7[83,84]　下列条件是等价的：

①$P \Rightarrow Q$；

②$\mathrm{IND}(P \cup Q) = \mathrm{IND}(P)$；

③$\mathrm{POS}_P(Q) = U$；

④对于所有的 $X \in U/\mathrm{IND}(Q)$，有 $\underline{P}(X) = X$。

知识 Q 和知识 P 之间的依赖性度量[84]定义为

$$k = \gamma_P(Q) = \frac{|\mathrm{POS}_P(Q)|}{|U|} \tag{2-15}$$

其中，$0 \leqslant k \leqslant 1$。

用 $P \Rightarrow_k Q$ 表示 Q 是 k 度依赖于 P。当 $k = 1$ 时，称 Q 完全依赖于 P；当 $0 < k < 1$ 时，称 Q 部分依赖于 P；当 $k = 0$ 时，称 Q 完全独立于 P[84]。

（2）决策表特征约简的信息熵表示。

由 Shannon[85]定义的一个系统的熵给出了系统结构的不确定性度量，它可用来描述各种方式下的信息内容。在粗糙集理论中，文献[2]和[13]已经使用 Shannon 熵的概念和它的变形来度量不确定性，文献[86]研究了粗糙集和粗糙关系数据库的不确定性的信息度量。

定义 2-17[86,87]　设知识(特征集合)P、Q 在 U 上导出的划分分别为 X 和 Y，其中 $X = \{X_1, X_2, \cdots, X_{n1}\}$，$Y = \{Y_1, Y_2, \cdots, Y_{n2}\}$，则 P、Q 在 U 的子集组成的 σ 代数上的概率分布分别为

$$p(X_i) = \frac{|X_i|}{|U|}, \quad i = 1, 2, \cdots, n1 \tag{2-16}$$

$$p(Y_j) = \frac{|Y_j|}{|U|}, \quad j = 1, 2, \cdots, n2 \tag{2-17}$$

定义 2-18[88]　设特征集合 P 在 U 上导出的划分为 $X = \{X_1, X_2, \cdots, X_{n1}\}$，给出知识 P 的信息熵为

$$H(P) = -\sum_{i=1}^{n1} p(X_i) \log(p(X_i)) \tag{2-18}$$

定义 2-19[89]　设特征集合 P、Q 在 U 上导出的划分分别为 X 和 Y，其中 $X = \{X_1, X_2, \cdots, X_{n1}\}$，$Y = \{Y_1, Y_2, \cdots, Y_{n2}\}$，给出特征集合 Q 相对于特征集合 P 的条件信息熵为

$$H(Q|P) = -\sum_{i=1}^{n1} p(X_i) \sum_{j=1}^{n2} p(Y_j \mid X_i) \log(p(Y_j \mid X_i)) \tag{2-19}$$

其中，$p(Y_j \mid X_i) = \dfrac{|Y_j \bigcap X_i|}{|X_i|}$，$i = 1, 2, \cdots, n1$，$j = 1, 2, \cdots, n2$。

定理 2-8[1]　给定一个论域 U 以及 U 上的两个特征集合 P 和 Q。如果 $\mathrm{IND}(P) = \mathrm{IND}(Q)$ 成立，那么很容易得到 $H(P) = H(Q)$。

定理 2-9[1]　给定一个论域 U 以及 U 上的两个特征集合 P 和 Q 且 $P \subseteq Q$。如果 $H(P) = H(Q)$ 成立，那么很容易得到 $\mathrm{IND}(P) = \mathrm{IND}(Q)$。

定理 2-10[1]　给定一个论域 U 以及 U 上的一个特征集合 P，P 中的一个特征 p 是绝对不必要的，其成立的充分必要条件为 $H(\{p\}|P - \{p\}) = 0$。

5. 不完备信息系统中粗糙集理论的扩充

基于传统不可分辨关系的粗糙集理论是不能处理不完备信息系统的，但在实际中，不完备信息系统是普遍存在的[90,91]。因此，研究不完备信息系统下的粗糙集理论(即广义粗糙集理论)有着重要的意义[91]。

在粗糙集理论中用 $U = \{x_1, x_2, \cdots, x_n\}$ 表示样本集合，$C = \{c_1, c_2, \cdots, c_n\}$ 表示特征集合，但是在实际情况中，由于不可能得到所有的特征值，常常会出现一些空缺值[92]。例如，针对病人构造的医学信息系统，可能存在这样一组病人，他们不能执行所有要求的检查。这样就有可能出现针对样本集 U 的特征值描述是不完全的或者缺失的，从而生成了不完备信息系统/不完备决策信息系统。

例如，表 2-3 就是一个不完备的信息系统（即不完备的信息表）。

表 2-3　不完备信息系统

A	x_1	x_2	x_3	x_4	x_5	x_6	x_7	x_8	x_9	x_{10}	x_{11}	x_{12}
c_1	3	2	2	*	*	2	3	*	3	1	*	3
c_2	2	3	3	2	2	3	*	0	2	*	2	2
c_3	1	2	*	*	*	2	*	0	1	*	*	1
c_4	0	0	0	1	1	1	3	*	3	*	*	*
d	Ω	Ω	Ψ	Ω	Ψ	Ψ	Ω	Ψ	Ψ	Ω	Ψ	Ω

对于不完备信息系统的理解，存在两种语意解释：遗漏语意和缺席语意[93]。遗漏语意下，认为遗漏值（未知值）将来总是可以得到的，并与任意值相比较（匹配、相等）；而缺席语意下，认为缺席值（未知值）是无法再得到的，不能与任意值相比较（匹配、相等）[93]。

（1）容差关系。

定义 2-20[94]　给定不完备信息系统 NS $= <U, A, V, f>$，特征子集 B 含有缺失特征值且 $B \subseteq A$，这里缺失值记为"*"，容差关系 T 的定义为

$$_{x,y \in U}(T_B(x,y) \Leftrightarrow \forall_{c_j \in B}(c_j(x) = c_j(y) \vee c_j(x) = * \vee c_j(y) = *)) \tag{2-20}$$

显然，容差关系 T 具有自反性、对称性，但不一定具有传递性。

定义 2-21[94]　限制容差关系 L 的定义为：设 $P_B(x) = \{b \,|\, b \in B \wedge b(x) \neq *\}$，则

$$\forall_{x,y \in U}(L_B(x,y) \Leftrightarrow \forall_{b \in B}(b(x) = b(y) = *) \vee ((P_B(x) \bigcap P_B(y) \neq \varnothing) \wedge$$
$$\forall_{b \in B}((b(x) \neq *) \wedge (b(y) \neq *) \rightarrow (b(x) = b(y))))) \tag{2-21}$$

定义 2-22[94]　限制容差类 $J_B^L(x) = \{y \,|\, y \in U \wedge L_B(x,y)\}$，$D \subseteq U$，集合 D 相应的上、下近似集定义为

$$D_L^B = \{x \,|\, x \in U \wedge J_B^L(x) \bigcap D \neq \varnothing\} \tag{2-22}$$

$$D_B^L = \{x \,|\, x \in U \wedge J_B^L(x) \in D\} \tag{2-23}$$

以后为书写方便起见，把限制容差类 $J_B^L(x)$ 简写为 $J(x)$。

（2）非对称相似关系。

定义 2-23[95]　非对称相似关系 S 的定义为

$$_{x,y \in U}(S_B(x,y) \Leftrightarrow \forall_{c_j \in B}(c_j(x) = c_j(y) \vee c_j(x) = *)) \tag{2-24}$$

非对称相似对象 x 的对象集合 $G(x)$ 以及 x 与之非对称相似的对象集合 $G^-(x)$ 的定义为

$$G(x) = \{y \in U | S(y, x)\} \tag{2-25}$$

$$G^-(x) = \{y \in U | S(x, y)\} \tag{2-26}$$

显然，$G(x)$ 与 $G^-(x)$ 是两个不相同的集合[95]。在此基础上对象集合 X 在非对称相似关系下的上近似和下近似也可进一步被定义，这里不再赘述。

2.3　模糊集理论

简单来说，Fuzzy 集（模糊集）就是用来表达模糊性概念的集合[96]。模糊集理论是在经典集合论基础上发展起来的用以刻画模糊现象的一种理论方法[96]。在实际生活中，模糊概念及其相关的模糊现象无处不在[96]。为了对模糊概念及模糊现象进行有效的定量刻画，Zadeh 提出了模糊集合理论，目前在许多领域中都获得了卓有成效的应用。本节简单介绍模糊集的理论基础，包括模糊集的定义与表示、模糊集的运算和模糊性的度量。

1. 模糊集的定义与表示

定义 2-24[96]　设 X 为一有限非空论域，x 为 X 中的元素，对于 $\forall x \in X$，给定映射 $x \to \mu_A(x) \in [0, 1]$，则序偶组成的集合 A 为 X 上的模糊集合

$$A = \{x | \mu_A(x), \forall x \in X\} \tag{2-27}$$

其中，$\mu_A(x)$ 为 x 对 A 的隶属度，μ 称为隶属函数。

X 上的模糊集合的全体记做 $F(X)$，$\mu_A(x)$ 可简记为 $A(x)$，隶属度 $\mu_A(x)$ 表示 x 隶属于模糊集 A 的程度。

若 $\mu_A(x) = 1$，则认为 x 完全属于 A；

若 $\mu_A(x) = 0$，则认为 x 完全不属于 A；

若 $0 < \mu_A(x) < 1$，则认为 x 在 $\mu_A(x)$ 程度上属于 A。

设论域 $X = \{x_1, x_2, \cdots, x_n\}$，$X$ 上的任一模糊集合 A，其隶属函数为 $A(x_i)$ $(i = 1, 2, \cdots, n)$，则模糊集合有如下三种表示方法。

（1）Zadeh 表示法[97]。

$$A = \frac{A(x_1)}{x_1} + \frac{A(x_2)}{x_2} + \cdots + \frac{A(x_n)}{x_n} \tag{2-28}$$

其中，$\dfrac{A(x_i)}{x_i}$ 不表示"分数"，仅表示元素 x_i 隶属于 A 的程度为 $A(x_i)$；符号"+"也不表示"加号"，而是一种联系符号。

（2）序偶表示法[96]。

$$A = \{(x_1, A(x_1)), (x_2, A(x_2)), \cdots, (x_n, A(x_n))\} \tag{2-29}$$

（3）向量表示法[96]。

$$A = (A(x_1), A(x_2), \cdots, A(x_n)) \tag{2-30}$$

向量表示法要求论域 X 中元素的先后顺序是确定的，把每个元素对应的隶属度按给定的顺序组成一个向量，该向量称为模糊向量[96]。

2. 模糊集的基本运算与性质

定义 2-25[96] 设 X 为论域，A 和 B 是 U 上的两个模糊集合，若 $\forall x \in X$，$A(x) \leqslant B(x)$，则称 B 包含 A，或称 A 包含于 B，记为 $A \subseteq B$；若 $\forall x \in U$，$A(x) = B(x)$，则称 A 与 B 相等，记为 $A = B$；若 $A \subseteq B$，但 $A \neq B$，则称 B 真包含 A，或 A 被真包含于 B，记为 $A \subset B$。

用 $\varnothing$ 表示其隶属函数恒为 0 的模糊集，U 表示其隶属函数恒为 1 的模糊集，则 Fuzzy(X) 具有下列性质：

定理 2-11[96] 设 A、B、$C \in F(X)$，则

(1) 有界性：$\varnothing \subseteq A \subseteq X$；

(2) 自反性：$A \subseteq A$；

(3) 反对称性：$A \subseteq B$，$B \subseteq A \Rightarrow A = B$；

(4) 传递性：$A \subseteq B$，$B \subseteq C \Rightarrow A \subseteq C$。

由定理 2-11 易知，$\subseteq$ 是 $F(X)$ 上的一种偏序关系，从而 $(F(X), \subseteq)$ 是一个偏序集。

定义 2-26[96] 设 A、$B \in F(X)$，A 与 B 的交、并运算分别定义为 $\cap$ 和 $\cup$，A 的补集记为 A^c，$\forall x \in U$ 有

$$(A \cap B)(x) = \min\{A(x), B(x)\} = A(x) \wedge B(x) \tag{2-31}$$

$$(A \cup B)(x) = \max\{A(x), B(x)\} = A(x) \vee B(x) \tag{2-32}$$

$$(A^c)(x) = 1 - A(x) \tag{2-33}$$

显然，$A \cap B$、$A \cup B$、$A^c \in F(X)$。

定理 2-12 设 A、B、$C \in F(X)$，则

(1) 幂等律：$A \cup A = A$，$A \cap A = A$；

(2) 交换律：$A \cup B = B \cup A$，$A \cap B = B \cap A$；

(3) 结合律：$A \cup (B \cup C) = (A \cup B) \cup C$，$A \cap (B \cap C) = (A \cap B) \cap C$；

(4) 分配律：$A \cup (B \cap C) = (A \cup B) \cap (A \cup C)$，$A \cap (B \cup C) = (A \cap B) \cup (A \cap C)$；

(5) 吸收律：$A \cup (A \cap B) = A$，$A \cap (A \cup B) = A$；

(6) 复原律：$(A^c)^c = A$；

(7) 对偶律：$(A \cup B)^c = A^c \cap B^c$，$(A \cap B)^c = A^c \cup B^c$；

(8) 两级律：$A \cup \varnothing = A$，$A \cap \varnothing = \varnothing$；$A \cup U = U$，$A \cap U = A$。

证明过程详见文献[96]。

3. 模糊集的其他运算

定义 2-27[96]　　映射 T：$[0, 1]^2 \rightarrow [0, 1]$，如果对 $\forall a, b, c \in [0, 1]$，满足条件：

(1) 交换律：$T(a, b) = T(b, a)$；

(2) 结合律：$T(T(a, b), c) = T(a, T(b, c))$；

(3) 单调性：若 $a_1 \leqslant a_2$，$b_1 \leqslant b_2$，$T(a_1, b_1) \leqslant T(a_2, b_2)$；

(4) 边界条件：$T(1, a) = a$；

则称为 t-三角模，也称为 T 范数。

定义 2-28[96]　　映射 S：$[0, 1]^2 \rightarrow [0, 1]$，如果对 $\forall a, b, c \in [0, 1]$，满足条件：

(1) 交换律：$S(a, b) = S(b, a)$；

(2) 结合律：$S(S(a, b), c) = S(a, S(b, c))$；

(3) 单调性：若 $a_1 \leqslant a_2$，$b_1 \leqslant b_2$，$S(a_1, b_1) \leqslant S(a_2, b_2)$；

(4) 边界条件：$S(a, 0) = a$；

则称为 s-三角模，也称为 S 范数（T 余范）。

T 范数和 S 范数统称为三角算子[96]。

定理 2-13[96]　　三角范算子 T 和 S 是对偶算子。

性质 2-1[96]　　设 T 是 T 范数，则 $\forall a, b \in [0, 1]$，有

(1) $0 \leqslant T(a, b) \leqslant a \wedge b$；

(2) $T(a, 0) = 0$。

性质 2-2[96]　　设 S 是 S 范数，则 $\forall a, b \in [0, 1]$，有

(1) $a \vee b \leqslant S(a, b) \leqslant 1$；

(2) $S(a, 1) = 1$。

定义 2-29[97]　　设 A、$B \in F(X)$，对 $\forall u \in U$，规定

$$(A \cup B)(u) = A(u) \vee^* B(u) \tag{2-34}$$

$$(A \cap B)(u) = A(u) \wedge^* B(u) \tag{2-35}$$

其中，$\vee^*$、$\wedge^*$ 是 $[0, 1]$ 中的二元运算，简称为模糊算子。令 $a = A(u)$，$b = B(u)$，常用算子如下

(1) Zadeh 算子[97]：$\vee$、$\wedge$

$$\begin{cases} a \vee b = \max(a, b) \\ a \wedge b = \min(a, b) \end{cases} \tag{2-36}$$

(2) 最大乘积算子[97]：$\vee$、$\bullet$

$$\begin{cases} a \vee b = \max(a, b) \\ a \bullet b = ab \end{cases} \tag{2-37}$$

(3) 代数算子[97]：$\dot{+}$、$\bullet$

$$\begin{cases} a \dot{+} b = a + b - ab \\ a \bullet b = ab \end{cases} \tag{2-38}$$

(4) 有界算子[97]：⊕、⊙

$$\begin{cases} a \oplus b = \min(a+b,1) \\ a \odot b = \max(0, a+b-1) \end{cases} \tag{2-39}$$

另外还有强烈算子、Einstein 算子、Hamacher 算子等，这里不再一一介绍，可参阅文献[97]。

4. 模糊性度量

在这里仅介绍几种常用的 Fuzzy 性度量方法，具体可参看文献[98]。

(1) 模糊熵[98]。

设 A 是论域 X 上的一个模糊集，表示为 $A = \dfrac{\sum\limits_{i=1}^{n} u_A(x_i)}{x_i}$，这里 $x_i \in X$，$u_A(x_i)$ 是 x_i 的隶属度函数，值域为[0, 1]。记论域 X 上的全体模糊集为 $F(X)$。对 $\forall x_i \in X$，若 $\forall u_A(x_i) = 1$ 或 $\forall u_A(x_i) = 0$，则模糊集 A 退化为分明集[98]。

在 Fuzzy 集中，熵对应一个映射 $H: F(X) \to R^+$，其中 $R^+ = [0, +\infty]$。这个熵满足以下公理，$\forall A \in F(X)$ 有

① $H(A) = 0 \Leftrightarrow u_A(x_i) = 0$ 或 1，$\forall x_i \in X$；

② $H(A)$ 取最大值 $\Leftrightarrow u_A(x_i) = 0.5$，$\forall x_i \in X$；

③ $H(A) \geqslant H(A^*)$，其中 A^* 为 A 的锐化；

④ $H(A) = H(\overline{A})$，其中 $\overline{A}$ 为 A 的补集，即 $u_{\overline{A}}(x_i) = 1 - u_A(x_i)$，$\forall x_i \in X$。

在条件③中，一个模糊集 A^* 是 A 的锐化满足如下条件：如果 $u_A(x) \leqslant 0.5$，$u_{A^*}(x) \leqslant u_A(x)$；如果 $u_A(x) \geqslant 0.5$，$u_{A^*}(x) \geqslant u_A(x)$。

在 1968 年，Zadeh[97]首先提出了一种度量模糊不确定性的方法，即 $H(A) = -\sum\limits_{i=1}^{n} p_i u_i(x_i) \log p_i$，其中 p_i 是 x_i 发生的概率。但是 Zadeh 给出的这种模糊度量不满足模糊熵的公理化条件[99]，Daluca[100]根据 Shannon 熵形式提出了一种新的模糊熵：$H(A) = -\sum\limits_{i=1}^{n} \{u_A(x_i) \log u_A(x_i) + [1-u_A(x_i)] \log[1-u_A(x_i)]\}$，这一模糊熵形式上满足熵的公理化条件，也从此得到了广泛应用。

(2) 距离测度与相似测度。

随着模糊信息论的诞生，很多专家学者已对模糊信息度量做了深入的研究和讨论[96-100]。模糊集上的距离测度是一个映射，即 $d: F(x) \times F(x) \to R^+$，它满足下面四

条性质[101]：

①对任意的 $A, B \in F(x)$，有 $d(A, B) = d(B, A)$；

②对任意的 $A \in F(x)$，有 $d(A, A) = 0$；

③对任意的 $D \in F(x)$，有 $d(D, D^c) = \max_{A, B \in F(x)} d(A, B)$；

④对任意的 $A, B, C \in F(x)$，如果满足 $A \subset B \subset C$，则有 $d(A, B) \leqslant (A, C)$ 且 $d(B, C) \leqslant (A, C)$。

模糊集上的相似测度是一个映射，即 $S: F(x) \times F(x) \to R^+$，它满足下面四条性质[101]：

①对任意的 $A, B \in F(x)$，有 $S(A, B) = S(B, A)$；

②对任意的 $A \in F(x)$，有 $S(A, A) = 0$；

③对任意的 $D \in F(x)$，有 $S(D, D^C) = \max_{A, B \in F(x)} S(A, B)$；

④对任意的 $A, B, C \in F(x)$，若满足 $A \subset B \subset C$，则有 $S(A, B) \leqslant S(A, C)$ 且 $d(B, C) \leqslant d(A, C)$。

（3）模糊度。

在模糊集理论中，模糊度刻画了模糊概念的模糊程度[97]。关于模糊度的定义如下。

定义 2-30[101]**（D-T）准则**　若映射 $d: F(U) \to [0, 1]$ 满足如下的条件：

① $d(A) = 0$，当且仅当 $A \in P(U)$；

② $d(A) = 1$，当且仅当 $\forall x_i \in U$，有 $A(x_i) = \dfrac{1}{2}$；

③ $\forall x_i \in U \left(\left(B(x_i) \leqslant A(x_i) \leqslant \dfrac{1}{2} \right) \vee \left(\dfrac{1}{2} \leqslant A(x_i) \leqslant B(x_i) \right) \right) \to d(B) \leqslant d(A)$；

④ $A \in F(U)$，则 $d(A) = d(\sim A)$，其中 $\sim A$ 是 A 的补集；

则称映射 d 是 $F(U)$ 上的一个模糊度，$d(\bullet)$ 是模糊集的模糊度。定义 2-30 中模糊度的公理化定义的条件可以分别解释如下：

①经典集是不模糊的；

②模糊集的每个对象的隶属值为 0.5 时，该模糊集是最不确定的；

③模糊集的每个对象的隶属值越接近 0.5 时，它的不确定性值就越大；

④一个模糊集和它的补集有相同的模糊度。

闵可夫斯基模糊度[102]：

$$d_p(A) = 2 \sqrt[p]{\frac{\sum_{i=1}^{n} |A(u_i) - A_{0.5}(u_i)^p|}{n}} \tag{2-40}$$

不难验证，闵可夫斯基模糊度满足定义 2-29 中的四个条件。

当 $p = 1$ 时，$d_1(A)$ 称为海明模糊度，且有 $d_1(A) = \dfrac{2}{n} \sum_{i=1}^{n} |A(u_i) - A_{0.5}(u_i)|$；当 $p = 2$

时，$d_2(A)$ 称为欧几里得模糊度，且有 $d_2(A) = \dfrac{2}{n^{0.5}} \sqrt{\sum_{i=1}^{n} |A(u_i) - A_{0.5}(u_i)|^2}$。

香农模糊度[103]：

$$H(A) = \frac{1}{n \ln 2} \sum_{i=1}^{n} s(A(u_i)) \qquad (2\text{-}41)$$

其中，$s(x)$ 为香农函数，且有 $s(x) = \begin{cases} -x \ln x - (1-x)\ln(1-x), & x \in (0,1) \\ 0, & x = 0,1 \end{cases}$。

针对模糊集中的模糊度，文献[96]改进了模糊度公理化定义，给出了一种新的度量方法

$$d(A) = \frac{4}{n} \sum_{i=1}^{n} A(x_i)[1 - A(x_i)] \qquad (2\text{-}42)$$

文献[98]也改进了模糊度公理化定义，给出了一种新的模糊度度量方法

$$d_F(A) = 1 - \mu_A^P(u) \qquad (2\text{-}43)$$

其中，$\mu_A^P(u)$ 是 U 的平均隶属度，当论域 U 为有限时，有 $\mu_A^P(u) = \dfrac{1}{n} \sum_{i=1}^{n} \mu_A(u_i)$。

上述各种模糊集的不确定性度量方法从不同的角度阐述了相关的模糊不确定性，但同时各自也可能存在一些缺陷。

(4) 模糊集的贴近度。

贴近度是对两个 Fuzzy 集接近程度的一种度量[104]。

定义 2-31[104]　设 A、B、$C \in F(X)$，且映射 $N: F(X) \times F(X) \to [0, 1]$ 满足条件：

(1) $N(A, B) = N(B, A)$；

(2) $N(A, A) = 1$，而 $N(X, \varnothing) = 0$；

(3) 若 $\forall x \in U$，恒有 $A(x) \leqslant B(x) \leqslant C(x)$，则 $N(A, C) \leqslant N(A, B)$；

称 N 为 $F(U)$ 上的贴近度函数，而 $N(A, B)$ 称为 A 与 B 的贴近度。

常用的贴近度有 Hamming 贴近度 N_H、Euclid 贴近度 N_E、最大最小贴近度 N_M、最小平均贴近度等[105]，这里不再详述。

(5) 模糊集的格贴近度。

格贴近度是采用模糊集的内积和外积相结合的方式来刻画两个 Fuzzy 集的贴近程度[106]。

定义 2-32[106]　设 A、$B \in F(U)$，记

$$A \circ B = \bigvee_{x \in U} (A(x) \wedge B(x)) \qquad (2\text{-}44)$$

$$A \overset{\wedge}{\circ} B = \bigwedge_{x \in U} (A(x) \wedge B(x)) \qquad (2\text{-}45)$$

分别称 $A \circ B$、$A \hat{\circ} B$ 为模糊集 A、B 的内积与外积，其中，$\circ$ 表示极大（$\wedge$）和极小（$\vee$）复合运算。设

$$N_L(A, B) = (A \circ B) \wedge A \hat{\circ} B \tag{2-46}$$

称 $N_L(A, B)$ 为 A、B 的格贴近度。

5. 模糊集的推广

下面简单介绍几种常用的模糊集的推广形式。

（1）凸模糊集[107]。

凸模糊集是将一个向量空间作为论域 X 来讨论的一类模糊集[107]。集合 $A \in P(X)$ 是 X 的凸模子集，是指 $\forall x_1, x_2 \in X$, $\forall \lambda \in [0, 1]$，有

$$\lambda x_1 + (1-\lambda) x_2 \in A \tag{2-47}$$

将上式用 A 的特征函数表达成：$\forall x_1, x_2 \in X$, $\forall \lambda \in [0, 1]$，有

$$\chi_A (\lambda x_1 + (1-\lambda) x_2) \geqslant \chi_A(x_1) \wedge \lambda_A(x_2) \tag{2-48}$$

下面给出凸模糊集的定义。

定义 2-33[107]　　设 $A \in F(X)$，称 A 是凸模糊集，若 $\forall x_1, x_2 \in X$, $\forall \lambda \in [0, 1]$，有

$$A(\lambda x_1 + (1-\lambda) x_2) \geqslant A(x_1) \wedge A(x_2) \tag{2-49}$$

若将 "$\geqslant$" 改为 "$>$"，则称 A 是严格凸模糊集。

若视 $A \in F(X)$ 为 $X \rightarrow [0, 1]$ 上的函数，且 $A(\cdot)$ 是凸函数，则 A 必为凸模糊集；但是若 A 为凸模糊集，$A(\cdot)$：$X \rightarrow [0, 1]$ 并不一定是凸函数[107]。

（2）2 型模糊集。

定义 2-34[108]　　称 A 为论域 X 上的 2 型模糊集，是指 A 是映射

$$A：X \rightarrow F([0, 1]) \tag{2-50}$$

可以将 X 上的全体 2 型模糊集记为 $F_2(X)$。

关于 2 型模糊集的研究主要集中在其运算、推广和应用上，还可以考虑区间值的区间 2 型模糊集[108]。

（3）直觉模糊集。

Fuzzy 集给出论域中一点的隶属度，直觉模糊集给出了论域中点的隶属度与非隶属度[33]。

定义 2-35[33]　　论域 X 上的一个直觉 Fuzzy 集是下列形式的一个对象

$$A = \{(x, u_A(x), v_A(x)) | x \in X\} \tag{2-51}$$

其中，$u_A(x) \in [0, 1]$ 称为 "x 属于 A 的隶属度"，$v_A(x) \in [0, 1]$ 称为 "x 不属于 A 的隶属度"，并且其满足下列条件

$$u_A(x) + v_A(x) \leqslant 1，\forall x \in X \tag{2-52}$$

论域 X 上的所有直觉 Fuzzy 集记为 $\psi F(x)$。

2.4　邻域粗糙集

设一个邻域决策系统（Neighborhood Decision Systems, NDS）表示为 NDS = <U, C, D, V, f, Δ, δ>，其中，$U = \{x_1, x_2, \cdots, x_m\}$ 是非空有限样本集（论域）；$C = \{a_1, a_2, \cdots, a_c\}$ 是条件特征集；D 是决策特征集；$V = \bigcup_{a \in C \cup D} V_a$，$V_a$ 是特征 a 的集合；$f : U \times \{C \cup D\} \to V$ 是映射函数；$\Delta \to [0, \infty]$ 是距离函数；δ 是邻域半径参数且 $0 \leq \delta \leq 1$；则邻域决策系统简可以简写为 NDS = <U, C, D, δ>。

定义 2-36[92] 给定邻域决策系统 NDS = <U, C, D, δ>，对于任意样本 $x, y \in U$，条件特征子集 $B \subseteq C$，Δ_B 是距离函数且 $\delta \in [0, 1]$ 是邻域半径参数，则 B 的邻域关系以及 x 关于 B 的邻域类分别表示为

$$\mathrm{NR}_\delta(B) = \{(x, y) \in U \times U \mid \Delta_B(x, y) \leq \delta\} \tag{2-53}$$

$$n_B^\delta(x) = \{x, y \in U \mid \Delta_B(x, y) \leq \delta\} \tag{2-54}$$

在邻域决策系统中，有两个因素影响邻域相似程度：邻域参数和特征子集[92]。对于给定的邻域参数，当特征子集中的特征增多时，即当特征子集划分更精细时，它的邻域关系会更好，特征子集的区分能力也更大[50,92]。当邻域参数为零时，邻域关系退化为等价关系，此时适用于粗糙集中的分类数据[50,92]。邻域粗糙集模型是以邻域关系为基础的，依赖于闵可夫斯基距离（Minkowski Distance）函数，用来度量在特征集上两个样本之间的距离[92]。

定义 2-37[92] 给定邻域决策系统 NDS = <U, C, D, δ>，对于任意的特征子集 $B \subseteq C$，论域上任意两个不同的样本点 $x_i = (x_{1i}, x_{2i}, \cdots, x_{ci})$ 和 $x_j = (x_{1j}, x_{2j}, \cdots, x_{cj})$ 之间的闵可夫斯基距离表示为

$$\mathrm{dist}_B(x_i, y_j) = \left(\sum_{k=1}^{|B|} |x_{ik} - x_{jk}|^T \right)^{\frac{1}{p}} \tag{2-55}$$

（1）当 $p = 1$ 时，$\mathrm{dist}_B(x_i, x_j) = \sum_{k=1}^{|B|} |x_{ik} - x_{jk}|$，称为曼哈顿距离；

（2）当 $p = 2$ 时，$\mathrm{dist}_B(x_i, x_j) = \sqrt{\sum_{k=1}^{|B|} |x_{ik} - x_{jk}|^2}$，称为欧氏距离；

（3）当 $p = \infty$ 时，$\mathrm{dist}_B(x_i, x_j) = \max(|x_{ik} - x_{jk}|)$，称为切比雪夫距离。

在邻域关系中，引入距离函数来度量两个样本之间的距离，距离越小，相似度越大，由于欧氏距离函数能有效地反映未知数据的基本信息，所以采用欧氏距离函数作为度量，以邻域关系替代粗糙集中的等价关系[92]。

定义 2-38[109] 给定邻域决策系统 NDS = $<U, C, D, \delta>$，对于任意条件特征子集 $B \subseteq C$，样本 $x, y \in U$，$f(a_k, x)$ 是 x 在 a_k 上的值，特征 $a_k \in B$，$k = 1, 2, \cdots, |B|$，则邻域决策系统中的欧氏距离函数表示为

$$\Delta_B(x, y) = \sqrt{\sum_{k=1}^{|B|} \left| f(a_k, x) - f(a_k, y) \right|^2} \tag{2-56}$$

性质 2-3[109] 在邻域决策系统 NDS = $<U, C, D, \delta>$ 中，对于任意条件特征子集 $B \subseteq C$，样本 $x, y \in U$，欧氏距离函数 $\Delta_B(x, y)$ 满足以下性质：

(1) 非负性：$\Delta_B(x, y) \geqslant 0$，当且仅当 $x = y$ 时，$\Delta_B(x, y) = 0$；

(2) 对称性：$\Delta_B(x, y) = \Delta_B(y, x)$；

(3) 三角形公理：$\Delta_B(x, z) \leqslant \Delta_B(x, y) + \Delta_B(y, z)$。

性质 2-4[109] 在邻域决策系统 NDS=$<U, C, D, \delta>$ 中，对于任意特征子集 $P, Q \subseteq C$，$n_P^\delta(x)$ 和 $n_Q^\delta(x)$ 分别为 $x \in U$ 关于 P 和 Q 的邻域类，γ 和 δ 为邻域半径，则以下性质成立：

(1) 如果 $Q \subseteq P$，则 $n_P^\delta(x) \subseteq n_Q^\delta(x)$；

(2) $n_P^\delta(x) \subseteq \bigcap_{p \in P} n_p^\delta(x)$。

定义 2-39[109] 给定邻域决策系统 NDS = $<U, C, D, \delta>$，对于任意条件特征子集 $B \subseteq C$，样本子集 $X \subseteq U$，$n_B^\delta(x)$ 是 $x \in U$ 关于 B 的邻域类，则 X 关于 B 的邻域上、下近似集分别表示为

$$\overline{B}(X)_\delta = \{x \in U \mid n_B^\delta(x) \cap X \neq \varnothing\} \tag{2-57}$$

$$\underline{B}(X)_\delta = \{x \in U \mid n_B^\delta(x) \subseteq X\} \tag{2-58}$$

定义 2-40[109] 给定邻域决策系统 NDS = $<U, C, D, \delta>$，对于任意条件特征子集 $B \subseteq C$，样本子集 $X \subseteq U$，则 X 关于 B 的邻域近似精度和邻域近似粗糙度分别表示为

$$\rho_B^\delta(X) = \frac{\underline{B}(X)_\delta}{\overline{B}(X)_\delta} \tag{2-59}$$

$$\gamma_B^\delta(X) = 1 - \rho_B^\delta(X) \tag{2-60}$$

定义 2-41[109] 给定邻域决策系统 NDS = $<U, C, D, \delta>$，对于任意条件特征子集 $B \subseteq C$，决策特征 D 导出的划分 $U/D = \{d_1, d_2, \cdots, d_l\}$，则 D 关于 B 的正域和依赖度分别表示为

$$\text{POS}_B^\delta(D) = \sum_{j=1}^{l} \underline{B}(d_j)_\delta \tag{2-61}$$

$$d_B^\delta(D) = \frac{|\text{POS}_B^\delta(D)|}{|U|} \tag{2-62}$$

其中，$d_j \in U/D$，$j = 1, 2, \cdots, l$。

设一个不完备邻域决策系统（Incomplete Neighborhood Decision Systems, INDS）表示为 INDS = $<U, AT, D, V, f, \Delta, \delta>$，其中，$U = \{x_1, x_2, \cdots, x_m\}$ 是论域；AT = $B_C \bigcup B_N$ 是条件特征集，B_C 是符号型特征集，B_N 是数值型特征集；D 是决策特征集；$V = \bigcup_{a \in \{AT \cup D\}} V_a$，$V_a$ 是特征 a 的集合；f 是映射函数，且存在 $f(a, x) = *$，即存在缺失值（空值或未知值，表示为"*"）；$\Delta \to [0, \infty)$ 是距离函数且 $\delta \in [0, 1]$ 是邻域半径参数；则不完备邻域决策系统可以简写为 INDS = $<U, AT, D, \delta>$。

定义 2-42[110]　给定不完备邻域决策系统 INDS = $<U, AT, D, \delta>$，对于任意条件特征子集 $B \subseteq AT$，$B = B_C \bigcup B_N$，样本 $x, y \in U$，特征 $a \in B$，$f(a, x)$ 为 x 在 a 上的值，且存在 $f(a, x) = *$，则 B 的邻域容差关系以及 x 关于 B 的邻域容差类分别表示为

$$NT_B^\delta = \{(x,y) \in U \times U \mid f(a,x)=* \vee f(a,y)=* \vee ((a \in B_C \tag{2-63}$$
$$\to \Delta_a(x,y)=0) \wedge (a \in B_N \to \Delta_a(x,y) \leq \delta)), \forall a \in B\}$$

$$NT_B^\delta(x) = \{x, y \in U \mid (x,y) \in NT_B^\delta\} \tag{2-64}$$

定义 2-43[110]　给定不完备邻域决策系统 INDS = $<U, AT, D, \delta>$，对于任意条件特征子集 $B \subseteq AT$，样本子集 $X \subseteq U$，$NT_B^\delta(x)$ 是 $x \in U$ 关于 B 的邻域容差类，则 X 关于 B 的邻域上、下近似集分别表示为

$$\overline{NT}_B(X) = \{x \in U \mid NT_B^\delta(x) \bigcap X \neq \varnothing\} \tag{2-65}$$

$$\underline{NT}_B(X) = \{x \in U \mid NT_B^\delta(x) \subseteq X\} \tag{2-66}$$

设 $U/D = \{d_1, d_2, \cdots, d_l\}$ 是决策特征 D 导出的划分，则在不完备邻域决策系统中，D 关于 B 的邻域正域和邻域依赖度分别表示为

$$POS_{B,NT}^\delta(D) = \sum_{j=1}^{l} \underline{NT}_B(d_j) \tag{2-67}$$

$$d_{B,NT}^\delta(D) = \frac{|POS_{B,NT}^\delta(D)|}{|U|} \tag{2-68}$$

其中，$d_j \in U/D$，$j = 1, 2, \cdots, l$。

2.5　粗糙模糊集

集合 $X \subseteq U$ 和一个等价关系 R，F 为定义在 X 上的模糊集合，粗糙集 X 的 R 上近似为 $\overline{R}X$，下近似为 $\underline{R}X$[1]。若 $U/R = \{X_1, X_2, \cdots, X_n\}$，定义模糊隶属函数[1]为

$$\forall x \in X, \quad \mu_{\overline{R}}(F_i) = \sup \min\{\mu_{F_j}(x)\} \tag{2-69}$$

$$\forall x \in X, \quad \mu_{\underline{R}}(F_i) = \inf \max\{1 - \mu_{F_j}(x), \mu_F(x)\} \tag{2-70}$$

设 (U, R) 为 Pawlak 粗糙集空间，$U = \{x_1, x_2, \cdots, x_n\}$，$A$ 为 U 上的一个模糊集合，则粗糙模糊集 $(\overline{R}X, \underline{R}X)$，的模糊性度量 FR (A)[1]定义为

$$\mathrm{FR}(A) = \frac{4}{n} \sum_{i=1}^{n} R(A)(x)(1 - R(A)(x)) \sum A(y) \tag{2-71}$$

其中，$R(A) = \dfrac{y \in [x]_R}{|[x]_R|}$。

张清华和肖雨在文献[111]中给出了粗糙集的模糊度在不同知识粒度下的变化规律，已知 $F_X^B = \{\mu_X^B(x_1), \mu_X^B(x_2), \cdots, \mu_X^B(x_n)\}$ 中，F_X^B 是 U 上的一个模糊集，其中 $\mu_X^B(x) = \dfrac{|x \cap [x]_B|}{|[x]_B|}$ 是 $x(x \in U)$ 属于集合 X 的隶属度，$[x]_B$ 是特征集 B 的等价类，且 $X \subseteq U$ 结合米据生提出的度量公式得出以下两个定理。

定理 2-14 有特征子序列 $\varnothing = B_0 \subset B_1 \subset B_2 \cdots B_m = A$，如果 $U/B_{i+1} < U/B_i$，则对任意 $X \subseteq U$，有 $d_M(F_{X^i}^B) = d_M(F_{X^{i+1}}^B)$。

证明：划分 $U/B_i = \{P_1, P_2, \cdots, P_r\}$ 和 $U/B_{i+1} = \{Q_1, Q_2, \cdots, Q_t\}$ $(r < t)$。因为 $U/B_{i+1} < U/B_i$，所以特征 $a_{i+1}(a_{i+1} \in B_{i+1}$ 和 $a_{i+1} \notin B_{i+1})$ 必定细分 $U/B_i = \{P_1, P_2, \cdots, P_r\}$ 的一些元素。不失普遍性，考虑仅有一个元素 (如 P_1) 被细分为两个子集，其他元素保持不变，则 $P_1 = Q_i \bigcup Q_j$ 且 $Q_i \bigcap Q_j \neq \varnothing$。

如果 $P_1 \cap X = \varnothing$，U 中的任意元素 $x(x \in P_1)$，有 $\mu_{X^i}^B(x) = \dfrac{|P_1 \cap X|}{|P_1|} = 0$，又因为 $P_1 = Q_i \bigcup Q_j$，对任意 $x(x \in Q_i$ 或者 $x \in Q_j)$，有 $\mu_{X^{i+1}}^B(x) = \dfrac{|Q_i \cap X|}{|Q_i|} = \dfrac{|Q_j \cap X|}{|Q_j|} = 0$。

所以模糊集 $F_{X^i}^B$ 保持不变，即 $F_{X^i}^B = F_{X^{i+1}}^B$，$d_M(F_{X^i}^B) = d_M(F_{X^{i+1}}^B)$。

(1) 如果 $P_1 \subseteq X$，对 U 中任意元素 $x(x \in P_1)$，有 $\mu_{X^i}^B(x) = \dfrac{|P_1 \cap X|}{|P_1|} = 1$，又因为 $P_1 = Q_i \bigcup Q_j$，对任意 $x(x \in Q_i$ 或者 $x \in Q_j)$，有 $\mu_{X^{i+1}}^B(x) = \dfrac{|Q_i \cap X|}{|Q_i|} = \dfrac{|Q_j \cap X|}{|Q_j|} = 1$，所以模糊集 $F_{X^i}^B$ 保持不变即 $F_{X^i}^B = F_{X^{i+1}}^B$，$d_M(F_{X^i}^B) = d_M(F_{X^{i+1}}^B)$。

(2) 如果 $P_1 \neq P_1 \cap X \neq \varnothing$，因为 $P_1 = Q_i \bigcup Q_j$，所以 $|P_1| = |Q_i| + |Q_j|$，接下来分类讨论模糊度 $d_M(F_{X^{i+1}}^B)$ 的变化情况。

① 如果 $P_1 \neq P_1 \cap X \neq \varnothing$，对任意元素 $x(x \in Q_i)$，$\mu_{X^{i+1}}^B(x) = 0 < \mu_{X^i}^B(x)$；对任意元素 $x(x \in Q_j)$，都有 $\mu_{X^{i+1}}^B(x) = \dfrac{|Q_j \cap X|}{|Q_j|} = \dfrac{|P_1 \cap X|}{|Q_j|} > \dfrac{|P_1 \cap X|}{|P_1|} = \mu_{X^i}^B(x)$。

因为

$$d_M(F_{X^i}^B) = \frac{4}{n} \sum_{i=1}^{n} \mu_{X^i}^B(X_i)(1 - \mu_{X^i}^B(X_i))$$

$$= \frac{4}{n} \left\{ \sum_{X_i \in P_1} \mu_{X^i}^B(X_i)(1 - \mu_{X^i}^B(X_i)) + \sum_{X_j \in P_1} \mu_{X^i}^B(X_i)(1 - \mu_{X^i}^B(X_i)) \right\}$$

有

$$\sum_{X_i \in P_1} \mu_{X^i}^B(X_i)(1 - \mu_{X^i}^B(X_i)) = |P_1| \frac{|P_1 \cap X|}{|P_1|} \left(1 - \frac{|P_1 \cap X|}{|P_1|}\right) = |P_1 \cap X| \left(\frac{|P_1| - |P_1 \cap X|}{|P_1|}\right)$$

令

$$|X \cap P_1| = a$$
$$|P_1| - |X \cap P_1| = b$$
$$a + b = |P_1|$$

得到

$$\sum_{X \in P_1} \mu_{X^i}^B(X_i)(1 - \mu_{X^i}^B(X_i)) = \frac{ab}{a+b}$$

若

$$\sum_{X_i \in Q_i \cup Q_j} \mu_{X^{i+1}}^B(X_i)(1 - \mu_{X^{i+1}}^B(X_i)) = \sum_{X_i \in Q_i} \mu_{X^{i+1}}^B(X_i)(1 - \mu_{X^{i+1}}^B(X_i)) + \sum_{X_i \in Q_j} \mu_{X^{i+1}}^B(X_i)(1 - \mu_{X^{i+1}}^B(X_i))$$

$$= \sum_{X_i \in Q_j} \mu_{X^{i+1}}^B(X_i)(1 - \mu_{X^{i+1}}^B(X_i))$$

令

$$|Q_j| - |X \cap Q_j| = b_1$$

又因为

$$|X \cap Q_j| = |X \cap P_1| = a$$

所以

$$\sum_{X_i \in Q_i \cup Q_j} \mu_{X^{i+1}}^B(X_i)(1 - \mu_{X^{i+1}}^B(X_i)) = \sum_{X_i \in Q_j} \mu_{X^{i+1}}^B(X_i)(1 - \mu_{X^{i+1}}^B(X_i)) = \frac{ab_1}{a + b_1}$$

接下来证明 $\frac{ab}{a+b} \geqslant \frac{ab_1}{a+b_1}$。假设二元函数 $f(a,b) = \frac{ab}{a+b}$，由于 $\frac{\partial f}{\partial a} = \frac{b^2}{(a+b)^2} \geqslant 0$ 且

$\frac{\partial f}{\partial b} = \frac{a^2}{(a+b)^2} \geqslant 0$，则 $f(a,b)$ 随变量 a 和 b 单调递增。由于 $b \geqslant b_1$ 则 $\frac{ab}{a+b} \geqslant \frac{ab_1}{a+b_1}$，得

到结论 $d_M(F_{X^i}^B) = d_M(F_{X^{i+1}}^B)$。

②如果 $Q_j \subseteq X$(证明和①类似)，可以得出

$$\sum_{X_i \in P_1} \mu_{X^i}^B(X_i)(1 - \mu_{X^i}^B(X_i)) = \frac{ab}{a+b}$$

又因为

$$\sum_{X_i \in Q_i \cup Q_j} \mu_{X^{i+1}}^B(X_i)(1 - \mu_{X^{i+1}}^B(X_i))$$

$$= \sum_{X_i \in Q_i} \mu_{X^{i+1}}^B(X_i)(1 - \mu_{X^{i+1}}^B(X_i)) + \sum_{X_i \in Q_j} \mu_{X^{i+1}}^B(X_i)(1 - \mu_{X^{i+1}}^B(X_i))$$

$$= \sum_{X_i \in Q_j} \mu_{X^{i+1}}^B(X_i)(1 - \mu_{X^{i+1}}^B(X_i))$$

因为 $|Q_i| - |Q_i \cap X| = |P_1| - |X \cap P_1| = b$，$a_1 = |X \cap Q| < |X \cap P_1| = a$，所以

$$\sum_{X \in Q_i} \mu_{X^{i+1}}^B(X_i)(1 - \mu_{X^{i+1}}^B(X_i)) = \frac{a_i b}{a_i + b} \leqslant \frac{ab}{a+b}$$

则 $d_M(F_{X^i}^B) \geqslant d_M(F_{X^{i+1}}^B)$。

③如果 $Q_i \neq Q_i \cap X \neq \varnothing$ 和 $Q_j \neq Q_j \cap X \neq \varnothing$，令

$$|X \cap Q_i| = a_1 > 0$$
$$|X \cap Q_j| = a_2 > 0$$
$$|Q_i| - |X \cap Q_i| = b_1 > 0$$
$$|Q_j| - |X \cap Q_j| = b_2 > 0$$

这里 $a_1 + a_2 = a$ 以及 $b_1 + b_2 = b$，有

$$\sum_{X_i \in P_1} \mu_{X^i}^B(X_i)(1 - \mu_{X^i}^B(X_i)) = \frac{ab}{a+b} \sum_{X_i \in Q_i \cup Q_j} \mu_{X^{i+1}}^B(X_i)(1 - \mu_{X^{i+1}}^B(X_i))$$

$$= \sum_{X_i \in Q_i} \mu_{X^{i+1}}^B(X_i)(1 - \mu_{X^{i+1}}^B(X_i)) + \sum_{X_i \in Q_j} \mu_{X^{i+1}}^B(X_i)(1 - \mu_{X^{i+1}}^B(X_i))$$

$$= \frac{a_1 b_1}{a_1 + b_1} + \frac{a_2 b_2}{a_2 + b_2}$$

接下来，证明不等式 $\dfrac{a_1 b_1}{a_1 + b_1} + \dfrac{a_2 b_2}{a_2 + b_2} \leqslant \dfrac{ab}{a+b}$，设二元函数 $f(a_1, b_1) = \dfrac{a_1 b_1}{a_1 + b_1} +$

$\dfrac{(a-a_1)(b-b_1)}{(a-a_1)+(b-b_1)}$ (a 和 b 都是常量)，当 $\dfrac{\partial f}{\partial a_1} = \dfrac{b_1^2}{(a_1 + b_1)^2} - \dfrac{(b-b_1)^2}{((a-a_1)+(b-b_1))^2}$ 和

$\dfrac{\partial f}{\partial b_1} = \dfrac{a_1^{\,2}}{(a_1+b_1)^2} - \dfrac{(a-a_1)^2}{((a-a_1)+(b-b_1))^2}$ 时，方程 $\begin{cases}\dfrac{\partial f}{\partial a_1}=0 \\[2mm] \dfrac{\partial f}{\partial b_1}=0\end{cases}$ 的解为 $\dfrac{a_1}{b_1}=\dfrac{a}{b}$，$\dfrac{a_2}{b_2}=\dfrac{a}{b}$。$\dfrac{a_1}{b_1}=\dfrac{a}{b}$

时取最大值，即令 b_1 为一个常量，得到 $\dfrac{\mathrm{d}^2 f}{\mathrm{d} a_1^{\,2}} = \dfrac{-2b_1^{\,2}}{(a_1+b_1)^3} + \dfrac{-2(b-b_1)^2}{(a-a_1+b-b_1)^3} < 0$，因此

$f(a_1, b_1)$ 在

$$f(a_1,b_1) \leqslant \dfrac{\dfrac{a}{b}b_1 b_1}{\dfrac{a}{b}b_1 + b_1} + \dfrac{(a-\dfrac{a}{b}b_1)(b-b_1)}{(a-\dfrac{a}{b}b_1)+(b-b_1)} = \dfrac{ab}{a+b}$$

则 $d_M(F_{X^i}^B) \geqslant d_M(F_{X^{i+1}}^B)$。

定理 2-15[112]　如果 P_1 在划分 U/B_i 中被一个特征 a_{i+1} 分为两个部分：Q_i 和 Q_j，这里有 $P_1 = |Q_i \bigcup Q_j|$ 且 $Q_i \cap Q = \varnothing$。如果 $d_M(F_{X^i}^B) = d_M(F_{X^{i+1}}^B)$，当且仅当 $\dfrac{|P_1 \cap X|}{|P_1| - |P_1 \cap X|} = \dfrac{|Q_i \cap X|}{|Q_i| - |Q_i \cap X|} = \dfrac{|Q_j \cap X|}{|Q_j| - |Q_j \cap X|}$。

2.6　多粒度粗糙集

粒计算的观点认为，经典粗糙集的近似是由论域上的单个粒度定义的，下面讨论由多个粒度定义的粗糙集的近似，即目标概念有多个粒度空间定义[113]。

定义 2-44[114]　设 $K=(U, R)$ 是一个知识库，R 是一族等价关系，$\Phi \neq X \subseteq U$，P_1，$P_2, \cdots, P_m \in R$，定义 U 中 X 关于 $P_1, P_2, \cdots, P_m$ 的下近似集和上近似集如下

$$\sum_{i=1}^{m} \underline{P_i X} = \{x \in U \mid [x]_{P_i} \subseteq X, i \leqslant m\} \tag{2-72}$$

$$\overline{\sum_{i=1}^{m} P_i X} = \sim \sum_{i=1}^{m} P_i(\sim X) \tag{2-73}$$

定理 2-16[114]　设 $K=(U, R)$ 是一个知识库，R 是一族等价关系，$P_1, P_2, \cdots, P_m \in R$，$X \subseteq U$，则

(1) $\displaystyle\sum_{i=1}^{m} \underline{P_i X} \subseteq \bigcup_{i=1}^{m} \underline{P_i X}$；

(2) $\sum\limits_{i=1}^{m} \underline{P_i} X \supseteq \overline{\bigcup\limits_{i=1}^{m} P_i X}$ 。

定理 2-17[114]　　设 $K=(U, R)$ 是一个知识库，R 是一族等价关系，$P_1, P_2, \cdots, P_m \in R$，$X \subseteq U$，则

(1) $\sum\limits_{i=1}^{m} \underline{P_i} X \subseteq X \subseteq \overline{\sum\limits_{i=1}^{m} P_i X}$；

(2) $\sum\limits_{i=1}^{m} \underline{P_i} \varnothing = \varnothing = \overline{\sum\limits_{i=1}^{m} P_i \varnothing}, \sum\limits_{i=1}^{m} \underline{P_i} U = U = \overline{\sum\limits_{i=1}^{m} P_i U}$；

(3) $\sum\limits_{i=1}^{m} \underline{P_i} X = \bigcup\limits_{i=1}^{m} \underline{P_i} X$；

(4) $\overline{\sum\limits_{i=1}^{m} P_i X} = \bigcap\limits_{i=1}^{m} \overline{P_i} X$ 。

定理 2-18[114]　　设 $K=(U, R)$ 是一个知识库，R 是一族等价关系，$P_1, P_2, \cdots, P_m \in R$，$X_1, X_2, \cdots, X_n \in U$，则

(1) $\sum\limits_{i=1}^{m} \underline{P_i}\left(\bigcap\limits_{j=1}^{n} X_j\right) = \bigcup\limits_{i=1}^{m}\left(\bigcap\limits_{j=1}^{n} \underline{P_i} X_j\right)$；

(2) $\overline{\sum\limits_{i=1}^{m} P_i}\left(\bigcup\limits_{j=1}^{n} X_j\right) = \bigcap\limits_{i=1}^{m}\left(\bigcup\limits_{j=1}^{n} \overline{P_i} X_j\right)$；

(3) $\sum\limits_{i=1}^{m} \underline{P_i}\left(\bigcap\limits_{j=1}^{n} X_j\right) \subseteq \bigcap\limits_{j=1}^{n}\left(\sum\limits_{i=1}^{m} \underline{P_i} X_j\right)$；

(4) $\overline{\sum\limits_{i=1}^{m} P_i}\left(\bigcup\limits_{j=1}^{n} X_j\right) \supseteq \bigcup\limits_{j=1}^{n}\left(\overline{\sum\limits_{i=1}^{m} P_i X_j}\right)$ 。

定理 2-19[114]　　设 $K=(U, R)$ 是一个知识库，R 是一族等价关系，$P_1, P_2, \cdots, P_m \in R$，$X_1, X_2, \cdots, X_n \in U$，且 $X_1 \subseteq X_2 \subseteq \cdots X_n \subseteq U$ 是 U 的 n 个子集，则

(1) $\sum\limits_{i=1}^{m} \underline{P_i} X_1 \subseteq \sum\limits_{i=1}^{m} \underline{P_i} X_2 \subseteq \cdots \subseteq \sum\limits_{i=1}^{m} \underline{P_i} X_n$；

(2) $\overline{\sum\limits_{i=1}^{m} P_i X_1} \subseteq \overline{\sum\limits_{i=1}^{m} P_i X_2} \subseteq \cdots \subseteq \overline{\sum\limits_{i=1}^{m} P_i X_n}$ 。

定理 2-20[114]　　设 $K=(U, R)$ 是一个知识库，R 是一族等价关系，$P_1, P_2, \cdots, P_m \in R$，$X_1, X_2, \cdots, X_n \in U$，则

(1) $\sum_{i=1}^{m} P_i \left(\bigcup_{j=1}^{n} X_j \right) \supseteq \bigcup_{j=1}^{n} \left(\sum_{i=1}^{m} P_i X_j \right)$;

(2) $\overline{\sum_{i=1}^{m} P_i} \left(\bigcap_{j=1}^{n} X_j \right) \subseteq \bigcap_{j=1}^{n} \left(\overline{\sum_{i=1}^{m} P_i X_j} \right)$ 。

定理 2-21[114]　设 $K=(U, R)$ 是一个知识库，R 是一族等价关系，$P_1, P_2, \cdots, P_m \in R$，$X \subseteq U$，则

(1) $\sum_{i=1}^{m} \underline{P_i} \left(\sum_{i=1}^{m} \underline{P_i X} \right) = \overline{\sum_{i=1}^{m} P_i} \left(\sum_{i=1}^{m} \underline{P_i X} \right) = \sum_{i=1}^{m} \underline{P_i X}$;

(2) $\overline{\sum_{i=1}^{m} P_i} \left(\sum_{i=1}^{m} \overline{P_i X} \right) = \sum_{i=1}^{m} \underline{P_i} \left(\sum_{i=1}^{m} \overline{P_i X} \right) = \sum_{i=1}^{m} \overline{P_i X}$ 。

定义 2-45[114]　设 $K=(U, R)$ 是一个知识库，$X \subseteq U$，$R=\{P_1, P_2, \cdots, P_m\}$，$X$ 关于 R 的精度为

$$\alpha_R(X) = \frac{|\sum_{i=1}^{m} \underline{P_i X}|}{|\sum_{i=1}^{m} \overline{P_i X}|} \tag{2-74}$$

其中，$|X|$ 表示集合 X 的基数。

定理 2-22[114]　设 $K=(U, R)$ 是一个知识库，R 是一族等价关系，$X \subseteq U$，$R=\{P_1, P_2, \cdots, P_m\}$，$P_i \subseteq P' \subseteq R$，则

$$\alpha_R(X) \geqslant \alpha_P(X) \geqslant \alpha_{P_i}(X)$$

定理 2-23[114]　设 $K=(U, R)$ 是一个知识库，$R=\{P_1, P_2, \cdots, P_m\}$，$X \subseteq U$，且 $P_1 \preceq P_2 \preceq \cdots \preceq P_m$，$\forall P_i \in R$，有 $\sum_{i=1}^{m} \underline{P_i X} = \underline{P_i X}$，$\overline{\sum_{i=1}^{m} P_i X} = \overline{P_i X}$ 。

定理 2-16～定理 2-23 的证明详见参考文献[114]。

设一个不完备决策系统 (Incomplete Decision System, IDS) 表示为 IDS = <U, AT, D, V, f>，其中，$U = \{x_1, x_2, \cdots, x_m\}$ 是论域；AT 是条件特征集；D 是决策特征集；$V = \bigcup_{a \in \{AT \cup D\}} V_a$，$V_a$ 是特征 a 的集合；f 是映射函数，且存在特征 a 和样本 x 使 $f(a, x) = *$，则不完备决策系统可以简写成 IDS = <U, AT, f>。

定义 2-46[115]　给定不完备决策系统 IDS = <U, AT, f>，对于任意条件特征子集 $B \subseteq AT$，样本 $x, y \in U$，特征 $a \in B$，$f(a, x)$ 为 a 在 x 上的值，且存在 $f(a, x) = *$，则 B 的容差关系以及 x 关于 B 的容差类分别表示为

$$T_B = \{(x,y) \in U \times U \mid \forall a \in B, f(a,x) = f(a,y) \vee f(a,x) = * \vee f(a,y) = *\} \quad (2\text{-}75)$$

$$T_B(x) = \{x, y \in U \mid (x,y) \in T_B\} \quad (2\text{-}76)$$

对于任意样本子集 $X \subseteq U$，则 X 关于 B 的基于容差关系的上、下近似集分别表示为

$$\overline{T_B}X = \{x \in U \mid T_B(x) \bigcap X \neq \varnothing\} \quad (2\text{-}77)$$

$$\underline{T_B}X = \{x \in U \mid T_B(x) \subseteq X\} \quad (2\text{-}78)$$

基于文献[116]提出的悲观多粒度粗糙集模型，根据乐观和悲观多粒度策略，在不完备决策系统中提出乐观多粒度粗糙集模型和悲观多粒度粗糙集模型。

定义 2-47[116]　给定不完备决策系统 IDS = <U, AT, f>，$A = \{A_1, A_2, \cdots, A_t\}$ 是 AT 的 t 个特征子集族且 $A \subseteq \mathrm{AT}$，对于任意样本子集 $X \subseteq U$，则 X 关于 $A_1, A_2, \cdots, A_t$ 的乐观多粒度下、上近似集分别定义为

$$\sum_{i=1}^{t} A_i^O(X) = \{x \in U \mid T_{A_1}(x) \subseteq X \vee T_{A_2}(x) \subseteq X \vee \cdots \vee T_{A_t}(x) \subseteq X\} \quad (2\text{-}79)$$

$$\overline{\sum_{i=1}^{t} A_i^O}(X) = \sim\left(\underline{\sum_{i=1}^{t} A_i^O}(\sim X)\right) \quad (2\text{-}80)$$

其中，$T_{A_i}(x)$ 是 x 关于 A_i 的容差类，$A_i \subseteq A$，$i = 1, 2, \cdots, t$，"$\vee$" 表示逻辑运算符

"或"。基于文献[117]等提出的乐观多粒度粗糙集模型，$\left(\underline{\sum_{i=1}^{t} A_i^O}(X), \overline{\sum_{i=1}^{t} A_i^O}(X)\right)$ 为

不完备决策系统中的乐观多粒度粗糙集模型（Optimistic Multi-Granulation Rough Set Model，OMRS）。

定义 2-48[117]　给定不完备决策系统 IDS = <U, AT, f>，$A = \{A_1, A_2, \cdots, A_t\}$ 是 AT 的 t 个特征子集族且 $A \subseteq \mathrm{AT}$，对于任意样本子集 $X \subseteq U$，则 X 关于 $A_1, A_2, \cdots, A_t$ 的悲观多粒度下、上近似集分别定义为

$$\sum_{i=1}^{t} A_i^P(X) = \{x \in U \mid T_{A_1}(x) \subseteq X \wedge T_{A_2}(x) \subseteq X \wedge \cdots \wedge T_{A_t}(x) \subseteq X\} \quad (2\text{-}81)$$

$$\overline{\sum_{i=1}^{t} A_i^P}(X) = \sim\left(\underline{\sum_{i=1}^{t} A_i^P}(\sim X)\right) \quad (2\text{-}82)$$

其中，$T_{A_i}(x)$ 是 x 关于 A_i 的容差类，$A_i \subseteq A$，$i = 1, 2, \cdots, t$，"$\wedge$" 表示逻辑运算符"与"。

根据文献[116]中对悲观多粒度粗糙集模型的描述，$\left(\underline{\sum_{i=1}^{t} A_i^P}(X), \overline{\sum_{i=1}^{t} A_i^P}(X)\right)$ 为不完备

决策系统中的悲观多粒度粗糙集模型(Pessimistic Multi-Granulation Rough Set Model, PMRS)。

2.7　信息熵度量

最早的不确定性度量方法是 1933 年提出的概率论[118]。1948 年,Shannon 提出了基于信息论的信息熵[85]。人们又根据模糊集、粗糙集和云模型等提出了模糊熵、粗糙熵、超熵等概念[119, 120]。随着粒计算的诞生,很多专家学者开始研究和讨论各种粒计算模型中知识的不确定性理论与方法。信息量往往可以表示为所包含数据的不确定性程度[121],为了刻画这种不确定性程度,从信息论角度,讨论信息熵、条件信息熵、联合熵、互信息等一些重要信息论概念,并研究这些确定性度量理论与方法以及它们之间的相互关系。目前,Shannon 熵及其变体在不确定性度量上的研究已有很多成果[122]。梁吉业在文献[53]中提出了一种新的信息熵,它与 Shannon 熵中对数计算不同,这种新的信息熵增益函数考虑了补集的处理过程。

定义 2-49[53]　给定信息系统 IS $= (U, A)$,若存在 $x \in U$ 且 $a \in A$ 使得 $f(x, a)$ 的值为一个丢失值(空值、未知值或不确定值),则称该信息系统为不完备信息系统 IIS $= (U, A)$,否则为完备信息系统 CIS $= (U, A)$;给定决策系统 DS $= (U, C, D)$,若存在 $x \in U$ 且 $a \in C$ 使得 $f(x, a)$ 的值为一个丢失值(空值、未知值或不确定值),则称该决策系统为不完备决策系统 IDS $= (U, C, D)$,否则为完备决策系统 CDS $= (U, C, D)$。这里的丢失值用"$*$"表示。

定义 2-50[53]　设 CIS $= (U, A)$ 是一个完备信息系统,$U/A = \{R_1, R_2, \cdots, R_m\}$,则粗糙集下知识 A 的信息熵定义如下

$$E(A) = \sum_{i=1}^{m} \frac{|R_i|}{|U|} \frac{|R_i^c|}{|U|} = \sum_{i=1}^{m} \frac{|R_i|}{|U|} \left(1 - \frac{|R_i|}{|U|}\right) \tag{2-83}$$

其中,R_i^c 是 R_i 的补集,即 $R_i^c = U - R_i$,$\frac{|R_i|}{|U|}$ 是论域 U 下的等价类 R_i 的概率,$\frac{|R_i^c|}{|U|}$ 是 R_i 补集的概率。

区别于 Shannon 熵,该信息熵不仅可以用于度量信息系统中的不确定性,而且也可用于粗糙集和粗糙分类的模糊性度量[53]。

定义 2-51[123]　设 IIS $= (U, A)$ 是一个不完备信息系统,$P \subseteq A$,$U/\mathrm{SIM}(P) = \{S_P(u_1), S_P(u_2), \cdots, S_P(u_{|U|})\}$,则知识 P 的信息熵定义如下

$$\mathrm{IE}(P) = \sum_{i=1}^{|U|} \frac{1}{|U|} \left(1 - \frac{|S_P(u_i)|}{|U|}\right) \tag{2-84}$$

在不完备信息系统中,由定义 2-51 可以得到如下性质。

性质 2-5[123]　　设 IIS = (U, A) 是一个不完备信息系统，$P \subseteq A$，则有

(1) 当 $U/\mathrm{SIM}(P) = \delta = \{S_P(u) \mid S_P(u) = \{U\}, u \in U\}$ 时，P 的信息熵的最小值是 0；

(2) 当 $U/\mathrm{SIM}(P) = \omega = \{S_P(u) \mid S_P(u) = \{u\}, u \in U\}$ 时，P 的信息熵的最大值是 $1 - \dfrac{1}{|U|}$。

因此，不完备信息系统 IIS = (U, A) 的信息熵满足 $0 \leqslant \mathrm{IE}(A) \leqslant 1 - \dfrac{1}{|U|}$。

性质 2-6[123]　　给定一个不完备信息系统 IIS = (U, A)，$P, Q \subseteq A$，如果 $P \prec Q$，则有 $\mathrm{IE}(Q) < \mathrm{IE}(P)$。

定理 2-24[53]　　给定一个完备信息系统 CIS = (U, A)，$P \subseteq A$，$U/P = \{X_1, X_2, \cdots, X_m\}$，$U/\mathrm{SIM}(P) = \{S_P(u_1), S_P(u_2), \cdots, S_P(u_{|U|})\}$，则 A 的信息熵退化为

$$\mathrm{IE}(P) = \sum_{i=1}^{m} \frac{|X_i|}{|U|}\left(1 - \frac{|X_i|}{|U|}\right)$$

即

$$\mathrm{IE}(P) = \sum_{k=1}^{|U|} \frac{1}{|U|}\left(1 - \frac{|S_P(u_k)|}{|U|}\right) = \sum_{i=1}^{m} \frac{|X_i|}{|U|}\left(1 - \frac{|X_i|}{|U|}\right)$$

由定理 2-24 知，在完备信息系统中，信息熵退化为不完备信息系统中的信息熵，即不完备信息系统中的信息熵在完备信息系统中也有它相应的特殊形式[53]。

定理 2-25[123]　　给定一个不完备信息系统 IIS = (U, A)，对于任意 $P, Q \subseteq A$，如果 $\mathrm{SIM}(P) = \mathrm{SIM}(Q)$，则 $\mathrm{IE}(P) = \mathrm{IE}(Q)$。

证明：假设 $U = \{u_1, u_2, \cdots, u_{|U|}\}$，且 $P, Q \subseteq A$。如果 $\mathrm{SIM}(P) = \mathrm{SIM}(Q)$，则对任意 $u_i \in U$ 有 $S_P(u_i) = S_Q(u_i)$，于是可得

$$\sum_{i=1}^{|U|} \frac{1}{|U|}\left(1 - \frac{|S_P(u_i)|}{|U|}\right) = \sum_{i=1}^{|U|} \frac{1}{|U|}\left(1 - \frac{|S_Q(u_i)|}{|U|}\right)$$

即 $\mathrm{IE}(P) = \mathrm{IE}(Q)$。

定理 2-26[123]　　给定一个不完备信息系统 IIS = (U, A)，对于任意 $P \subseteq Q \subseteq A$，如果 $\mathrm{IE}(P) = \mathrm{IE}(Q)$，则 $\mathrm{SIM}(P) = \mathrm{SIM}(Q)$。

证明：假设 $U = \{u_1, u_2, \cdots, u_{|U|}\}$，且 $P \subseteq Q \subseteq A$，对任意的 $i \in \{1, 2, \cdots, |U|\}$，可得 $S_Q(u_i) \subseteq S_P(u_i)$。如果 $\mathrm{IE}(P) = \mathrm{IE}(Q)$，则对任意 $u_i \in U$ 很容易得到 $S_P(u_i) = S_Q(u_i)$，进而可得 $\mathrm{SIM}(P) = \mathrm{SIM}(Q)$。

定理 2-27[123]　　给定一个不完备信息系统 IIS = (U, A)，对于任意 $P \subseteq A$，$U/\mathrm{SIM}(P) = U/\mathrm{SIM}(A)$ 的充分必要条件是 $\mathrm{IE}(P) = \mathrm{IE}(A)$。

证明：

（1）充分条件：假设 $P \subseteq A$ 且 $\text{IE}(P) = \text{IE}(A)$，由定理 2-13 可得 $\text{SIM}(P) = \text{SIM}(A)$。由此对任意的 $i, j, k \in \{1, 2, \cdots, |U|\}$ 得到 $S_P(u_i) = \{u_j \in U | (u_i, u_j) \in \text{SIM}(P)\} = \{u_k \in U | (u_i, u_k) \in \text{SIM}(A)\} = S_A(u_i)$，于是对任意的 $i \in \{1, 2, \cdots, |U|\}$ 有 $\bigcup \{S_P(u_i) | u_i \in U\} = \bigcup \{S_A(u_i) | u_i \in U\}$，即由相容关系可知 $U/\text{SIM}(P) = U/\text{SIM}(A)$ 成立。

（2）必要条件：如果 $U/\text{SIM}(P) = U/\text{SIM}(A)$，则对任意 $i \in \{1, 2, \cdots, |U|\}$ 有 $S_P(u_i) = S_A(u_i)$，进而有 $\text{SIM}(P) = \text{SIM}(A)$，于是由定理 2-25 可得 $\text{IE}(P) = \text{IE}(A)$。

因而，上述命题是成立。

给定一个不完备信息系统 $\text{IIS} = (U, A)$，知识 A 诱导出的最大一致块集 $C_A = \{A^1, A^2, \cdots, A^m\}$，这里的最大一致块技术是描述不完备信息系统 IIS 中最小的知识单元或信息单元[123]。

定义 2-52[124]　设 $\text{IIS} = (U, A)$ 是一个不完备信息系统，对任意的 $P \subseteq A$，$C_P = \{P^1, P^2, \cdots, P^m\}$，则知识 P 关于最大一致块集 C_P 的信息熵定义如下

$$\text{IE}(C_P) = \sum_{i=1}^{m} \frac{1}{|m|} \left(1 - \frac{|P^i|}{|U|}\right) \tag{2-85}$$

其中，$\dfrac{|P^i|}{|U|}$ 表示论域 U 下最大一致块 P^i 的概率。

在不完备信息系统中，由定义 2-52 可以得到如下性质。

性质 2-7　给定一个不完备信息系统 $\text{IIS} = (U, A)$，对任意的 $P \subseteq A$，则有

（1）如果 $C_P = \delta = \{U | u \in U\}$，$\text{IE}(C_P)$ 达到最小值为 0；

（2）如果 $C_P = \omega = \{\{u\} | u \in U\}$，$\text{IE}(C_P)$ 达到最大值为 $1 - \dfrac{1}{|U|}$。

显然，对于不完备信息系统 $\text{IIS} = (U, A)$，有 $0 \leqslant \text{IE}(C_A) \leqslant 1 - \dfrac{1}{|U|}$。

定义 2-53[124]　设 $\text{IIS} = (U, A)$ 是一个不完备信息系统，对任意的 $P, Q \subseteq A$，$C_P = \{P^1, P^2, \cdots, P^m\}$，$C_Q = \{Q^1, Q^2, \cdots, Q^n\}$，下面在论域 U 上从最大一致块角度定义一个偏序关系 $\preceq'$（$\succeq'$）：

（1）$P \preceq' Q$（或者 $Q \succeq' P$）$\Leftrightarrow$ 如果对任意的 $i \in \{1, 2, \cdots, m\}$，都有 $P^i \subseteq Q^j$，其中 $P^i \in C_P$，$Q^j \in C_Q$，$j \in \{1, 2, \cdots, n\}$；

（2）$P \prec' Q \Leftrightarrow$ 如果对任意的 $i \in \{1, 2, \cdots, m\}$，$P^i \in C_P$ 存在 $Q^j \in C_Q$，其中 $j \in \{1, 2, \cdots, n\}$，使得 $P^i \subseteq Q^j$，但对某一 $P^{i0} \in C_P$ 存在 $Q^{j0} \in C_Q$ 使得 $P^{i0} \subset Q^{j0}$。

定理 2-28[124]　设 $\text{IIS} = (U, A)$ 是一个不完备信息系统，对任意的 $P, Q \subseteq A$，$C_P = \{P^1, P^2, \cdots, P^m\}$，$C_Q = \{Q^1, Q^2, \cdots, Q^n\}$，如果 $P \preceq' Q$，则 $\text{IE}(C_Q) < \text{IE}(C_P)$ 成立。

证明：由于 $P \prec' Q$，由定义 2-53 的偏序关系可知，对任意的 $i \in \{1, 2, \cdots, m\}$，$P^i \in C_P$ 存在 $Q^j \in C_Q$，其中 $j \in \{1, 2, \cdots, n\}$，使得 $P^i \subseteq Q^j$；但对某一 $P^{i0} \in C_P$ 存在 $Q^{j0} \in C_Q$

使得 $P^{i0} \subset Q^{j0}$，且 $m > n$；那么对 $Q^{j0} \in C_Q$，存在 $\{P^{i1}, P^{i2}, \cdots, P^{is}\}$，其中 $P^{ik} \in C_P$，$k = \{1, 2, \cdots, s\}$，使得每一个 $P^{ik} \subseteq Q^{j0}$，$P^{i0} \in \{P^{i1}, P^{i2}, \cdots, P^{is}\}$。于是可得 $|P^{ik}| \leqslant |Q^{j0}|$ 和 $|P^{i0}| < |Q^{j0}|$。从而有

$$
\begin{aligned}
\mathrm{IE}(C_Q) &= \sum_{i=1}^{n} \frac{1}{|n|}\left(1 - \frac{|Q^i|}{|U|}\right) \\
&= 1 - \frac{1}{|n|}\sum_{i=1}^{n} \frac{|Q^i|}{|U|} \\
&= 1 - \frac{1}{|n|}\left(\sum_{j=1, j \neq j0}^{n} \frac{|Q^j|}{|U|} + \frac{|Q^{j0}|}{|U|}\right) \\
&< 1 - \frac{1}{|n|}\left(\sum_{j=1, j \neq j0}^{n} \frac{|Q^j|}{|U|} + \frac{1}{s}\sum_{k=1}^{s} \frac{|P^{ik}|}{|U|}\right) \\
&\leqslant 1 - \frac{1}{|m|}\sum_{i=1}^{m} \frac{|P^i|}{|U|} \\
&= \sum_{i=1}^{m} \frac{1}{|m|}\left(1 - \frac{|P^i|}{|U|}\right) \\
&= \mathrm{IE}(C_P)
\end{aligned}
$$

即 $\mathrm{IE}(C_Q) < \mathrm{IE}(C_P)$ 成立。

由定理 2-28 可知，在不完备系统中最大一致块信息熵随信息粒度的变小单调增加。

定理 2-29[124]　设 $\mathrm{IIS} = (U, A)$ 是一个不完备信息系统，对任意的 $P, Q \subseteq A$，$C_P = \{P^1, P^2, \cdots, P^m\}$，$C_Q = \{Q^1, Q^2, \cdots, Q^n\}$，$U/\mathrm{SIM}(P) = \{S_P(u_1), S_P(u_2), \cdots, S_P(u_{|U|})\}$，$U/\mathrm{SIM}(Q) = \{S_Q(u_1), S_Q(u_2), \cdots, S_Q(u_{|U|})\}$，如果 $P \preceq' Q$，则有 $\mathrm{IE}(Q) \leqslant \mathrm{IE}(P)$ 成立。

证明：由于 $P \preceq' Q$，从定义 2-53 的偏序关系可知，对任意的 $i \in \{1, 2, \cdots, m\}$，$P^i \in C_P$ 存在 $Q^j \in C_Q$，其中 $j \in \{1, 2, \cdots, n\}$，使得 $P^i \subseteq Q^j$。假设 $S_P(u) = \{v \in U | (u, v) \in \mathrm{SIM}(P)\}$ 和 $S_Q(u) = \{v \in U | (u, v) \in \mathrm{SIM}(Q)\}$，由文献[124]中的定理 4 可知，从最大一致块信息熵角度上有 $S_P(u) = \bigcup \{X_k \in C_P | X_k \subseteq S_P(u)\} = \bigcup \{X_k \in C_P(u)\}$，且 $S_Q(u) = \bigcup \{Y_t \in C_Q | Y_t \subseteq S_Q(u)\} = \bigcup \{Y_t \in C_Q(u)\}$ 成立，其中 $k \leqslant m$ 且 $t \leqslant n$。接下来，很容易得到 $u \in C_P(u)$ 和 $u \in C_Q(u)$，则存在 $u \notin C_P - C_P(u)$ 且 $u \notin C_Q - C_Q(u)$。因而，由 $P \preceq' Q$ 可知对任意 $X_k \in C_P(u)$ 存在 $Y_t \in C_Q(u)$，以至于可以得到 $X_k \subseteq Y_t$。所以，对任意的 $u \in U$，可得到 $S_P(u) = \bigcup \{X_k \in C_P | X_k \subseteq S_P(u)\} = \bigcup_{k=1}^{m} X_k \subseteq \bigcup_{t=1}^{n} Y_t = \bigcup \{Y_t \in C_Q | Y_t \subseteq S_Q(u)\} = S_Q(u)$。

也就是说，对任意的 $u \in U$ 有 $|S_P(u)| \leqslant |S_Q(u)|$。从而有

$$\text{IE}(Q) = \sum_{i=1}^{|U|} \frac{1}{|U|} \left(1 - \frac{|S_Q(u_i)|}{|U|} \right) \leqslant \sum_{i=1}^{|U|} \frac{1}{|U|} \left(1 - \frac{|S_P(u_i)|}{|U|} \right) = \text{IE}(P)$$

即 $\text{IE}(Q) \leqslant \text{IE}(P)$。

为了更好地说明下面的内容，给出如下引理。

引理 2-1[125]　设 $\text{CIS} = (U, A)$ 是一个完备信息系统，P 和 Q 为论域 U 上的两个等价关系集合，则有 $U/(P \cup Q) = U/P \cap U/Q$ 成立。

引理 2-2[125]　设 $\text{IIS} = (U, A)$ 是一个不完备信息系统，对于任意 $P, Q \subseteq A$，则有

(1) $\text{SIM}(P) \cap \text{SIM}(Q) = \text{SIM}(P \cup Q)$；

(2) $S_P(u) \cap S_Q(u) = S_{P \cup Q}(u)$；

(3) $U/\text{SIM}(P) \cap U/\text{SIM}(Q) = U/\text{SIM}(P \cup Q)$。

证明：(1) 设 $\text{SIM}(P) = \bigcap_{\alpha \in P} \text{SIM}(\{a\})$ 且 $\text{SIM}(Q) = \bigcap_{\alpha \in Q} \text{SIM}(\{a\})$，可以得到

$$\text{SIM}(P) \cap \text{SIM}(Q) = \left(\bigcap_{\alpha \in P} \text{SIM}(\{a\}) \right) \cap \left(\bigcap_{\alpha \in Q} \text{SIM}(\{a\}) \right)$$

$$= \left(\bigcap_{\alpha \in P - P \cap Q} \text{SIM}(\{a\}) \right) \cap \left(\bigcap_{\alpha \in P \cap Q} \text{SIM}(\{a\}) \right)$$

$$\cap \left(\bigcap_{\alpha \in Q - P \cap Q} \text{SIM}(\{a\}) \right) \cap \left(\bigcap_{\alpha \in P \cap Q} \text{SIM}(\{a\}) \right)$$

$$= \left(\bigcap_{\alpha \in P - P \cap Q} \text{SIM}(\{a\}) \right) \cap \left(\bigcap_{\alpha \in Q - P \cap Q} \text{SIM}(\{a\}) \right)$$

$$\cap \left(\bigcap_{\alpha \in P \cap Q} \text{SIM}(\{a\}) \right)$$

$$= \bigcap_{\alpha \in (P - P \cap Q) \cup (Q - P \cap Q) \cup P \cap Q} \text{SIM}(\{a\})$$

$$= \bigcap_{\alpha \in P \cup Q} \text{SIM}(\{a\}) = \text{SIM}(P \cup Q)$$

即 $\text{SIM}(P) \cap \text{SIM}(Q) = \text{SIM}(P \cup Q)$ 成立。

(2) 设 $S_P(u) = \{v \in U | (u,v) \in \text{SIM}(P)\}$，$S_Q(u) = \{v \in U | (u,v) \in \text{SIM}(Q)\}$，$S_{P \cup Q}(u) = \{v \in U | (u,v) \in \text{SIM}(P \cup Q)\}$，可以得到

$$S_P(u) \cap S_Q(u) = \left(\bigcup_{(u,v) \in \text{SIM}(P)} v \in U \right) \cap \left(\bigcup_{(u,v) \in \text{SIM}(Q)} v \in U \right)$$

$$= \bigcup_{(u,v) \in \text{SIM}(P) \cap \text{SIM}(Q)} v \in U$$

$$= \bigcup_{(u,v) \in \text{SIM}(P \cup Q)} v \in U$$

$$= S_{P \cup Q}(u)$$

(3) 由 (1) 和 (2) 显然可以得到。

定理 2-30[125]　设 IIS = (U, A) 是一个不完备信息系统，对于任意 $P, Q \subseteq A$，$U/\text{SIM}(P) = \{S_P(u_1), S_P(u_2), \cdots, S_P(u_{|U|})\}$，$U/\text{SIM}(Q) = \{S_Q(u_1), S_Q(u_2), \cdots, S_Q(u_{|U|})\}$，则有

$$\bigcup_{i=1}^{n=|U|}\bigcup_{j=1}^{j=|U|}\{S_P(u_i)\cap S_Q(u_j)\} = \bigcup_{i=1}^{n=|U|}\{S_{P\cup Q}(u_i)\}$$

$$= \bigcup_{i=1}^{n=|U|}\{S_P(u_i)\cap S_Q(u_i)\}$$

证明： 由引理 2-1 和引理 2-2 显然可得。

定义 2-54[126]　设 CDS = (U, C, D) 是一个完备决策系统，对任意的 $P, Q \subseteq C \cup D$，$U/P = \{X_1, X_2, \cdots, X_m\}$，$U/Q = \{Y_1, Y_2, \cdots, Y_n\}$，知识 $P \cup Q$ 的联合信息熵定义如下

$$E(P\cup Q) = \sum_{i=1}^{m}\sum_{j=1}^{n}\frac{|Y_j\cap X_i|}{|U|}\left(1-\frac{|Y_j\cap X_i|}{|U|}\right) \tag{2-86}$$

定义 2-55[126]　设 IDS = (U, C, D) 是一个不完备决策系统，对任意的 $P, Q \subseteq C \cup D$，$U/\text{SIM}(P) = \{S_P(u_1), S_P(u_2), \cdots, S_P(u_{|U|})\}$，$U/\text{SIM}(Q) = \{S_Q(u_1), S_Q(u_2), \cdots, S_Q(u_{|U|})\}$，知识 $P \cup Q$ 的联合信息熵定义如下

$$IE(P\cup Q) = \sum_{i=1}^{|U|}\sum_{j=1}^{|U|}\frac{1}{|U|}\left(1-\frac{|S_P(u_i)\cap S_Q(u_j)|}{|U|}\right)$$

$$= \sum_{i=1}^{|U|}\frac{1}{|U|}\left(1-\frac{|S_P(u_i)\cap S_Q(u_i)|}{|U|}\right) \tag{2-87}$$

在不完备决策系统中，由上述信息熵定义 2-51、联合信息熵定义 2-55 可得如下性质。

性质 2-8[126]　设 IDS = (U, C, D) 是一个不完备决策系统，对任意的 $P, Q \subseteq C \cup D$，有以下性质是成立的：

(1) $IE(P) \leqslant IE(P\cup Q)$；

(2) $IE(Q) \leqslant IE(P\cup Q)$；

(3) 如果 $P \preceq Q$，则有 $IE(P\cup Q) = IE(P)$。

定理 2-31[126]　设 CDS = (U, C, D) 是一个完备决策系统，对于任意 $P, Q \subseteq C \cup D$，$U/P = \{X_1, X_2, \cdots, X_m\}$，$U/Q = \{Y_1, Y_2, \cdots, Y_n\}$，$U/\text{SIM}(P) = \{S_P(u_1), S_P(u_2), \cdots, S_P(u_{|U|})\}$，$U/\text{SIM}(Q) = \{S_Q(u_1), S_Q(u_2), \cdots, S_Q(u_{|U|})\}$，则知识 $P \cup Q$ 的联合信息熵退化为

$$IE(P\cup Q) = \sum_{i=1}^{m}\sum_{j=1}^{n}\frac{|Y_j\cap X_i|}{|U|}\left(1-\frac{|Y_j\cap X_i|}{|U|}\right)$$

即

$$\mathrm{IE}(P\cup Q)=\sum_{k=1}^{|U|}\frac{1}{|U|}\left(1-\frac{|S_P(u_k)\cap S_D(u_k)|}{|U|}\right)=\sum_{i=1}^{m}\sum_{j=1}^{n}\frac{|Y_j\cap X_i|}{|U|}\left(1-\frac{|Y_j\cap X_i|}{|U|}\right)$$

证明： 该证明过程类似定理 2-24，这里不再赘述。

推论 2-1[127]　设 CDS $=(U,C,D)$ 是一个完备决策系统，对任意的 $P,Q\subseteq C$，则有 $\mathrm{IE}(P\cup Q)=E(P\cup Q)$。

定义 2-56[127]　设 CDS $=(U,C,D)$ 是一个完备决策系统，对任意的 $Q\subseteq C,U/P=\{X_1,X_2,\cdots,X_m\}$，$U/D=\{Y_1,Y_2,\cdots,Y_n\}$，知识 P 相对于决策 D 的条件信息熵定义如下

$$E(D|P)=\sum_{i=1}^{m}\sum_{j=1}^{n}\frac{|Y_j\cap X_i\,\|Y_j^c-X_i^c|}{|U|^2} \tag{2-88}$$

定理 2-32[127]　设 CDS $=(U,C,D)$ 是一个完备决策系统，对任意的 $P,Q\subseteq C$，$U/P=\{X_1,X_2,\cdots,X_m\}$，$U/Q=\{Z_1,Z_2,\cdots,Z_l\}$，$U/D=\{Y_1,Y_2,\cdots,Y_n\}$。如果 $U/P\prec U/Q$，则有 $E(D|P)\leqslant E(D|Q)$ 成立。

证明： 假设 $U/P=\{X_1,X_2,\cdots,X_m\}$ 和 $U/Q=\{Z_1,Z_2,\cdots,Z_l\}$，由于 $U/P\prec U/Q$，则有 $m>l$，也存在一个 $\{1,2,\cdots,m\}$ 的划分 $\{I_1,I_2,\cdots,I_l\}$，以至于 $Z_i=\bigcup\{X_k|\,k\in I_i,i=1,2,\cdots,l\}$，由此可得

$$E(D|Q)=\sum_{i=1}^{l}\sum_{j=1}^{n}\frac{|Y_j\cap Z_i\,\|Y_j^c-Z_i^c|}{|U|^2}$$

$$=\sum_{i=1}^{l}\sum_{j=1}^{n}\frac{|Y_j\cap Z_i\,\|Z_i-Y_j|}{|U|^2}$$

$$=\sum_{i=1}^{l}\sum_{j=1}^{n}\frac{|Y_j\cap\bigcup_{k\in I_i}X_k\,\|\bigcup_{k\in I_i}X_k-Y_j|}{|U|^2}$$

$$=\sum_{i=1}^{l}\sum_{j=1}^{n}\frac{\left(\sum_{k\in I_i}|Y_j\cap X_k|\right)|\bigcup_{k\in I_i}X_k-Y_j|}{|U|^2}$$

$$\geqslant\sum_{k=1}^{m}\sum_{j=1}^{n}\frac{|Y_j\cap X_k\,\|X_k-Y_j|}{|U|^2}$$

$$=\sum_{k=1}^{m}\sum_{j=1}^{n}\frac{|Y_j\cap X_k\,\|Y_j^c-X_k^c|}{|U|^2}$$

$$=E(D|P)$$

所以，可以得到 $E(D|P)\leqslant E(D|Q)$。

定理 2-33[127]　　设 $\text{CDS} = (U, C, D)$ 是一个完备决策系统，对任意的 $P \subseteq C$，$U/P = \{X_1, X_2, \cdots, X_m\}$，$U/D = \{Y_1, Y_2, \cdots, Y_n\}$。$E(D|P) = 0$ 的充分必要条件是 $U/P \preceq U/D$。

证明：

(1) 充分条件：假设 $E(D|P) = 0$，需要证明 $U/P \preceq U/D$。如果 $U/P \preceq U/D$ 不成立，则对任意的 $Y_j \in U/D$，存在一个 $X_i \in U/P$，以至于 $X_i \subseteq Y_j$ 不成立。于是设 $X_k \in U/P$，$Y_s \in U/D$，$X_k \cap Y_s \neq \varnothing$，且 $X_k \cap Y_s \neq X_k$，那么有 $1 \leqslant |X_k \cap Y_s|$ 和 $|X_k \cap Y_s| < |X_k|$，由此可得

$$
\begin{aligned}
E(D \,|\, P) &= \sum_{i=1}^{m} \sum_{j=1}^{n} \frac{|Y_j \cap X_i| \, \| Y_j^c - X_i^c |}{|U|^2} \\
&= \sum_{i=1}^{m} \sum_{j=1}^{n} \frac{|Y_j \cap X_i| \, \| X_i - Y_j |}{|U|^2} \\
&= \sum_{i=1}^{m} \sum_{j=1}^{n} \frac{|Y_j \cap X_i| \, \| X_i - X_i \cap Y_j |}{|U|^2} \\
&= \sum_{i=1, i \neq k}^{m} \sum_{j=1}^{n} \frac{|Y_j \cap X_i| \, \| X_i - X_i \cap Y_j |}{|U|^2} + \\
&\quad \sum_{j=1, j \neq s}^{n} \frac{|Y_j \cap X_k| \, \| X_k - X_k \cap Y_j |}{|U|^2} + \frac{|Y_s \cap X_k| \, \| X_k - X_k \cap Y_s |}{|U|^2} \\
&\geqslant \frac{|Y_s \cap X_k| \, \| X_k - X_k \cap Y_s |}{|U|^2} \\
&> 0
\end{aligned}
$$

于是有 $E(D|P) > 0$，这与假设 $E(D|P) = 0$ 是矛盾的。因此，当 $E(D|P) = 0$ 时，$U/P \preceq U/D$ 成立。

(2) 必要条件：假设 $U/P \preceq U/D$，那么对任意的 $X_i \in U/P$ 存在一个 $Y_j \in U/D$ 使得 $X_i \subseteq Y_j$。由此对任意的 $X_i \in U/P$ 和 $Y_j \in U/D$ 可得 $X_i \cap Y_j \neq \varnothing$，或者 $X_i \subseteq Y_j$，于是有 $X_i \cap Y_j = X_i$，即 $X_i - X_i \cap Y_j = \varnothing$。从而可以得到

$$
\begin{aligned}
E(D \,|\, P) &= \sum_{i=1}^{m} \sum_{j=1}^{n} \frac{|Y_j \cap X_i| \, \| Y_j^c - X_i^c |}{|U|^2} \\
&= \sum_{i=1}^{m} \sum_{j=1}^{n} \frac{|Y_j \cap X_i| \, \| X_i - Y_j |}{|U|^2} \\
&= \sum_{i=1}^{m} \sum_{j=1}^{n} \frac{|Y_j \cap X_i| \, \| X_i - X_i \cap Y_j |}{|U|^2} \\
&= 0
\end{aligned}
$$

因此，当 $U/P \preceq U/D$ 时，$E(D|P) = 0$ 是成立的。

下面研究上述几种基于信息熵的不确定性度量方法之间的关系。

定理 2-34[128]　设 $CDS = (U, C, D)$ 是一个完备决策系统，对任意的 $P \subseteq C$, $U/P = \{X_1, X_2, \cdots, X_m\}$, $U/D = \{Y_1, Y_2, \cdots, Y_n\}$，则有 $E(D|P) = E(P \cup D) - E(P)$。

证明：

$$E(D \mid P) = \sum_{i=1}^{m} \sum_{j=1}^{n} \frac{|Y_j \cap X_i \,||\, Y_j^c - X_i^c|}{|U|^2}$$

$$= \sum_{i=1}^{m} \sum_{j=1}^{n} \frac{|Y_j \cap X_i \,||\, X_i - Y_j|}{|U|^2}$$

$$= \sum_{i=1}^{m} \sum_{j=1}^{n} \frac{|Y_j \cap X_i \,||\, X_i - Y_j \cap X_i|}{|U|^2}$$

$$= \sum_{i=1}^{m} \sum_{j=1}^{n} \frac{|Y_j \cap X_i \,||\, (U - Y_j \cap X_i) - (U - X_i)|}{|U|^2}$$

$$= \sum_{i=1}^{m} \sum_{j=1}^{n} \frac{|Y_j \cap X_i \,||\, U - Y_j \cap X_i|}{|U|^2} - \sum_{i=1}^{m} \sum_{j=1}^{n} \frac{|Y_j \cap X_i \,||\, U - X_i|}{|U|^2}$$

$$= \sum_{i=1}^{m} \sum_{j=1}^{n} \frac{|Y_j \cap X_i |(|U| - |Y_j \cap X_i|)}{|U|^2} - \sum_{i=1}^{m} \sum_{j=1}^{n} \frac{|Y_j \cap X_i |(|U| - |X_i|)}{|U|^2}$$

$$= \sum_{i=1}^{m} \sum_{j=1}^{n} \frac{|Y_j \cap X_i|}{|U|} \left(1 - \frac{|Y_j \cap X_i|}{|U|}\right) - \sum_{i=1}^{m} \left(\sum_{j=1}^{n} \frac{|Y_j \cap X_i|}{|U|}\right) \left(1 - \frac{|X_i|}{|U|}\right)$$

$$= \sum_{i=1}^{m} \sum_{j=1}^{n} \frac{|Y_j \cap X_i|}{|U|} \left(1 - \frac{|Y_j \cap X_i|}{|U|}\right) - \sum_{i=1}^{m} \frac{|X_i|}{|U|} \left(1 - \frac{|X_i|}{|U|}\right)$$

$$= E(P \cup D) - E(P)$$

即 $E(D|P) = E(P \cup D) - E(P)$ 成立。

定义 2-57[128]　设 $IDS = (U, C, D)$ 是一个不完备决策系统，对任意的 P, $Q \subseteq C \cup D$, $U/SIM(P) = \{S_P(u_1), S_P(u_2), \cdots, S_P(u_{|U|})\}$, $U/SIM(Q) = \{S_Q(u_1), S_Q(u_2), \cdots, S_Q(u_{|U|})\}$，知识 P 相对于知识 Q 的条件信息熵定义如下

$$IE(D \mid P) = \sum_{i=1}^{|U|} \frac{|S_P(u_i)| - |S_P(u_i) \cap S_D(u_i)|}{|U|^2} \tag{2-89}$$

性质 2-9[128]　设 $IDS = (U, C, D)$ 是一个不完备决策系统，对任意的 P, $Q \subseteq C \cup D$, $U/SIM(P) = \{S_P(u_1), S_P(u_2), \cdots, S_P(u_{|U|})\}$, $U/SIM(Q) = \{S_Q(u_1), S_Q(u_2), \cdots, S_Q(u_{|U|})\}$，则有 $IE(Q|P) = IE(P \cup Q) - IE(P)$。

证明：由定义 2-57 可得

$$\mathrm{IE}(Q\,|\,P) = \sum_{i=1}^{|U|} \frac{|S_P(u_i)| - |S_P(u_i) \bigcap S_Q(u_i)|}{|U|^2}$$

$$= \sum_{i=1}^{|U|} \frac{|S_P(u_i)|}{|U|^2} - \sum_{i=1}^{|U|} \frac{|S_P(u_i) \bigcap S_Q(u_i)|}{|U|^2} + \sum_{i=1}^{|U|} \frac{1}{|U|} - \sum_{i=1}^{|U|} \frac{1}{|U|}$$

$$= \sum_{i=1}^{|U|} \left(\frac{1}{|U|} - \frac{|S_P(u_i) \bigcap S_Q(u_i)|}{|U|^2} \right) - \sum_{i=1}^{|U|} \left(\frac{1}{|U|} - \frac{|S_P(u_i)|}{|U|^2} \right)$$

$$= \sum_{i=1}^{|U|} \frac{1}{|U|} \left(1 - \frac{|S_P(u_i) \bigcap S_Q(u_i)|}{|U|} \right) - \sum_{i=1}^{|U|} \frac{1}{|U|} \left(1 - \frac{|S_P(u_i)|}{|U|} \right)$$

$$= \mathrm{IE}(P \bigcup Q) - \mathrm{IE}(P)$$

即 $\mathrm{IE}(Q|P) = \mathrm{IE}(P \bigcup Q) - \mathrm{IE}(P)$ 成立。

定义 2-58[128]　设 $\mathrm{IDS} = (U, C, D)$ 是一个不完备决策系统，对任意的 $P \subseteq C$，$U/\mathrm{SIM}(P) = \{S_P(u_1), S_P(u_2), \cdots, S_P(u_{|U|})\}$，$U/\mathrm{SIM}(D) = \{S_D(u_1), S_D(u_2), \cdots, S_D(u_{|U|})\}$，知识 P 相对于决策 D 的条件信息熵定义如下

$$\mathrm{IE}(D\,|\,P) = \sum_{i=1}^{|U|} \frac{|S_P(u_i)| - |S_P(u_i) \bigcap S_D(u_i)|}{|U|^2} \tag{2-90}$$

在不完备决策系统中，由定义 2-58 可以得到如下性质。

性质 2-10[128]　设 $\mathrm{IDS} = (U, C, D)$ 是一个不完备决策系统，$P \subseteq C$，则有

(1) $U/\mathrm{SIM}(P) = \omega$ 时，$\mathrm{IE}(D|P)$ 的最小值是 0；

(2) 当 $U/\mathrm{SIM}(P) = \delta$ 和 $U/\mathrm{SIM}(D) = \omega$，$\mathrm{IE}(D|P)$ 的最大值是 $1 - \dfrac{1}{|U|}$。

显然，不完备决策系统 IDS 的条件信息熵满足 $0 \leqslant \mathrm{IE}(D|C) \leqslant 1 - \dfrac{1}{|U|}$。

定理 2-35[128]　设 $\mathrm{IDS} = (U, C, D)$ 是一个不完备决策系统，对任意的 $P \subseteq C$，那么有 $\mathrm{IE}(D|P) = \mathrm{IE}(P \bigcup D) - \mathrm{IE}(P)$。

证明： 由定义 2-58 可知

$$\mathrm{IE}(D\,|\,P) = \sum_{i=1}^{|U|} \frac{|S_P(u_i)| - |S_P(u_i) \bigcap S_D(u_i)|}{|U|^2}$$

$$= \sum_{i=1}^{|U|} \frac{|S_P(u_i)|}{|U|^2} - \sum_{i=1}^{|U|} \frac{|S_P(u_i) \bigcap S_D(u_i)|}{|U|^2} + \sum_{i=1}^{|U|} \frac{1}{|U|} - \sum_{i=1}^{|U|} \frac{1}{|U|}$$

$$= \sum_{i=1}^{|U|} \left(\frac{1}{|U|} - \frac{|S_P(u_i) \bigcap S_D(u_i)|}{|U|^2} \right) - \sum_{i=1}^{|U|} \left(\frac{1}{|U|} - \frac{|S_P(u_i)|}{|U|^2} \right)$$

$$= \sum_{i=1}^{|U|} \frac{1}{|U|} \left(1 - \frac{|S_P(u_i) \bigcap S_D(u_i)|}{|U|} \right) - \sum_{i=1}^{|U|} \frac{1}{|U|} \left(1 - \frac{|S_P(u_i)|}{|U|} \right)$$

$$= \mathrm{IE}(P \bigcup D) - \mathrm{IE}(P)$$

即 $\mathrm{IE}(D|P) = \mathrm{IE}(P\bigcup D) - \mathrm{IE}(P)$ 成立。

定理 2-36[128]　设 $\mathrm{IDS} = (U,\ C,\ D)$ 是一个不完备决策系统，对任意的 $P\subseteq C$，$\mathrm{IE}(D|P) = 0$ 的充分必要条件为 $P\preceq D$。

证明：（1）充分条件：假设 $\mathrm{IE}(D|P) = 0$，需要证明 $P\preceq D$。如果 $P\preceq D$ 不成立，则肯定存在一个 $u_j\in U$，以至于 $S_P(u_j)\subseteq S_D(u_j)$ 不成立，即 $|S_P(u_j)\bigcap S_D(u_j)| < |S_P(u_j)|$，由此可得

$$
\begin{aligned}
\mathrm{IE}(D\mid P) &= \sum_{i=1}^{|U|} \frac{|S_P(u_i)| - |S_P(u_i)\bigcap S_D(u_i)|}{|U|^2}\\
&= \sum_{i=1,i\neq j}^{|U|} \frac{|S_P(u_i)| - |S_P(u_i)\bigcap S_D(u_i)|}{|U|^2} + \frac{|S_P(u_j)| - |S_P(u_j)\bigcap S_D(u_j)|}{|U|^2}\\
&\geqslant \frac{|S_P(u_j)| - |S_P(u_j)\bigcap S_D(u_j)|}{|U|^2}\\
&> \frac{|S_P(u_j)| - |S_P(u_j)|}{|U|^2} = 0
\end{aligned}
$$

即 $\mathrm{IE}(D|P) > 0$，这与假设 $\mathrm{IE}(D|P) = 0$ 是矛盾的。因而，当 $\mathrm{IE}(D|P) = 0$ 时，$P\preceq D$ 是成立的。

（2）必要条件：假设 $P\preceq D$，则对任意的 $u_i\in U$，可得 $S_P(u_i)\subseteq S_D(u_i)$，即 $S_P(u_i)\bigcap S_D(u_i) = S_P(u_i)$，从而可得

$$
\begin{aligned}
\mathrm{IE}(D\mid P) &= \sum_{i=1}^{|U|} \frac{|S_P(u_i)| - |S_P(u_i)\bigcap S_D(u_i)|}{|U|^2}\\
&= \sum_{i=1}^{|U|} \frac{|S_P(u_i)| - |S_P(u_i)|}{|U|^2}\\
&= 0
\end{aligned}
$$

因此，当 $P\preceq D$ 时有 $\mathrm{IE}(D|P) = 0$ 成立。

定理 2-37[128]　设 $\mathrm{IDS} = (U,\ C,\ D)$ 是一个不完备决策系统，对任意的 P，$Q\subseteq C\bigcup D$，$U/\mathrm{SIM}(P) = \{S_P(u_1),\ S_P(u_2),\cdots,\ S_P(u_{|U|})\}$，$U/\mathrm{SIM}(Q) = \{S_Q(u_1),\ S_Q(u_2),\cdots,\ S_Q(u_{|U|})\}$，$U/\mathrm{SIM}(D) = \{S_D(u_1),\ S_D(u_2),\cdots,\ S_D(u_{|U|})\}$，如果 $P\preceq Q$，则有 $\mathrm{IE}(Q|D) \leqslant \mathrm{IE}(P|D)$。

证明：由于 $P\preceq Q$，对任意的 $u_i\in U$ 有 $S_D(u_i)\in U/\mathrm{SIM}(D)$，于是得到 $S_P(u_i)\subseteq S_Q(u_i)$，$|S_P(u_i)| \leqslant |S_Q(u_i)|$，且 $|S_D(u_i)\bigcap S_P(u_i)| \leqslant |S_D(u_i)\bigcap S_Q(u_i)|$ 成立。由定义 2-57 可以得到

$$
\mathrm{IE}(Q\mid D) = \sum_{i=1}^{|U|} \frac{|S_D(u_i)| - |S_D(u_i)\bigcap S_Q(u_i)|}{|U|^2}
$$

$$\leqslant \sum_{i=1}^{|U|} \frac{|S_D(u_i)| - |S_D(u_i) \bigcap S_P(u_i)|}{|U|^2}$$

$$= \mathrm{IE}(P \,|\, D)$$

即 $\mathrm{IE}(Q|D) \leqslant \mathrm{IE}(P|D)$ 成立。

由定理 2-37 可知，在不完备决策系统中，条件知识越粗糙，则对于目标将保留的分类信息越多。

定理 2-38[129]　设 IDS$=(U, C, D)$ 是一个不完备决策系统，对任意的 $P, Q \subseteq C \bigcup D$，$U/\mathrm{SIM}(P) = \{S_P(u_1), S_P(u_2), \cdots, S_P(u_{|U|})\}$，$U/\mathrm{SIM}(Q) = \{S_Q(u_1), S_Q(u_2), \cdots, S_Q(u_{|U|})\}$，$U/\mathrm{SIM}(D) = \{S_D(u_1), S_D(u_2), \cdots, S_D(u_{|U|})\}$，如果 $\mathrm{IE}(Q|D) \leqslant \mathrm{IE}(P|D)$，则 $P \preceq Q$ 是不一定成立的。

定理 2-39[129]　设 IDS $= (U, C, D)$ 是一个不完备决策系统，对任意的 $P, Q \subseteq C \bigcup D$，$U/\mathrm{SIM}(P) = \{S_P(u_1), S_P(u_2), \cdots, S_P(u_{|U|})\}$，$U/\mathrm{SIM}(Q) = \{S_Q(u_1), S_Q(u_2), \cdots, S_Q(u_{|U|})\}$，$U/\mathrm{SIM}(D) = \{S_D(u_1), S_D(u_2), \cdots, S_D(u_{|U|})\}$。如果 $P \preceq Q$，则有 $\mathrm{IE}(D|P) \leqslant \mathrm{IE}(D|Q)$ 成立。

证明： 由于 $P \preceq Q$，对任意的 $u_i \in U$ 有 $S_D(u_i) \in U/\mathrm{SIM}(D)$，于是可得 $S_P(u_i) \subseteq S_Q(u_i)$ 和 $|S_P(u_i)| \leqslant |S_Q(u_i)|$，进而有 $S_P(u_i) \bigcap S_D(u_i) \subseteq S_Q(u_i) \bigcap S_D(u_i)$。从而由定义 2-58 可得

$$\mathrm{IE}(D\,|\,Q) - \mathrm{IE}(D\,|\,P) = \sum_{i=1}^{|U|} \frac{|S_Q(u_i)| - |S_Q(u_i) \bigcap S_D(u_i)|}{|U|^2} - \sum_{i=1}^{|U|} \frac{|S_P(u_i)| - |S_P(u_i) \bigcap S_D(u_i)|}{|U|^2}$$

$$= \sum_{i=1}^{|U|} \frac{|S_Q(u_i)| - |S_Q(u_i) \bigcap S_D(u_i)| - |S_P(u_i)| + |S_P(u_i) \bigcap S_D(u_i)|}{|U|^2}$$

$$= \sum_{i=1}^{|U|} \frac{|S_Q(u_i)| - |S_P(u_i)| - (|S_Q(u_i) \bigcap S_D(u_i)| - |S_P(u_i) \bigcap S_D(u_i)|)}{|U|^2}$$

$$= \sum_{i=1}^{|U|} \frac{|S_Q(u_i)| - |S_P(u_i)| - |S_D(u_i) \bigcap (S_Q(u_i) - S_P(u_i))|}{|U|^2}$$

$$\geqslant 0$$

即 $\mathrm{IE}(D|P) \leqslant \mathrm{IE}(D|Q)$ 成立。

定理 2-40[129]　设 IDS $= (U, C, D)$ 是一个不完备决策系统，对任意的 $P, Q \subseteq C$，$U/\mathrm{SIM}(P) = \{S_P(u_1), S_P(u_2), \cdots, S_P(u_{|U|})\}$，$U/\mathrm{SIM}(Q) = \{S_Q(u_1), S_Q(u_2), \cdots, S_Q(u_{|U|})\}$，$U/\mathrm{SIM}(D) = \{S_D(u_1), S_D(u_2), \cdots, S_D(u_{|U|})\}$。如果 $P \preceq Q \preceq D$，则可以得到 $\mathrm{IE}(D|P) = \mathrm{IE}(D|Q) = 0$。

证明： 由 $P \preceq Q \preceq D$，对任意的 $u_i \in U$ 且 $S_D(u_i) \in U/\mathrm{SIM}(D)$ 可得 $S_P(u_i) \subseteq S_Q(u_i) \subseteq S_D(u_i)$，$S_P(u_i) \bigcap S_P(u_i) S_D(u_i) = S_P(u_i)$ 和 $S_Q(u_i) \bigcap S_D(u_i) = S_Q(u_i)$，由定义 2-58 进而可得

$$IE(D \mid P) = \sum_{i=1}^{|U|} \frac{|S_P(u_i)| - |S_P(u_i) \bigcap S_D(u_i)|}{|U|^2}$$

$$= \sum_{i=1}^{|U|} \frac{|S_P(u_i)| - |S_P(u_i)|}{|U|^2}$$

$$= 0$$

即 $IE(D|P) = 0$。同样，类似上述过程也很容易得到 $IE(D|Q) = 0$。

定理 2-41[129]　设 $CDS = (U, C, D)$ 是一个完备决策系统，对于任意 $P \subseteq C$，$U/P = \{X_1, X_2, \cdots, X_m\}$，$U/D = \{Y_1, Y_2, \cdots, Y_n\}$，$U/\text{SIM}(P) = \{S_P(u_1), S_P(u_2), \cdots, S_P(u_{|U|})\}$，$U/\text{SIM}(D) = \{S_D(u_1), S_D(u_2), \cdots, S_D(u_{|U|})\}$，则知识 P 相对于决策 D 的不完备条件信息熵退化为

$$IE(D \mid P) = = \sum_{i=1}^{n} \sum_{j=1}^{m} \frac{|Y_j \bigcap X_i \| Y_i^c - X_i^c|}{|U|^2}$$

即 $IE(D \mid P) = \sum_{k=1}^{|U|} \frac{|S_P(u_k)| - |S_P(u_k) \bigcap S_D(u_k)|}{|U|^2} = \sum_{i=1}^{n} \sum_{j=1}^{m} \frac{|Y_j \bigcap X_i \| Y_i^c - X_i^c|}{|U|^2}$。

证明： 假设 $U/\text{SIM}(P) = \{S_P(u_1), S_P(u_2), \cdots, S_P(u_{|U|})\}$，$X_i = \{u_{i1}, u_{i2}, \cdots, u_{is_i}\}$，其中 $i \in \{1, 2, \cdots, m\}$，$|X_i| = s_i$，且 $\sum_{i=1}^{m} s_i = |U|$。下面给出 $U/\text{SIM}(P)$ 中的元素和 U/P 中元素之间的关系：$X_i = S_p(u_{i1}) = S_p(u_{i2}) = \cdots = S_p(u_{is_i})$，即 $|X_i| = |S_p(u_{i1})| = |S_p(u_{i2})| = \cdots = |S_p(u_{is_i})|$。同样地，假设 $U/\text{SIM}(D) = \{S_D(u_1), S_D(u_2), \cdots, S_D(u_{|U|})\}$，$y_j = \{u_{j1}, u_{j2}, \cdots, u_{jt_j}\}$（$j \in \{1, 2, \cdots, n\}$），其中 $|Y_j| = t_j$，$\sum_{j=1}^{n} t_i = |U|$。下面给出 $U/\text{SIM}(D)$ 中的元素和 U/D 中元素之间的关系：$Y_j = S_D(u_{j1}) = S_D(u_{j2}) = \cdots = S_D(u_{jt_j})$，即 $|Y_j| = |S_D(u_{j1})| = |S_D(u_{j2})| = \cdots = |S_D(u_{jt_j})|$。从而可得

$$IE(D \mid P) = \sum_{k=1}^{|U|} \frac{|S_P(u_k)| - |S_P(u_k) \bigcap S_D(u_k)|}{|U|^2}$$

$$= \sum_{i=1}^{n} \sum_{j=1}^{m} \sum_{u_k \in Y_j \bigcap X_i} \frac{|S_P(u_k)| - |S_P(u_k) \bigcap S_D(u_k)|}{|U|^2}$$

$$= \sum_{i=1}^{n} \sum_{j=1}^{m} |Y_j \bigcap X_i| \frac{|X_i| - |Y_j \bigcap X_i|}{|U|^2}$$

$$= \sum_{i=1}^{n} \sum_{j=1}^{m} \frac{|Y_j \bigcap X_i \| X_i - Y_j \bigcap X_i|}{|U|^2}$$

$$= \sum_{i=1}^{n} \sum_{j=1}^{m} \frac{|Y_j \cap X_i| |X_i - Y_j|}{|U|^2}$$

$$= \sum_{i=1}^{n} \sum_{j=1}^{m} \frac{|Y_j \cap X_i| |Y_i^c - X_i^c|}{|U|^2}$$

即 $IE(D|P) = \sum_{i=1}^{n} \sum_{j=1}^{m} \frac{|Y_j \cap X_i| |X_i - Y_j \cap X_i|}{|U|^2}$ 成立。

由定理 2-41 知，完备决策系统中的条件信息熵是不完备信息系统中条件信息熵的一种特殊情形。完备决策系统是不完备决策系统的特殊情况，而不完备决策系统是完备决策系统的推广。因此，不完备决策系统中的不确定性度量在完备决策系统中都有其特殊形式，即当决策系统由不完备变为完备时，其不确定性度量也会退化为相应的形式。

在完备决策系统中，由定理 2-41 很容易得到如下推论。

推论 2-2[130]　设 $CDS = (U, C, D)$ 是一个完备决策系统，对于任意 $P \subseteq C$，则有 $IE(D|P) = E(D|P)$。

在决策系统中，由信息论研究可知，条件信息熵能有效描述两个信源之间的依赖性，也能通过计算条件信息熵的变化来反映特征的重要性程度。目前，已有很多学者专家提出了多种条件信息熵（简称为"条件熵"），其表达形式也不尽相同。下面来深入分析本节提出的条件信息熵与现有条件信息熵之间的关系。

定义 2-59[130]　设 $CDS = (U, C, D)$ 是一个完备决策系统，对于任意 $P \subseteq C$, $U/P = \{X_1, X_2, \cdots, X_m\}$, $U/D = \{Y_1, Y_2, \cdots, Y_n\}$，则知识 P 相对于决策 D 的条件熵定义如下

$$H_1(D|P) = -\sum_{i=1}^{m} \frac{|X_i|}{|U|} \sum_{j=1}^{n} \frac{|Y_j \cap X_i|}{|X_i|} \log_2 \frac{|Y_j \cap X_i|}{|X_i|} \tag{2-91}$$

定义 2-60[130]　设 $IIS = (U, A)$ 是一个不完备信息系统，对于任意 $P \subseteq A$，知识 P 的信息熵定义如下

$$H_1'(P) = -\sum_{i=1}^{|U|} \frac{1}{|U|} \log_2 \frac{|S_P(u_i)|}{|U|} \tag{2-92}$$

定义 2-61[130]　设 $IDS = (U, C, D)$ 是一个不完备决策系统，对任意的 $P \subseteq C$, $U/SIM(P) = \{S_P(u_1), S_P(u_2), \cdots, S_P(u_{|U|})\}$, $U/SIM(D) = \{S_D(u_1), S_D(u_2), \cdots, S_D(u_{|U|})\}$，则知识 P 相对于决策 D 的条件熵定义如下

$$H_1'(D|P) = -\sum_{i=1}^{|U|} \frac{1}{|U|} \log_2 \frac{|S_P(u_i) \cap S_D(u_i)|}{|S_P(u_i)|} \tag{2-93}$$

定理 2-42[130]　设 $IDS = (U, C, D)$ 是一个不完备决策系统，对任意的 $P \subseteq C$,

$U/\mathrm{SIM}(P)=\{S_P(u_1),S_P(u_2),\cdots,S_P(u_{|U|})\}$，　$U/\mathrm{SIM}(D)=\{S_D(u_1),S_D(u_2),\cdots,S_D(u_{|U|})\}$，
则有 $\mathrm{IE}(D\,|\,P)\leqslant H_1'(D\,|\,P)$ 成立。

证明： 由定义 2-58 可得

$$\mathrm{IE}(D\,|\,P)=\sum_{i=1}^{|U|}\frac{|S_P(u_i)|-|S_P(u_i)\cap S_D(u_i)|}{|U|^2}$$

$$=\sum_{i=1}^{|U|}\frac{1-\dfrac{|S_P(u_i)\cap S_D(u_i)|}{|S_P(u_i)|}}{\dfrac{|U|^2}{|S_P(u_i)|}}$$

$$=\sum_{i=1}^{|U|}\frac{1}{|U|}\left(1-\frac{|S_P(u_i)\cap S_D(u_i)|}{|S_P(u_i)|}\right)\frac{|S_P(u_i)|}{|U|}$$

假设任意 $u_i\in U$ 存在一函数 $f_{u_i}=\dfrac{|S_P(u_i)\cap S_D(u_i)|}{S_P(u_i)}$，则有 $\mathrm{IE}(D\,|\,P)=\dfrac{1}{|U|}\sum_{k=1}^{|U|}\dfrac{|S_P(u_i)|}{|U|}(1-f_{u_i})$。

同样地，从定义 2-61 可知 $H_1'(D\,|\,P)=-\dfrac{1}{|U|}\sum_{i=1}^{U}-\log_2 f_{u_i}$，由于 $0\leqslant f_{u_i}\leqslant 1$，对于

任意 $u_i\in U$，可以得到 $1-f_{u_i}\leqslant -\log_2 f_{u_i}$ 和 $\dfrac{|S_P(u_i)|}{|U|}(1-f_{u_i})\leqslant -\log_2 f_{u_i}$。从而有

$$\sum_{i=1}^{|U|}\frac{|S_P(u_i)|}{|U|}\left(1-\frac{|S_P(u_i)\cap S_D(u_i)|}{|S_P(u_i)|}\right)\leqslant -\sum_{i=1}^{|U|}\log_2\frac{|S_P(u_i)\cap S_D(u_i)|}{|S_P(u_i)|}$$

即 $\mathrm{IE}(D\,|\,P)\leqslant H_1'(D\,|\,P)$ 成立。

定理 2-43[130]　设 $\mathrm{IDS}=(U,C,D)$ 是一个不完备决策系统，对任意的 $P\subseteq C$，则
有 $H_1'(D\,|\,P)=H_1'(P\cup D)-H_1'(P)$ 成立。

证明： 由定义 2-60 和定义 2-61 可知

$$H_1'(D\,|\,P)=-\sum_{i=1}^{|U|}\frac{1}{|U|}\log_2\frac{|S_P(u_i)\cap S_D(u_i)|}{|S_P(u_i)|}$$

$$=-\sum_{i=1}^{|U|}\frac{1}{|U|}\left(\log_2\frac{|S_P(u_i)\cap S_D(u_i)|}{|U|}-\log_2\frac{|S_P(u_i)|}{|U|}\right)$$

$$=-\sum_{i=1}^{|U|}\frac{1}{|U|}\log_2\frac{|S_P(u_i)\cap S_D(u_i)|}{|U|}+\sum_{i=1}^{|U|}\frac{1}{|U|}\log_2\frac{|S_P(u_i)|}{|U|}$$

$$=H_1'(P\cup D)-H_1'(P)$$

即 $H_1'(D\,|\,P)=H_1'(P\cup D)-H_1'(P)$ 成立。

定理 2-44[130]　设 $\mathrm{IDS}=(U,C,D)$ 是一个不完备决策系统，对任意的 $P\subset Q\subseteq C$，

则 $H_1'(D|Q) < H_1'(D|P)$ 不一定成立。

定理 2-45[130] 设 CDS $= (U, C, D)$ 是一个完备决策系统，对任意的 $P \subseteq C$，$U/P = \{X_1, X_2, \cdots, X_m\}$，$U/D = \{Y_1, Y_2, \cdots, Y_n\}$，$U/\text{SIM}(P) = \{S_P(u_1), S_P(u_2), \cdots, S_P(u_{|U|})\}$，$U/\text{SIM}(D) = \{S_D(u_1), S_D(u_2), \cdots, S_D(u_{|U|})\}$，则知识 P 相对于决策 D 的条件熵退化为

$$H_1'(D|P) = -\sum_{j=1}^{m} \frac{|X_i|}{|U|} \sum_{j=1}^{n} \frac{|Y_j \bigcap X_i|}{|X_i|} \log_2 \frac{|Y_j \bigcap X_i|}{|X_i|}$$

即

$$H_1'(D|P) = -\sum_{k=1}^{|U|} \frac{1}{|U|} \log_2 \frac{|S_P(u_k) \bigcap S_D(u_k)|}{|S_P(u_k)|}$$

$$= -\sum_{i=1}^{m} \frac{|X_i|}{|U|} \sum_{j=1}^{n} \frac{|Y_j \bigcap X_i|}{|X_i|} \log_2 \frac{|Y_j \bigcap X_i|}{|X_i|}$$

证明：该证明过程类似于定理 2-41，很容易得到

$$H_1'(D|P) = -\sum_{k=1}^{|U|} \frac{1}{|U|} \log_2 \frac{|S_P(u_k) \bigcap S_D(u_k)|}{|S_P(u_k)|}$$

$$= -\sum_{i=1}^{m} \sum_{j=1}^{n} \sum_{u_k \in Y_j \bigcap X_i} \frac{1}{|U|} \log_2 \frac{|S_P(u_k) \bigcap S_D(u_k)|}{|S_P(u_k)|}$$

$$= -\sum_{i=1}^{m} \sum_{j=1}^{n} \frac{|Y_j \bigcap X_i|}{|U|} \log_2 \frac{|Y_j \bigcap X_i|}{|X_i|}$$

$$= -\sum_{i=1}^{m} \frac{|X_i|}{|U|} \sum_{j=1}^{n} \frac{|Y_j \bigcap X_i|}{|X_i|} \log_2 \frac{|Y_j \bigcap X_i|}{|X_i|}$$

即 $H_1'(D|P) = -\sum_{j=1}^{m} \frac{|X_i|}{|U|} \sum_{j=1}^{n} \frac{|Y_j \bigcap X_i|}{|X_i|} \log_2 \frac{|Y_j \bigcap X_i|}{|X_i|}$ 成立。

在完备决策系统中，由定理 2-45 很容易得到如下推论。

推论 2-3[131] 设 CDS $= (U, C, D)$ 是一个完备决策系统，对任意的 $P \subseteq C$，则有 $H_1'(D|P) = H_1(D|P)$。

推论 2-4[131] 设 CDS $= (U, C, D)$ 是一个完备决策系统，对任意的 $P \subseteq C$，则有 $E(D|P) \leqslant H_1(D|P)$。

定义 2-62[131] 设 CDS $= (U, C, D)$ 是一个完备决策系统，对任意的 $P \subseteq C$，$U/P = \{X_1, X_2, \cdots, X_m\}$，$U/D = \{Y_1, Y_2, \cdots, Y_n\}$，则知识 P 相对于决策 D 的条件熵定义如下

$$H_2(D|P) = -\sum_{i=1}^{m} \sum_{j=1}^{n} \frac{|Y_j \bigcap X_i|}{|U|} \left(1 + \log_2 \frac{|Y_j \bigcap X_i|}{|X_i|} - \frac{|Y_j \bigcap X_i|}{|U|} \right) \quad (2\text{-}94)$$

定义 2-63[131]　设 IDS $= (U, C, D)$ 是一个不完备决策系统，对任意的 $P \subseteq C$，$U/\mathrm{SIM}(P) = \{S_P(u_1), S_P(u_2), \cdots, S_P(u_{|U|})\}$，$U/\mathrm{SIM}(D) = \{S_D(u_1), S_D(u_2), \cdots, S_D(u_{|U|})\}$，则知识 P 相对于决策 D 的条件熵定义为

$$H_2'(D \mid P) = -\sum_{i=1}^{|U|} \frac{1}{|U|} \left(1 + \log_2 \frac{|S_P(u_i) \cap S_D(u_i)|}{|S_P(u_i)|} - \frac{|S_P(u_i) \cap S_D(u_i)|}{|U|}\right) \tag{2-95}$$

定理 2-46[131]　设 IDS $= (U, C, D)$ 是一个不完备决策系统，对任意的 $P \subseteq C$，则有 $H_2'(D \mid P) = H_1'(D \mid P) - \mathrm{IE}(D \cup P)$ 成立。

证明：设 $U/\mathrm{SIM}(P) = \{S_P(u_1), S_P(u_2), \cdots, S_P(u_{|U|})\}$ 和 $U/\mathrm{SIM}(D) = \{S_D(u_1), S_D(u_2), \cdots, S_D(u_{|U|})\}$，则有

$$\begin{aligned}
H_2'(D \mid P) &= -\sum_{i=1}^{|U|} \frac{1}{|U|} \left(1 + \log_2 \frac{|S_P(u_i) \cap S_D(u_i)|}{|S_P(u_i)|} - \frac{|S_P(u_i) \cap S_D(u_i)|}{|U|}\right) \\
&= -\sum_{i=1}^{|U|} \frac{1}{|U|} \log_2 \frac{|S_P(u_i) \cap S_D(u_i)|}{|S_P(u_i)|} - \sum_{i=1}^{|U|} \frac{1}{|U|} \left(1 - \frac{|S_P(u_i) \cap S_D(u_i)|}{|U|}\right) \\
&= H_1'(D \mid P) - \mathrm{IE}(D \cup P)
\end{aligned}$$

即 $H_2'(D \mid P) = H_1'(D \mid P) - \mathrm{IE}(D \cup P)$ 成立。

在不完备决策系统中，由定理 2-46 很容易得到如下推论。

推论 2-5[132]　设 IDS $= (U, C, D)$ 是一个不完备决策系统，对任意的 $P \subseteq C$，则 $H_2'(D \mid P) \leqslant H_1'(D \mid P)$。

定理 2-47[132]　设 IDS $= (U, C, D)$ 是一个不完备决策系统，对任意的 $P \subset Q \subseteq C$，则 $H_2'(D \mid Q) < H_2'(D \mid P)$ 不一定成立。

定理 2-48[132]　设 CDS $= (U, C, D)$ 是一个完备决策系统，对任意的 $P \subseteq C$，$U/P = \{X_1, X_2, \cdots, X_m\}$，$U/D = \{Y_1, Y_2, \cdots, Y_n\}$，$U/\mathrm{SIM}(P) = \{S_P(u_1), S_P(u_2), \cdots, S_P(u_{|U|})\}$，$U/\mathrm{SIM}(D) = \{S_D(u_1), S_D(u_2), \cdots, S_D(u_{|U|})\}$，则知识 P 相对于决策 D 的条件熵退化为

$$H_2'(D \mid P) = -\sum_{i=1}^{m} \sum_{j=1}^{n} \frac{|Y_j \cap X_i|}{|U|} \left(1 + \log_2 \frac{|Y_j \cap X_i|}{|X_i|} - \frac{|Y_j \cap X_i|}{|U|}\right)$$

即

$$\begin{aligned}
H_2'(D \mid P) &= -\sum_{k=1}^{|U|} \frac{1}{|U|} \left(1 + \log_2 \frac{|S_P(u_k) \cap S_D(u_k)|}{|S_P(u_k)|} - \frac{|S_P(u_k) \cap S_D(u_k)|}{|U|}\right) \\
&= -\sum_{i=1}^{m} \sum_{j=1}^{n} \frac{|Y_j \cap X_i|}{|U|} \left(1 + \log_2 \frac{|Y_j \cap X_i|}{|X_i|} - \frac{|Y_j \cap X_i|}{|U|}\right)
\end{aligned}$$

证明：由定理 2-46、推论 2-1 和推论 2-3 可得 $H_2'(D \mid P) = H_1'(D \mid P) - \mathrm{IE}(D \cup P) = H_1'(D \mid P) - E(D \cup P)$，从而有

$$H_2'(D\,|\,P) = H_1(D\,|\,P) - E(D\cup P)$$

$$= -\sum_{i=1}^{m}\frac{|X_i|}{|U|}\sum_{j=1}^{n}\frac{|Y_j\cap X_i|}{|X_i|}\log_2\frac{|Y_j\cap X_i|}{|X_i|} - \sum_{i=1}^{m}\sum_{j=1}^{n}\frac{|Y_j\cap X_i|}{|U|}\left(1-\frac{|Y_j\cap X_i|}{|U|}\right)$$

$$= -\sum_{i=1}^{m}\sum_{j=1}^{n}\frac{|Y_j\cap X_i|}{|U|}\left(1+\log_2\frac{|Y_j\cap X_i|}{|X_i|}-\frac{|Y_j\cap X_i|}{|U|}\right)$$

即 $H_1'(D\,|\,P) = -\sum_{i=1}^{m}\sum_{j=1}^{n}\frac{|Y_j\cap X_i|}{|U|}\left(1+\log_2\frac{|Y_j\cap X_i|}{|X_i|}-\frac{|Y_j\cap X_i|}{|U|}\right)$ 成立。

在不完备决策系统中，由定理 2-48 很容易得到如下推论。

推论 2-6[133]　设 $\mathrm{CDS}=(U,C,D)$ 是一个完备决策系统，对任意的 $P\subseteq C$，则有 $H_2'(D\,|\,P)=H_2(D\,|\,P)$ 成立。

推论 2-7[133]　设 $\mathrm{CDS}=(U,C,D)$ 是一个完备决策系统，对任意的 $P\subseteq C$，则有 $H_2(D\,|\,P)\leqslant H_1(D\,|\,P)$ 成立。

定义 2-64[133]　设 $\mathrm{CDS}=(U,C,D)$ 是一个完备决策系统，对任意的 $P\subseteq C$，$U/P=\{X_1,X_2,\cdots,X_m\}$，$U/D=\{Y_1,Y_2,\cdots,Y_n\}$，则知识 P 相对于决策 D 的条件熵定义如下

$$I_1(D\,|\,P) = \sum_{i=1}^{m}\frac{|X_i|}{|U|}\sum_{j=1}^{n}\frac{|Y_j\cap X_i|}{|X_i|}\left(1-\frac{|Y_j\cap X_i|}{|X_i|}\right) \tag{2-96}$$

定义 2-65[133]　设 $\mathrm{IDS}=(U,C,D)$ 是一个不完备决策系统，对任意的 $P\subseteq C$，$U/\mathrm{SIM}(P)=\{S_P(u_1),S_P(u_2),\cdots,S_P(u_{|U|})\}$，$U/\mathrm{SIM}(D)=\{S_D(u_1),S_D(u_2),\cdots,S_D(u_{|U|})\}$，则知识 P 相对于决策 D 的条件熵定义如下

$$I_1'(D\,|\,P) = \sum_{i=1}^{|U|}\frac{1}{|U|}\left(1-\frac{|S_P(u_i)\cap S_D(u_i)|}{|S_P(u_i)|}\right) \tag{2-97}$$

性质 2-11[133]　设 $\mathrm{IDS}=(U,C,D)$ 是一个不完备决策系统，对任意的 $P\subseteq C$，则有 $\mathrm{IE}(D\,|\,P)\leqslant I_1'(D\,|\,P)\leqslant H_1'(D\,|\,P)$ 成立。

证明：由定理 2-42 中的计算公式可得 $\mathrm{IE}(D\,|\,P) = \sum_{i=1}^{|U|}\frac{1}{|U|}\left(1-\frac{|S_P(u_i)\cap S_D(u_i)|}{|S_P(u_i)|}\right)$

$\frac{|S_P(u_i)|}{|U|}$。由于 $0\leqslant\frac{|S_P(u_i)|}{|U|}\leqslant 1$，可得 $\mathrm{IE}(D\,|\,P)\leqslant I_1'(D\,|\,P)$。类似定理 2-29 证明中的函

数假设，现假设对任意 $u_i\in U$ 存在一个函数 $f_{u_i}=\frac{|S_P(u_i)\cap S_D(u_i)|}{|S_P(u_i)|}$，很显然 $0\leqslant f_{u_i}\leqslant 1$。

同时也很容易得到 $1-f_{u_i}\leqslant -\log_2 f_{u_i}$。于是有 $\sum_{i=1}^{|U|}\frac{1}{|U|}\left(1-\frac{|S_P(u_i)\cap S_D(u_i)|}{|S_P(u_i)|}\right)\leqslant$

$-\sum_{i=1}^{|U|}\log_2\left(\frac{|S_P(u_i)\cap S_D(u_i)|}{|S_P(u_i)|}\right)$。

即 $I_1'(D \mid P) \leqslant H_1'(D \mid P)$。所以，$\mathrm{IE}(D \mid P) \leqslant I_1'(D \mid P) \leqslant H_1'(D \mid P)$ 是成立的。

定理 2-49[133]　设 $\mathrm{IDS} = (U, C, D)$ 是一个不完备决策系统，对任意的 $P \subset Q \subseteq C$，则 $I_1'(D \mid Q) < I_1'(D \mid P)$ 不一定成立。

定理 2-50[133]　设 $\mathrm{CDS} = (U, C, D)$ 是一个完备决策系统，对任意的 $P \subseteq C$，$U/P = \{X_1, X_2, \cdots, X_m\}$，$U/D = \{Y_1, Y_2, \cdots, Y_n\}$，$U/\mathrm{SIM}(P) = \{S_P(u_1), S_P(u_2), \cdots, S_P(u_{|U|})\}$，$U/\mathrm{SIM}(D) = \{S_D(u_1), S_D(u_2), \cdots, S_D(u_{|U|})\}$，则知识 P 相对于决策 D 的条件熵退化为

$$I_1'(D \mid P) = \sum_{i=1}^{m} \frac{|X_i|}{|U|} \sum_{j=1}^{n} \frac{|Y_j \cap X_i|}{|X_i|} \left(1 - \frac{|Y_j \cap X_i|}{|X_i|} \right)$$

即

$$I_1'(D \mid P) = \sum_{k=1}^{|U|} \frac{1}{|U|} \left(1 - \frac{|S_P(u_k) \cap S_D(u_k)|}{|S_P(u_k)|} \right)$$

$$= \sum_{i=1}^{m} \frac{|X_i|}{|U|} \sum_{j=1}^{n} \frac{|Y_j \cap X_i|}{|X_i|} \left(1 - \frac{|Y_j \cap X_i|}{|X_i|} \right)$$

证明：类似定理 2-41 和定理 2-45 的证明，很容易得到

$$I_1'(D \mid P) = \sum_{k=1}^{|U|} \frac{1}{|U|} \left(1 - \frac{|S_P(u_k) \cap S_D(u_k)|}{|S_P(u_k)|} \right)$$

$$= \sum_{i=1}^{m} \sum_{j=1}^{n} \sum_{u_k \in Y_j \cap X_i} \frac{1}{|U|} \left(1 - \frac{|S_P(u_k) \cap S_D(u_k)|}{|S_P(u_k)|} \right)$$

$$= \sum_{i=1}^{m} \sum_{j=1}^{n} \frac{|Y_j \cap X_i|}{|U|} \left(1 - \frac{|Y_j \cap X_i|}{|X_i|} \right)$$

$$= \sum_{i=1}^{m} \frac{|X_i|}{|U|} \sum_{j=1}^{n} \frac{|Y_j \cap X_i|}{|X_i|} \left(1 - \frac{|Y_j \cap X_i|}{|X_i|} \right)$$

即 $I_1'(D \mid P) = \sum_{i=1}^{m} \frac{|X_i|}{|U|} \sum_{j=1}^{n} \frac{|Y_j \cap X_i|}{|X_i|} \left(1 - \frac{|Y_j \cap X_i|}{|X_i|} \right)$ 成立。

在不完备决策系统中，由定理 2-50 很容易得到如下推论。

推论 2-8[134]　设 $\mathrm{CDS} = (U, C, D)$ 是一个完备决策系统，对任意的 $P \subseteq C$，则有 $I_1'(D \mid P) = I_1(D \mid P)$。

推论 2-9[134]　设 $\mathrm{CDS} = (U, C, D)$ 是一个完备决策系统，对任意的 $P \subseteq C$，则有 $E(D \mid P) \leqslant I_1(D \mid P) \leqslant H_1(D \mid P)$。

定义 2-66[134]　设 $\mathrm{CDS} = (U, C, D)$ 是一个完备决策系统，对任意的 $P \subseteq C$，$U/P = \{X_1, X_2, \cdots, X_m\}$，$U/D = \{Y_1, Y_2, \cdots, Y_n\}$，则知识 P 相对于决策 D 的条件熵定义如下

$$I_2(D\mid P) = \sum_{i=1}^m \frac{|X_i|^2}{|U|^2} \sum_{j=1}^n \frac{|Y_j \cap X_i|}{|X_i|}\left(1 - \frac{|Y_j \cap X_i|}{|X_i|}\right) \tag{2-98}$$

定义 2-67[134]　设 IDS $= (U, C, D)$ 是一个不完备决策系统，对任意的 $P \subseteq C$，则知识 P 相对于决策 D 的条件熵定义如下

$$I_2'(D\mid P) = \sum_{i=1}^{|U|} \frac{|S_P(u_i)| - |S_P(u_i) \cap S_D(u_i)|}{|U|^2} \tag{2-99}$$

在不完备决策系统中，由定义 2-19 可以得到如下性质。

性质 2-12[135]　设 IDS $= (U, C, D)$ 是一个不完备决策系统，对任意的 $P \subseteq C$，则有 $I_2'(D\mid P) = \mathrm{IE}(D\mid P)$。

性质 2-13[135]　设 IDS $= (U, C, D)$ 是一个不完备决策系统，对任意的 $P \subseteq C$，则有 $I_2'(D\mid P) \leqslant I_1'(D\mid P) \leqslant H_1'(D\mid P)$。

性质 2-14[135]　设 IDS $= (U, C, D)$ 是一个不完备决策系统，对任意的 $P, Q \subseteq C$，如果 $P \preceq Q$，则 $I_2'(D\mid Q) \leqslant I_2'(D\mid P)$ 成立。

定理 2-51[135]　设 CDS $= (U, C, D)$ 是一个完备决策系统，对任意的 $P \subseteq C$，$U/P = \{X_1, X_2, \cdots, X_m\}$，$U/D = \{Y_1, Y_2, \cdots, Y_n\}$，$U/\mathrm{SIM}(P) = \{S_P(u_1), S_P(u_2), \cdots, S_P(u_{|U|})\}$，$U/\mathrm{SIM}(D) = \{S_D(u_1), S_D(u_2), \cdots, S_D(u_{|U|})\}$，则知识 P 相对于决策 D 的条件熵退化为

$$I_2'(D\mid P) = \sum_{i=1}^m \frac{|X_i|^2}{|U|^2} \sum_{j=1}^n \frac{|Y_j \cap X_i|}{|X_i|}\left(1 - \frac{|Y_j \cap X_i|}{|X_i|}\right)$$

即

$$I_2'(D\mid P) = \sum_{k=1}^{|U|} \frac{|S_P(u_k)| - |S_P(u_k) \cap S_D(u_k)|}{|U|^2} = \sum_{i=1}^m \frac{|X_i|^2}{|U|^2} \sum_{j=1}^n \frac{|Y_j \cap X_i|}{|X_i|}\left(1 - \frac{|Y_j \cap X_i|}{|X_i|}\right)$$

证明：类似定理 2-41、定理 2-45 和定理 2-50 的证明，很容易得到

$$I_2'(D\mid P) = \sum_{k=1}^{|U|} \frac{|S_P(u_k)| - |S_P(u_k) \cap S_D(u_k)|}{|U|^2}$$

$$= \sum_{i=1}^m \sum_{j=1}^n \sum_{u_k \in Y_j \cap X_i} \frac{|S_P(u_k)| - |S_P(u_k) \cap S_D(u_k)|}{|U|^2}$$

$$= \sum_{i=1}^m \sum_{j=1}^n |Y_j \cap X_i| \frac{|X_i| - |Y_j \cap X_i|}{|U|^2}$$

$$= \sum_{i=1}^m \frac{|X_i|^2}{|U|^2} \sum_{j=1}^n \frac{|Y_j \cap X_i|(|X_i| - |Y_j \cap X_i|)}{|X_i|}$$

$$= \sum_{i=1}^m \frac{|X_i|^2}{|U|^2} \sum_{j=1}^n \frac{|Y_j \cap X_i|}{|X_i|}\left(1 - \frac{|Y_j \cap X_i|}{|X_i|}\right)$$

即 $I_2'(D \mid P) = \sum\limits_{i=1}^{m} \dfrac{|X_i|^2}{|U|^2} \sum\limits_{j=1}^{n} \dfrac{|Y_j \cap X_i|}{|X_i|} \left(1 - \dfrac{|Y_j \cap X_i|}{|X_i|} \right)$ 成立。

在不完备决策系统中，由定理 2-51 很容易得到如下推论。

推论 2-10[136]　设 CDS = (U, C, D) 是一个完备决策系统，对任意的 $P \subseteq C$，则有 $I_2'(D \mid P) = I_2(D \mid P)$。

推论 2-11[136]　设 CDS = (U, C, D) 是一个完备决策系统，对任意的 $P \subseteq C$，则有 $I_2(D \mid P) = E(D \mid P)$。

推论 2-12[136]　设 CDS = (U, C, D) 是一个完备决策系统，对任意的 $P \subseteq C$，则有 $I_2(D \mid P) \leqslant I_1(D \mid P) \leqslant H_1(D \mid P)$。

定义 2-68[136]　设 CDS = (U, C, D) 是一个完备决策系统，对于任意 $P, Q \subseteq C \cup D$，$U/P = \{X_1, X_2, \cdots, X_m\}$，$U/Q = \{Y_1, Y_2, \cdots, Y_n\}$，则知识 P 和知识 Q 的互信息定义如下

$$E(Q; P) = \sum_{i=1}^{m} \sum_{j=1}^{n} \frac{|Y_j \cap X_i \| Y_j^c \cap X_i^c|}{|U|^2} \qquad (2\text{-}100)$$

定义 2-69[136]　设 CDS = (U, C, D) 是一个完备决策系统，对于任意 $P \subseteq C$，$U/P = \{X_1, X_2, \cdots, X_m\}$，$U/D = \{Y_1, Y_2, \cdots, Y_n\}$，则决策 D 和知识 P 的互信息定义如下

$$E(D; P) = \sum_{i=1}^{m} \sum_{j=1}^{n} \frac{|Y_j \cap X_i \| Y_j^c \cap X_i^c|}{|U|^2} \qquad (2\text{-}101)$$

定理 2-52[136]　设 CDS = (U, C, D) 是一个完备决策系统，对于任意 $P \subseteq C$，$U/P = \{X_1, X_2, \cdots, X_m\}$，$U/D = \{Y_1, Y_2, \cdots, Y_n\}$，则有 $E(D; P) = E(D) - E(D \mid P) = E(P) - E(P \mid D)$。

证明：根据信息熵定义 2-51 和条件信息熵定义 2-56 可得

$$E(D) = \sum_{j=1}^{n} \frac{|Y_j \| Y_j^c|}{|U\|U|} = \sum_{j=1}^{n} \left(\sum_{i=1}^{m} \frac{|Y_j \cap X_i|}{|U|} \right) \frac{|Y_j^c|}{|U|} = \sum_{i=1}^{m} \sum_{j=1}^{n} \frac{|Y_j \cap X_i|}{|U|} \frac{|Y_j^c|}{|U|}$$

$$= \sum_{i=1}^{m} \sum_{j=1}^{n} \frac{|Y_j \cap X_i|}{|U|} \frac{\|(Y_j^c \cap X_i^c)\|(Y_j^c - X_i^c)|}{|U|}$$

$$= \sum_{i=1}^{m} \sum_{j=1}^{n} \frac{|Y_j \cap X_i|}{|U|} \frac{(|Y_j^c \cap X_i^c| + |Y_j^c - X_i^c|)}{|U|}$$

$$= \sum_{i=1}^{m} \sum_{j=1}^{n} \frac{|Y_j \cap X_i|}{|U|} \left(\frac{|Y_j^c \cap X_i^c|}{|U|} + \frac{|Y_j^c - X_i^c|}{|U|} \right)$$

$$= \sum_{i=1}^{m} \sum_{j=1}^{n} \frac{|Y_j \cap X_i \| Y_j^c \cap X_i^c|}{|U|} + \sum_{i=1}^{m} \sum_{j=1}^{n} \frac{|Y_j \cap X_i \| Y_j^c - X_i^c|}{|U|} \frac{}{|U|}$$

$$= E(D; P) + E(D \mid P)$$

即 $E(D; P) = E(D) - E(D|P)$。同样，类似上述过程，$E(D; P) = E(P) - E(P|D)$ 很容易被证明。

在不完备决策系统中，由定理 2-52 很容易得到如下推论。

推论 2-13[137]　设 CDS $= (U, C, D)$ 是一个完备决策系统，对于任意 $P \subseteq C$，有 $E(D; P) = E(D) + E(P) - E(P \cup D)$ 成立。

定理 2-53[137]　设 CDS $= (U, C, D)$ 是一个完备决策系统，对于任意 $P, Q \subseteq C$，如果 $U/P \prec U/Q$，则有 $E(D; Q) \leqslant E(D; P)$ 成立。

证明：由定理 2-52 可得 $E(D; P) = E(D) - E(D|P)$ 和 $E(D; Q) = E(D) - E(D|Q)$，于是有 $-E(D|Q) \leqslant -E(D|P)$，则 $E(D) - E(D|Q) \leqslant E(D) - E(D|P)$，即 $E(D; Q) \leqslant E(D; P)$。

定义 2-70[137]　设 IDS $= (U, C, D)$ 是一个不完备决策系统，对任意的 $P, Q \subseteq C \cup D$，则知识 P 和知识 Q 的互信息定义如下

$$IE(Q; P) = \sum_{i=1}^{|U|} \frac{1}{|U|} \left(1 - \frac{|S_p(u_i)| + |S_Q(u_i)| - |S_p(u_i) \cap S_Q(u_i)|}{|U|} \right) \quad (2\text{-}102)$$

定义 2-71[137]　设 IDS $= (U, C, D)$ 是一个不完备决策系统，对任意的 $P \subseteq C$，则决策 D 和知识 P 的互信息定义如下

$$IE(D; P) = \sum_{i=1}^{|U|} \frac{1}{|U|} \left(1 - \frac{|S_p(u_i)| + |S_D(u_i)| - |S_p(u_i) \cap S_D(u_i)|}{|U|} \right) \quad (2\text{-}103)$$

定理 2-54[137]　设 IDS $= (U, C, D)$ 是一个不完备决策系统，对任意的 $P \subseteq C$，则有 $IE(D; P) = IE(P) + IE(D) - IE(P \cup D)$ 成立。

证明：由定义 2-70 可以得到

$$
\begin{aligned}
IE(D; P) &= \sum_{i=1}^{|U|} \frac{1}{|U|} \left(1 - \frac{|S_p(u_i)| + |S_D(u_i)| - |S_p(u_i) \cap S_D(u_i)|}{|U|} \right) \\
&= \sum_{i=1}^{|U|} \frac{1}{|U|} \left(1 - \frac{|S_p(u_i)|}{|U|} \right) + \left(1 - \frac{|S_D(u_i)|}{|U|} \right) - \left(1 - \frac{|S_p(u_i) \cap S_D(u_i)|}{|U|} \right) \\
&= \sum_{i=1}^{|U|} \frac{1}{|U|} \left(1 - \frac{|S_p(u_i)|}{|U|} \right) + \sum_{i=1}^{|U|} \frac{1}{|U|} \left(1 - \frac{|S_D(u_i)|}{|U|} \right) - \sum_{i=1}^{|U|} \frac{1}{|U|} \left(1 - \frac{|S_p(u_i) \cap S_D(u_i)|}{|U|} \right) \\
&= IE(P) + IE(D) - IE(P \cup D)
\end{aligned}
$$

即 $IE(D; P) = IE(P) + IE(D) - IE(P \cup D)$ 成立。

在不完备决策系统中，由定理 2-54 很容易得到如下推论。

推论 2-14[138]　设 IDS $= (U, C, D)$ 是一个不完备决策系统，对任意的 $P \subseteq C$，有 $IE(D; P) = IE(P) - IE(P|D) = IE(D) - IE(D|P)$ 成立。

证明：由定理 2-35 和定理 2-52 可得 $IE(D; P) = IE(P) + IE(D) - IE(P \cup D) = IE(D) - (IE(P \cup D) - IE(P)) = IE(D) - IE(D|P)$。同样地，类似上述过程，$IE(D; P) =$

$IE(P) - IE(P|D)$ 很容易被证明。

定理 2-55[138] 设 CDS $= (U, C, D)$ 是一个完备决策系统，对于任意 $P \subseteq C$，$U/P = \{X_1, X_2, \cdots, X_m\}$，$U/D = \{Y_1, Y_2, \cdots, Y_n\}$，$U/\mathrm{SIM}(P) = \{S_P(u_1), S_P(u_2), \cdots, S_P(u_{|U|})\}$，$U/\mathrm{SIM}(D) = \{S_D(u_1), S_D(u_2), \cdots, S_D(u_{|U|})\}$，则决策 D 和知识 P 的互信息退化为

$$IE(Q;P) = \sum_{i=1}^{m}\sum_{j=1}^{n} \frac{|Y_j \cap X_i||Y_j^c \cap X_i^c|}{|U|^2}$$

即

$$IE(D;P) = \sum_{k=1}^{|U|} \frac{1}{|U|}\left(1 - \frac{|S_p(u_k)| + |S_D(u_k)| - |S_p(u_k) \cap S_D(u_k)|}{|U|}\right)$$
$$= \sum_{i=1}^{m}\sum_{j=1}^{n} \frac{|Y_j \cap X_i||Y_j^c \cap X_i^c|}{|U|^2}$$

证明：由推论 2-14 可得 $IE(D; P) = IE(D) - IE(D|P)$，从而有

$$IE(D) = \sum_{j=1}^{n} \frac{|Y_j|}{|U|}\left(1 - \frac{|Y_j|}{|U|}\right) = \sum_{j=1}^{n} \frac{|Y_j|}{|U|}\frac{|Y_j^c|}{|U|}$$

$$IE(Q;P) = \sum_{i=1}^{m}\sum_{j=1}^{n} \frac{|Y_j \cap X_i||Y_j^c \cap X_i^c|}{|U|^2}$$

于是可得 $IE(D;P) = IE(D) - IE(D|P) = \sum_{j=1}^{n} \frac{|Y_j|}{|U|}\frac{|Y_j^c|}{|U|} - \sum_{i=1}^{m}\sum_{j=1}^{n} \frac{|Y_j \cap X_i||Y_j^c - X_i^c|}{|U|}\frac{}{|U|}$。

由于 $\sum_{j=1}^{n} \frac{|Y_j|}{|U|}\frac{|Y_j^c|}{|U|} = \sum_{i=1}^{m}\sum_{j=1}^{n} \frac{|Y_j \cap X_i||Y_j^c - X_i^c|}{|U|}\frac{}{|U|} + \sum_{i=1}^{m}\sum_{j=1}^{n} \frac{|Y_j \cap X_i||Y_j^c \cap X_i^c|}{|U|}\frac{}{|U|}$，于是，从定理 2-52 的计算公式中可以得到

$$\sum_{j=1}^{n} \frac{|Y_j|}{|U|}\frac{|Y_j^c|}{|U|} = \sum_{i=1}^{m}\sum_{j=1}^{n} \frac{|Y_j \cap X_i||Y_j^c \cap X_i^c|}{|U|}\frac{}{|U|} + \sum_{i=1}^{m}\sum_{j=1}^{n} \frac{|Y_j \cap X_i||Y_j^c - X_i^c|}{|U|}\frac{}{|U|}$$

则有 $\sum_{j=1}^{n} \frac{|Y_j|}{|U|}\frac{|Y_j^c|}{|U|} - \sum_{i=1}^{m}\sum_{j=1}^{n} \frac{|Y_j \cap X_i||Y_j^c - X_i^c|}{|U|}\frac{}{|U|} = \sum_{i=1}^{m}\sum_{j=1}^{n} \frac{|Y_j \cap X_i||Y_j^c \cap X_i^c|}{|U|}\frac{}{|U|}$，所以，$IE(Q;P) = \sum_{i=1}^{m}\sum_{j=1}^{n} \frac{|Y_j \cap X_i||Y_j^c \cap X_i^c|}{|U|^2}$ 成立。

在完备决策系统中，由定理 2-55 很容易得到如下推论。

推论 2-15[138] 设 CDS $= (U, C, D)$ 是一个完备决策系统，对于任意 $P \subseteq C$，则有 $IE(D; P) = E(D; P)$ 成立。

由定理 2-55 和推论 2-15 可知，完备决策系统中的互信息是不完备决策系统中互信息的一种特殊情形。

2.8　邻域熵度量

近年来，互信息常被用来计算基因对肿瘤分类的重要性，但是互信息只能够计算离散变量之间的相关度，而基因表达谱数据是连续型，不能直接使用互信息去度量[139]。由于现有的相关系数不能有效度量连续型和离散型特征之间的相关性[140]，在邻域关系基础上，基于邻域粗糙集理论讨论基于邻域熵的不确定性度量方法及其之间的关系，利用邻域互信息来计算基因之间的最大相关度以及基因之间的依赖度，度量数值特征间的相关性，给出特征与类标签的重要性度量。

给定实数空间上的非空有限集合 $U = \{x_1, x_2, \cdots, x_n\}$，对任意对象 $x_i \in U$，$B \subseteq C$，x_i 在特征空间 B 的邻域 $\delta_B(x_i)$[141] 定义为

$$\delta_B(x_i) = \{x_j \mid x_j \in U, \Delta_b(x_i, x_j) \leq \delta\} \tag{2-104}$$

其中，$x_i \in \mathbf{R}^N$，$\delta \geq 0$ 是一个常数，邻域粒子族 $\{\delta(x_i) \mid i = 1, 2, \cdots, n\}$ 构成 U 的一个覆盖，Δ 是 U 上的距离函数，满足 $\Delta(x_i, x_j) \geq 0$。在实际应用中，最常用的度量距离的方法是欧氏距离[142]

$$\Delta(x_1, x_2) = \left(\sum_{i=1}^{n} \mid f(x_1, g_i) - f(x_2, g_i) \mid^2 \right)^{\frac{1}{2}} \tag{2-105}$$

论域空间 U 上的一个邻域关系 N，可以由关系矩阵 $M(N) = (r_{ij})_{n \times n}$ 来表示，其中如果 $x_j \in \delta(x_i)$，则 $r_{ij} = 1$；否则 $r_{ij} = 0$。

给定 N 为论域空间 U 上邻域信息粒子族导出的邻域关系，则 $X \subseteq U$ 的下、上近似集[143]定义为

$$\underline{N}X = \{x_i \mid \delta(x_i) \subseteq X, x_i \in U\} \tag{2-106}$$

$$\overline{N}X = \{x_i \mid \delta(x_i) \cap X \neq \varnothing, x_i \in U\} \tag{2-107}$$

对于 $\forall X \subseteq U$，存在 $\underline{N}X \subseteq X \subset \overline{N}X$，则概念 $X \subseteq U$ 的近似边界域、负域[144]分别定义为

$$\mathrm{BN}(X) = \overline{N}X - \underline{N}X \tag{2-108}$$

$$\mathrm{NEG}(X) = U - \overline{N}X \tag{2-109}$$

定义 2-72[145]　给定实数空间上的非空有限样本集合 $U = \{x_1, x_2, \cdots, x_n\}$，$C$ 是 U 上的特征集，$B \subseteq C$，则特征集 B 中的样本 x_i 的邻域表示为 $\delta_B(x_i)$，那么该邻域粒子样本 x_i 的邻域不确定性定义为

$$\mathrm{NH}_\delta^{x_i}(B) = -\log \frac{|\delta_B(x_i)|}{n} \tag{2-110}$$

其中，$|X|$是集合 X 的基。

定义 2-73[146]　给定实数空间上的非空有限样本集合 $U = \{x_1, x_2, \cdots, x_n\}$，$C$ 是 U 上的特征集，$B \subseteq C$，特征集 B 中的样本 x_i 的邻域表示为 $\delta_B(x_i)$，则特征子集 B 的邻域熵定义为

$$\mathrm{NH}_\delta^{x_i}(B) = -\frac{1}{|U|} \sum_{i=1}^n \log_2 \frac{|\delta_B(x_i)|}{n} \tag{2-111}$$

由定义 2-72 和定义 2-73 可以得到如下性质。

性质 2-15[146]　给定实数空间上的非空有限样本集合 $U = \{x_1, x_2, \cdots, x_n\}$，$B \subseteq C$ 是 U 上的特征子集，对于任意 $x_i \in U$，有 $\delta_B(x_i) \subseteq U$，$\frac{|\delta_B(x_i)|}{|U|} \leqslant 1$，于是当 $\delta_B(x_i) = U$ 时，B 的邻域熵取得最小值 0，当 $|\delta_B(x_i)| = 1$ 时，B 的邻域熵取得最大值 $\log_2|U|$。因此，对任意的 $x_i \in U$ 和 $\delta_B(x_i) \subseteq U$，可以得到 $0 \leqslant \mathrm{NH}_\delta(B) \leqslant \log_2(|U| \log_2 |U|)$。

性质 2-16[146]　给定实数空间上的非空有限样本集合 $U = \{x_1, x_2, \cdots, x_n\}$，$B \subseteq C$ 是 U 上的特征子集，如果 $\delta_1 \leqslant \delta_2$，对于任意的 $x_i \in U$ 有 $\delta_{1B}(x_i) \subseteq \delta_{2B}(x_i)$，另外对于任意的 $x_i \in U$，还可以得到 $\mathrm{NH}_{\delta_1}^{x_i}(B) \geqslant \mathrm{NH}_{\delta_2}^{x_i}(B)$，并且 $\mathrm{NH}_{\delta_1}(B) \geqslant \mathrm{NH}_{\delta_2}(B)$。

定理 2-56[147]　给定实数空间上的非空有限样本集合 $U = \{x_1, x_2, \cdots, x_n\}$，$B \subseteq C$ 是 U 上的特征子集，如果 $\delta = 0$，那么 $\mathrm{NH}_\delta(B) = H(B)$，其中 $H(B)$ 是 Shannon 信息熵。

证明：假设 $\delta = 0$，于是可知 $\delta_B(x)$ 是一个和样本 x 具有同样特征值的样本集，也就是说，$\delta_B(x)$ 可以被看成一个粗糙集理论中的等价类$[x]_B$，即 $\delta_B(x) = [x]_B$。$\frac{|\delta_B(x)|}{|U|}$ 是同样特征值的样本率，这样就是所有 $x \in U$ 的含有特征的概率分布。于是得到

$$\mathrm{NH}_\delta(B) = -\frac{1}{|U|} \sum_{i=1}^n \log_2 \frac{|\delta_B(x_i)|}{|U|} = -\frac{|[x_j]_B|}{|U|} \sum_j \frac{|[x_j]_B|}{|U|} = H(B)$$

即 $\mathrm{NH}_\delta(B) = H(B)$ 成立。

定义 2-74[147]　给定实数空间上的非空有限样本集合 $U = \{x_1, x_2, \cdots, x_n\}$，$P$，$Q \subseteq C$ 是 U 上的两个特征子集，这里 $\delta_{P \cup Q}(x_i)$ 表示 $P \cup Q$ 下样本 x_i 的邻域，则 $P \cup Q$ 的联合邻域熵定义为

$$\mathrm{NH}_\delta(P \cup Q) = -\frac{1}{|U|} \sum_{i=1}^n \log_2 \frac{|\delta_{P \cup Q}(x_i)|}{|U|} \tag{2-112}$$

由定义 2-72 和定义 2-74 可以得到如下性质。

性质 2-17[148]　给定实数空间上的非空有限样本集合 $U = \{x_1, x_2, \cdots, x_n\}$，$P$，$Q \subseteq C$

是 U 上的两个特征子集，则有 $\mathrm{NH}_\delta(P\cup Q)\geqslant\mathrm{NH}_\delta(P)$，且 $\mathrm{NH}_\delta(P\cup Q)\geqslant\mathrm{NH}_\delta(Q)$。

定理 2-57[148]　给定实数空间上的非空有限样本集合 $U=\{x_1, x_2,\cdots, x_n\}$，$P, Q\subseteq C$ 是 U 上的两个特征子集，如果 $\delta=0$，则有 $\mathrm{NH}_\delta(P\cup Q)=H(P\cup Q)$。

定义 2-75[148]　给定实数空间上的非空有限样本集合 $U=\{x_1, x_2,\cdots, x_n\}$，$Q\subseteq C$ 是 U 上的两个特征子集，则 P 关于 Q（Q 提前已给定）的条件邻域熵定义为

$$\mathrm{NH}_\delta(P\,|\,Q)=-\frac{1}{|U|}\sum_{i=1}^{n}\log_2\frac{|\delta_{P\cup Q}(x_i)|}{|\delta_Q(x_i)|} \tag{2-113}$$

如果 D 是样本的决策，则决策 D 关于 P（P 提前已给定）的条件邻域熵定义为

$$\mathrm{NH}_\delta(D\,|\,Q)=-\frac{1}{|U|}\sum_{i=1}^{n}\log_2\frac{|\delta_{D\cup Q}(x_i)|}{|\delta_Q(x_i)|} \tag{2-114}$$

定理 2-58[149]　给定实数空间上的非空有限样本集合 $U=\{x_1, x_2,\cdots, x_n\}$，$P$，$Q\subseteq C$ 是 U 上的两个特征子集，则有 $\mathrm{NH}_\delta(P\,|\,Q)=\mathrm{NH}_\delta(P\cup Q)-\mathrm{NH}_\delta(Q)$。

证明： 由上述定义 2-71 和定义 2-72 可以得到

$$\begin{aligned}
\mathrm{NH}_\delta(P\cup Q)-\mathrm{NH}_\delta(Q)&=-\frac{1}{|U|}\sum_{i=1}^{n}\log_2\frac{|\delta_{P\cup Q}(x_i)|}{|U|}+\frac{1}{|U|}\sum_{i=1}^{n}\log_2\frac{|\delta_Q(x_i)|}{|U|}\\
&=-\frac{1}{|U|}\sum_{i=1}^{n}\left(\log_2\frac{|\delta_{P\cup Q}(x_i)|}{|U|}-\log_2\frac{|\delta_Q(x_i)|}{|U|}\right)\\
&=-\frac{1}{|U|}\sum_{i=1}^{n}\log_2\frac{|\delta_{P\cup Q}(x_i)|}{|U|}\frac{|U|}{|\delta_Q(x_i)|}\\
&=-\frac{1}{|U|}\sum_{i=1}^{n}\log_2\frac{|\delta_{P\cup Q}(x_i)|}{|\delta_Q(x_i)|}\\
&=\mathrm{NH}_\delta(P\,|\,Q)
\end{aligned}$$

即 $\mathrm{NH}_\delta(P\,|\,Q)=\mathrm{NH}_\delta(P\cup Q)-\mathrm{NH}_\delta(Q)$ 成立。

定义 2-76[149]　给定实数空间上的非空有限样本集合 $U=\{x_1, x_2,\cdots, x_n\}$，$P$，$Q\subseteq C$ 是 U 上的两个特征子集，则 P 和 Q 的邻域互信息定义为

$$\mathrm{NHI}_\delta(P;Q)=-\frac{1}{|U|}\sum_{i=1}^{n}\log_2\frac{|\delta_P(x_i)\|\delta_Q(x_i)|}{|U\|\delta_{P\cup Q}(x_i)|} \tag{2-115}$$

如果 D 是样本的决策，已知特征则子集 S，则决策 D 和 P 的邻域条件互信息定义为

$$\mathrm{NCMI}_\delta(P;Q\,|\,S)=-\frac{1}{|U|}\sum_{i=1}^{n}\log_2\frac{|\delta_{P\cup S}(x_i)\|\delta_{D\cup S}(x_i)|}{|\delta_S(x_i)\|\delta_{P\cup D\cup S}(x_i)|} \tag{2-116}$$

由定义 2-76 可以得到如下性质。

性质 2-18[149]　给定实数空间上的非空有限样本集合 $U=\{x_1, x_2,\cdots, x_n\}$，$P$，$Q$，

$S \subseteq C$ 是 U 上的三个特征子集，则有

(1) 如果 $\mathrm{NCMI}_\delta(P; Q|S) = 0$，且已知特征子集 S，则 P 和 Q 是条件独立的；

(2) $\mathrm{NCMI}_\delta(P; Q|S) \geqslant 0$；

(3) 在给定 S 的条件下，如果 P 与 Q 条件独立，则 $\mathrm{NCMI}_\delta(P; Q|S) = 0$。

定理 2-59[150]　给定实数空间上的非空有限样本集合 $U = \{x_1, x_2, \cdots, x_n\}$，$P, Q$，$S \subseteq C$ 是 U 上的三个特征子集，则有

(1) $\mathrm{NCMI}_\delta(P; Q | S) = \mathrm{NH}_\delta(P | S) - \mathrm{NH}_\delta((P|Q) \bigcup S)$；

(2) $\mathrm{NCMI}_\delta(P; Q | S) = \mathrm{NCMI}_\delta(Q; P | S)$。

定理 2-60[150]　给定实数空间上的非空有限样本集合 $U = \{x_1, x_2, \cdots, x_n\}$，$P, Q$，$S \subseteq C$ 是 U 上的两个特征子集，D 是样本的决策类，如果已知特征子集 S，且特征子集 P 的样本决策类是 δ 邻域一致的，则有

$$
\begin{aligned}
\mathrm{NCMI}_\delta^x(P; Q | S) &= -\log_2 \frac{|\delta_{P \cup S}(x) \| \delta_{D \cup S}(x)|}{|\delta_S(x) \| \delta_{P \cup D \cup S}(x)|} \\
&= -\log_2 \frac{|\delta_{D \cup S}(x)|}{|\delta_S(x)|} \\
&= \mathrm{NH}_\delta^x(D | S)
\end{aligned}
$$

即 $\mathrm{NCMI}_\delta^x(P; D | S) = \mathrm{NH}_\delta^x(D | S)$。

由定理 2-60 很容易得到如下推论。

推论 2-16[150]　给定实数空间上的非空有限样本集合 $U = \{x_1, x_2, \cdots, x_n\}$，$P \subseteq C$ 是特征子集，D 是样本的决策类，如果已知特征子集 S，且对任意的 $x \in U$ 有 $\delta_P(x) \subseteq \delta_D(x)$，则 $D(CD_i / [u]_p) = \dfrac{|CD_i \bigcap [u]_p|}{|[u]_p|}$。

由定理 2-60 和推论 2-16 可知，当已知特征子集 $S \subseteq C$，且特征子集 P 的样本决策类是 δ 邻域一致的，那么邻域条件互信息等价于决策类产生的信息熵。

2.9　小　　结

粒计算是人工智能领域迅速崛起的一个新方向，是计算智能领域中模拟人类思考和解决复杂不确定性问题的新理论与新方法，是研究大规模复杂问题求解、大数据分析与挖掘、不确定性智能信息处理的有力工具。其主要理论和方法有粗糙集理论、模糊集理论、商空间理论、云模型等，在这些经典理论模型的基础上，专家们研究了很多新的模型与方法，本章主要介绍了粗糙集理论、模糊集理论、邻域粗糙集理论、粗糙模糊集、多粒度粗糙集模型等粒计算的几个主要理论模型，以及信息熵度量和邻域熵度量。

参 考 文 献

[1] 苗夺谦, 王国胤, 刘清, 等. 粒计算: 过去、现在与展望. 北京: 科学出版社, 2007.

[2] 苗夺谦, 李德毅, 姚一豫, 等. 不确定性与粒计算. 北京: 科学出版社, 2013.

[3] Zadeh L A. Probability measures of fuzzy events. Journal of Mathematical Analysis and Applications, 1968, 23(2): 421-427.

[4] Alzahrani A, Aldhyani T H, Alsubari S N, et al. Network traffic forecasting in network cybersecurity: granular computing model. Security and Communication Networks, 2022, 2022: 3553622.

[5] Yan H C, Wang Z R, Niu J Y, et al. Application of covering rough granular computing model in collaborative filtering recommendation algorithm optimization. Advanced Engineering Informatics, 2022, 51: 101485.

[6] Liu H B, Diao X Y, Guo H P. Image super resolution reconstruction: a granular computing approach from the viewpoint of cognitive psychology. Sensing and Imaging, 2019, 20(1): 192458402.

[7] Butenkov S, Zhukov A, Nagorov A, et al. Granular computing models and methods based on the spatial granulation. Procedia Computer Science, 2017, 103: 295-302.

[8] Wang G Y, Zhang Q H, Ma X, et al. Granular computing models for knowledge uncertainty. Journal of Software, 2011, 22(4): 676-694.

[9] Chen B, Pellicer S, Tai P C, et al. Novel efficient granular computing models for protein-sequence motifs and structure information discovery. International Journal of Computational Biology and Drug Design, 2009, 2(2): 168-186.

[10] 周广城. 粒度计算模型及其应用. 金华: 浙江师范大学, 2006.

[11] Cheng L S, Wang J Y, Wang W C, et al. A new granular computing model based on algebraic structure. Chinese Journal of Electronics, 2019, 28(1): 136-142.

[12] Cheng L S, Wang J Y, Li L. The models of granular system and algebraic quotient space in granular computing. Chinese Journal of Electronics, 2016, 25(6): 1109-1113.

[13] 王国胤, 张清华, 马希骜, 等. 知识不确定性问题的粒计算模型. 软件学报, 2011, 22(4): 676-694.

[14] Pal S K. Granular mining and big data analytics: rough models and challenges. Proceedings of The National Academy of Sciences, India Section A: Physical Sciences, 2020, 90(2): 193-208.

[15] 权双燕. Vague 集上模糊不确定性度量的研究. 西安: 西北大学, 2007.

[16] Zhu X B, Pedrycz W, Li Z W. A granular approach to interval output estimation for rule-based fuzzy models. IEEE Transactions on Cybernetics, 2022, 52(7): 7029-7038.

[17] 王国胤. Rough 集理论与知识获取. 西安: 西安交通大学出版社, 2001.

[18] 刘春亚. 基于粗糙集理论的数据预处理及应用研究. 重庆: 重庆大学, 2003.

[19] Zhang J H, Li T R, Wang G Q. Multisource information fusion based on rough set theory: a review. Information Fusion , 2021, 68: 85-117.

[20] 张铃, 张钹. 问题求解理论及其应用——商空间粒度计算理论及应用. 北京: 清华大学出版社, 2007.

[21] 穆葆宏. 基于商空间的构造性学习算法研究. 太原: 太原理工大学, 2007.

[22] 王国胤, 李德毅, 姚一豫, 等. 云模型与粒计算. 北京: 科学出版社, 2012.

[23] Fang H, Li J, Song W Y. A new method for quality function deployment based on rough cloud model theory. IEEE Transactions on Engineering Management, 2022, 69(6): 2842-2856.

[24] 李浪, 刘海. 基于广义二型模糊 Petri 网的词计算模型. 华南师范大学学报(自然科学版), 2018, 50(3): 120-128.

[25] 付斌, 李道国, 王慕快. 云模型研究的回顾与展望. 计算机应用研究, 2011, 28(2): 420-426.

[26] 庞继芳, 宋鹏, 梁吉业. 面向决策分析的多粒度计算模型与方法综述. 模式识别与人工智能, 2021, 34(12): 1120-1130.

[27] 李金海, 王飞, 吴伟志, 等. 基于粒计算的多粒度数据分析方法综述. 数据采集与处理, 2021, 36(3): 418-435.

[28] 吴伟志. 多粒度粗糙集数据分析研究的回顾与展望. 西北大学学报(自然科学版), 2018, 48(4): 501-512.

[29] 刘财辉, 苗夺谦. 基于矩阵的粗糙集上、下近似求解算法. 计算机应用研究, 2011, 28(5): 1628-1630.

[30] 刘清. Rough 集及 Rough 推理. 北京: 科学出版社, 2001.

[31] 张清华, 王国胤, 胡军. 多粒度知识获取与不确定性度量. 北京: 科学出版社, 2013.

[32] 周君仪, 窦慧莉, 杨习贝. 不完备系统中的多粒度粗糙集及其对比分析. 江苏科技大学学报(自然科学版), 2012, 26(4): 381-387.

[33] 梁美社, 谷怡欣, 米据生, 等. 基于相似度的直觉模糊多粒度决策理论粗糙集. 模糊系统与数学, 2022, 36(6): 149-160.

[34] 郝艳艳. 多粒度图神经网络推荐模型构建. 长江信息通信, 2023, 36(2): 34-36.

[35] Qian Y H, Liang X Y, Lin G P. Local multigranulation decision-theoretic rough sets. International Journal of Approximate Reasoning, 2017, 82: 119-137.

[36] Li W T, Xu W H. Multigranulation decision-theoretic rough set in ordered information system. Fundamenta Informaticae, 2015, 139(1): 67-89.

[37] 王国胤, 张清华, 胡军. 粒计算研究综述. 智能系统学报, 2007, 2(6): 8-26.

[38] 罗来鹏, 范自柱. 粗糙集中几种粒结构的代数关系. 华侨大学学报(自然科学版), 2019, 40(5): 694-700.

[39] 王昆. 基于逻辑方法的粒化理论. 北京: 首都师范大学, 2014.

[40] 唐新亭, 张小峰, 邹海林. 粒度逻辑运算下的粗糙集模型. 计算机工程与应用, 2010, 46(20): 188-192.

[41] 魏昕宇, 张涛, 白冬辉. 基于拓扑分裂的属性拓扑粒结构分析. 小型微型计算机系统, 2016, 37(8): 1751-1754.

[42] 申方成. 基于 Rough Set 理论的数据挖掘方法研究. 南京: 南京邮电大学, 2011.

[43] 焦瑞, 李祥生. 粗糙集理论在医学数据挖掘中的应用. 微计算机信息, 2011, 27(2): 223-225.

[44] Pawlak Z. Rough set. International Journal of Computer and Information Sciences, 1982, 11: 341-356.

[45] Pawlak Z, Skowron A. Rough membership function//Advances in the Dempster Shafer Theory of Evidence, Singapore: John Wiley and Sons, 1994: 251-271.

[46] 孟慧丽. 粗糙集的不确定度量理论及启发式属性约简算法研究. 新乡: 河南师范大学, 2008.

[47] 史进玲. 基于粒计算的决策表属性约简与规则提取研究. 新乡: 河南师范大学, 2009.

[48] 陈红梅. 不确定性数据的分类研究. 昆明: 云南大学, 2012.

[49] 解滨. 信息系统中的知识获取与不确定性度量的若干问题研究. 石家庄: 河北师范大学, 2011.

[50] 张维, 苗夺谦, 高灿, 等. 邻域粗糙协同分类模型. 计算机研究与发展, 2014, 51(8): 1811-1820.

[51] 王珏, 苗夺谦, 周育健. 关于 Rough Set 理论与应用的综述. 模式识别与人工智能, 1996, 9(4): 337-344.

[52] 徐久成, 成万里, 史进玲. 基于信息系统的概念粒及其距离计算. 广西大学学报(自然科学版), 2009, 34(5): 667-671.

[53] 梁吉业, 钱宇华. 信息系统中的信息粒与熵理论. 中国科学: 信息科学, 2008, 38(12): 2048-2065.

[54] 王国胤. Rough 集理论在不完备信息系统中的扩充. 计算机研究与发展, 2002, 39(10): 1238-1243.

[55] 李俊玲. 一种改进的知识表示方法及其模糊推理的研究. 长春: 东北师范大学, 2007.

[56] Liang J Y, Xu Z B, Miao D Q. Reduction of knowledge in incomplete information systems//Proceedings of Conference on Intelligence information in 16th World Computer Congress, 2000: 528-532.

[57] Slowinski R, Stefanowski J. Rough classification in incomplete information systems. Mathematics Computer and Modelling, 1989, 12(10-11): 1347-1357.

[58] Morrissey J M. Imprecise information and uncertainty in information systems. ACM Transactions on Information Systems, 1990, 8(2): 159-180.

[59] Miao D Q, Wang J. On the relationships between in information system. Lecture Notes in

Artificial Intelligence, 2006, 4304: 1074-1078.

[60] 代劲, 胡峰. 决策表的粒计算方法研究. 计算机工程与应用, 2006, 42(36): 167-170.

[61] 孙林, 徐久成, 马媛媛. 基于包含度的不一致决策表约简新方法. 计算机工程与应用, 2007, 43(24): 166-168.

[62] Wu W Z, Qian Y, Li T J, et al. On rule acquisition in incomplete multi-scale decision tables. Information Sciences, 2017, 378: 282-302.

[63] 徐怡, 侯迪. 基于矩阵的粗糙集近似集快速计算算法. 计算机工程, 2023, 49(5): 22-28.

[64] 李进金. 近似空间的拓扑性质及其应用. 数学的实践与认识, 2009, 39(5): 145-151.

[65] Liang J Y, Shi Z Z, Li D Y, et al. The information entropy, rough entropy and knowledge granulation in incomplete information systems. International Journal of General Systems, 2006, 34(1): 641-654.

[66] 黄国顺, 文翰. 基于边界域和知识粒度的粗糙集不确定性度量. 控制与决策, 2016, 31(6): 983-989.

[67] Zhang Y Q. Constructive granular systems with universal approximation and fast knowledge discovery. IEEE Transactions on Fuzzy Systems, 2005, 13(1): 48-57.

[68] 何流, 张贤勇, 唐孝. 基于知识粒化的粗糙集近似精度的泛化改进. 系统工程理论与实践, 2021, 41(5): 1343-1352.

[69] Chakrabarty K, Biswas R, Nanda S. Fuzziness in rough sets. Fuzzy Sets and Systems, 2000, 110: 247-251.

[70] 滕书华, 鲁敏, 杨阿锋, 等. 基于一般二元关系的粗糙集加权不确定性度量. 计算机学报, 2014, 37(3): 649-665.

[71] 李鸿. 基于粗糙集的知识粗糙性研究. 合肥: 合肥工业大学, 2006.

[72] 张海东. 粗糙集理论模型的研究. 成都: 电子科技大学, 2006.

[73] 钱文彬. 基于粗糙集的属性约简和核的快速更新算法研究. 桂林: 广西师范大学, 2010.

[74] 黄海. 基于粗糙集理论的知识约简算法研究. 重庆: 重庆邮电大学, 2005.

[75] Kryszkiewicz M. Rough set approach to incomplete information systems. Information Sciences, 1998, 112(1-4): 39-49.

[76] Liang J Y, Qian Y H. Information granules and entropy theory in information systems. Science in China: Information Sciences, 2008, 51(10): 1427-1444.

[77] Qian Y H, Liang J Y, Wang F. A new method for measuring the uncertainty in incomplete information systems. International Journal of Uncertainty, Fuzziness and Knowledge-Based Systems, 2009, 17(6): 855-880.

[78] Qian Y H, Liang J Y. Combination entropy and combination granulation in incomplete information system//International Conference on Rough Sets and Knowledge Technology, 2006, 24: 184-190.

[79] 刘少辉, 盛秋戬, 史忠植. 一种新的快速计算正区域的方法. 计算机研究与发展, 2003, 40(5): 637-642.

[80] Wang G Y, Yu H, Yang D C. Decision table reduction based on conditional information entropy. Journal of Computers, 2002, 25(7): 1-8.

[81] Yan T, Han C Z, Zhang K T, et al. An accelerating reduction approach for incomplete decision table using positive approximation set. Sensors, 2022, 22(6): 2211.

[82] Liu Y, Zheng L D, Xiu Y L, et al. Discernibility matrix based incremental feature selection on fused decision tables. International Journal of Approximate Reasoning, 2020, 118: 1-26.

[83] 王国胤, 于洪, 杨大春. 基于条件信息熵的决策表约简. 计算机学报, 2002, 25(7): 759-766.

[84] Mohammad M J, Sadegh E. A noise resistant dependency measure for rough set-based feature selection. Journal of Robotics and Machine Learning, 2017, 33(3): 1613-1626.

[85] Shannon C E. A mathematical theory of communication. The Bell System Technical Journal, 1948, 27(3): 379-423.

[86] 徐久成, 孙林, 张倩倩. 粒计算及其不确定信息度量的理论与方法. 北京: 科学出版社, 2013.

[87] 杨明. 一种基于一致性准则的属性约简算法. 计算机学报, 2010, 33(2): 231-239.

[88] 苗夺谦, 王珏. 粗糙集理论中知识粗糙性与信息熵关系的讨论. 模式识别与人工智能, 1998, 11(1): 34-40.

[89] Xu J C, Li T, Sun L. Feature gene selection method based on logistic and correlation information entropy. Bio-Medical Materials and Engineering, 2015, 26: 1953-1959.

[90] 胡峰, 黄海, 王国胤, 等. 不完备信息系统的粒计算方法. 小型微型计算机系统, 2005, 26(8): 1335-1339.

[91] 杨习贝. 不完备信息系统中粗糙集理论研究. 南京: 南京理工大学, 2009.

[92] 徐久成, 张灵均, 孙林, 等. 广义邻域关系下不完备混合决策系统的约简. 计算机科学, 2013, 40(4): 244-248.

[93] 颜艳, 丁健, 管雪珍. 不完备信息系统的一种属性约简. 计算机工程与应用, 2010, 46(36): 165-167.

[94] Lemnaouar Z, Hassane B, Bernard D B. Left-and right-compatibility of order relations and fuzzy tolerance relations. Journal of Robotics and Machine Learning, 2019, 360: 65-81.

[95] Wang L, Li T, Ye J. A matrix method for calculation of the approximations under the asymmetric similarity relation based rough sets. Advanced Materials Research, 2011, 187: 251-256.

[96] 郭增晓, 米据生. 粗糙模糊集的模糊性度量. 模糊系统与数学, 2005, 19(4): 135-140.

[97] Zadeh L A. Fuzzy sets. Information and Control, 1965, 8(3): 338-353.

[98] 冯乃勤. 模糊概念的模糊度研究. 模式识别与人工智能, 2002, 15(3): 290-294.

[99] 朱六兵, 杨斌, 陈纪东. Vague 集模糊熵的构造方法研究. 模式识别与人工智能, 2006, 19(4):

481-484.

[100]Deluca A, Termini S. A definition of a nonprobabilistic entropy in the setting of fuzzy sets theory. Information and Contorl, 1972, 20(4): 301-312.

[101]Zadeh L A. Toward a theory of fuzzy information granulation and its centrality in human reasoning and fuzzy logic. Fuzzy Sets and Systems, 1997, 90(2): 111-127.

[102]邢云飞. 基于犹豫模糊集的多属性决策研究. 湘潭: 湖南科技大学, 2021.

[103]黄国顺, 文翰. 基于严凹函数的粗糙集不确定性度量. 软件学报, 2018, 29(11): 3484-3499.

[104]姚邦生, 舒兰. 模糊 T 划分下基于贴近度的变精度粗糙模糊集模型. 模糊系统与数学, 2017, 31(2): 171-176.

[105]杨磊, 潘正华. 带有三种否定的模糊集 FScom 的距离测度与贴近度. 模糊系统与数学, 2014, 28(6): 121-128.

[106]马媛媛, 孟慧丽, 徐久成, 等. 基于粒计算的正态粒集下的格贴近度. 山东大学学报(理学版), 2014, 49(8): 107-110.

[107]张萍, 闵兰, 周亚非. 下半连续的模糊集及其凸性. 西南师范大学学报(自然科学版), 2006, (2): 38-41.

[108]Jagiełło A, Lisowski P, Urban R. Type-2 fuzzy sets and Newton's fuzzy potential in an algorithm of classification objects of a conceptual space. Journal of Logic, Language and Information, 2022, 31(3): 389-408.

[109]张庐婧, 林国平, 林艺东, 等. 多尺度邻域决策信息系统的特征子集选择. 模式识别与人工智能, 2023, 36(1): 49-59.

[110]孙林, 黄金旭, 徐久成. 基于邻域容差互信息和鲸鱼优化算法的非平衡数据特征选择. 计算机应用, 2023, 43(6): 1842-1854.

[111]Zhang Q H, Xiao Y. Fuzziness of rough set with different granularity levels. Journal of Information and Computational Science, 2011, 8(3): 385-392.

[112]赵军阳, 张志利. 基于模糊粗糙集信息熵的蚁群特征选择方法. 计算机应用, 2009, 29(1): 109-111.

[113]张海洋, 马周明, 于佩秋, 等. 多粒度粗糙集近似集的增量方法. 山东大学学报(理学版), 2020, 55(1): 51-61.

[114]胡志勇, 米据生, 冯涛, 等. 双论域下多粒度模糊粗糙集上下近似的包含关系. 智能系统学报, 2019, 14(1): 115-120.

[115]汪小燕, 彭刚, 沈家兰, 等. 基于矩阵的多粒度粗糙集上、下近似表示. 苏州科技大学学报(自然科学版), 2018, 35(1): 67-70.

[116]桑妍丽, 钱宇华. 一种悲观多粒度粗糙集中的粒度约简算法. 模式识别与人工智能, 2012, 25(3): 361-366.

[117]马建敏, 景媛. 乐观多粒度区间集粗糙集. 郑州大学学报(理学版), 2018, 50(3): 87-93.

[118]黄国顺, 曾凡智, 文翰. 基于条件概率的粗糙集不确定性度量. 控制与决策, 2015, 30(6): 1099-1105.

[119]Sun L, Xu J C, Tian Y. Feature selection using rough entropy-based uncertainty measures in incomplete decision systems. Knowledge-Based Systems, 2012, 36: 206-216.

[120]Duntsch I, Gediga G. Uncertainty measure of rough set prediction. Artificial Intelligence, 1998, 106(1): 109-137.

[121]Zhao J, Wang G Y. Research on system uncertainty measures based on rough set theory//The First Conference on Rough Sets and Knowledge Technology, 2006, 4062: 227-232.

[122]Wang J J. Shannon entropy as a measurement of the information in a multiconfiguration dirac-fock wavefunction. Chinese Physics Letters, 2015, 32(2): 52-55.

[123]黄兵, 周献中. 不完备信息系统中基于联系度的粗集模型拓展. 系统工程理论与实践, 2004, 24(1): 89-92.

[124]Sun Y, Mi J S, Chen J K, et al. A new fuzzy multi-attribute group decision-making method with generalized maximal consistent block and its application in emergency management. Knowledge-Based Systems, 2021, 215: 106594.

[125]Wang J H, Liang J U, Qian Y H, et al. Uncertainty measure of rough sets based on a knowledge granulation for incomplete information systems. International Journal of Uncertainty Fuzziness and Knowledge-Based Systems, 2008, 16(2): 233-244.

[126]顾沈明, 顾金燕, 吴伟志, 等. 不完备多粒度决策系统的局部最优粒度选择. 计算机研究与发展, 2017, 54(7): 1500-1509.

[127]吴伟志, 陈颖, 徐优红, 等. 协调的不完备多粒度标记决策系统的最优粒度选择. 模式识别与人工智能, 2016, 29(2): 108-115.

[128]张倚萌, 贾修一, 唐振民. 基于条件信息熵的区间集决策信息表不确定性度量. 南京理工大学学报, 2019, 43(4): 393-401.

[129]陈菊. 基于混合型信息系统的粗糙集不确定性度量研究. 合肥: 安徽大学, 2019.

[130]孙林, 徐久成, 马媛媛. 基于新的条件熵的决策树规则提取方法. 计算机应用, 2007, 27(4): 884-887.

[131]Zhang C C, Dai J H, Chen J L. Knowledge granularity based incremental attribute reduction for incomplete decision systems. International Journal of Machine Learning and Cybernetics, 2020, 11: 1147-1157.

[132]Jing Y G, Li T R, Hamido F, et al. An incremental attribute reduction approach based on knowledge granularity for incomplete decision systems. Granular Computing, 2017, 411: 23-28.

[133]Dai J H, Wang W T, Tian H W, et al. Attribute selection based on a new conditional entropy for incomplete decision systems. Knowledge-Based Systems, 2013, 39: 207-213.

[134]Lin T Y. Granular computing: fuzzy logic and rough sets. Information Intelligent Systems, 1999:

183-200.

[135] Meng Z Q, Shi Z Z. On rule acquisition methods for data classification in heterogeneous incomplete decision systems. Knowledge-Based Systems, 2020, 193(6): 105472.

[136] Xie X J, Qin X L. A novel incremental attribute reduction approach for dynamic incomplete decision systems. International Journal of Approximate Reasoning, 2018, 93: 443-462.

[137] Marzena K. Rough set approach to incomplete information systems. Information Sciences. 1998, 112: 39-49.

[138] Wu W Z. Attribute reduction based on evidence theory in incomplete decision systems. Information Sciences, 2008, 178(5): 1355-1371.

[139] 高云鹏. 基于邻域互信息的肿瘤基因选择研究. 新乡: 河南师范大学, 2013.

[140] 赵军阳, 张志利. 基于最大互信息最大相关熵的特征选择方法. 计算机应用研究, 2009, 26(1): 233-240.

[141] 林培榕. 基于邻域互信息最大相关性最小冗余度的特征选择. 漳州师范学院学报(自然科学版), 2013, 26(4): 13-18.

[142] 徐久成, 成万里, 孙林. 一种新的粒表示方法及其距离计算. 计算机应用研究, 2010, 27(6): 2034-2036.

[143] 樊祥宁, 张燕兰. 局部加权邻域多粒度粗糙集. 模糊系统与数学, 2022, 36(6): 64-78.

[144] 薛佩军, 管延勇. 正负域覆盖广义粗集及其运算公理化. 计算机工程与应用, 2005, (27): 35-37, 55.

[145] 梁宝华, 吴其林. 近似边界精度信息熵的属性约简. 华东师范大学学报(自然科学版), 2018, (3): 97-108, 156.

[146] 周艳红, 张强. 基于三层粒结构的三支邻域熵. 数学的实践与认识, 2020, 50(14): 83-93.

[147] Sun L, Zhang X Y, Qian Y H, et al. Joint neighborhood entropy-based gene selection method with Fisher score for tumor classification. Applied Intelligence, 2019, 49(4): 1245-1259.

[148] Sun L, Zhang X Y, Qian Y H, et al. Feature selection using neighborhood entropy-based uncertainty measures for gene expression data classification. Information Sciences, 2019, 502: 18-41.

[149] Sun L, Wang L Y, Ding W P, et al. Feature selection using fuzzy neighborhood entropy-based uncertainty measures for fuzzy neighborhood multigranulation rough sets. IEEE Transactions on Fuzzy Systems, 2021, 29(1): 19-33.

[150] Sun L, Zhang X Y, Xu J C, et al. An attribute reduction method using neighborhood entropy measures in neighborhood rough sets. Entropy, 2019, 21(2): 155.

第 3 章　基于邻域熵的肿瘤基因选择方法

3.1　基于邻域熵不确定性度量的肿瘤基因选择方法

3.1.1　引言

在过去几年中，许多基于邻域关系的特征选择方法已经被广泛研究[1-3]。例如，Garcia-Torres 等利用特征分组提出了可变邻域搜索元启发式[4-6]。林耀进等研究了基于邻域互信息的多标签特征选择[7]。陈玉明等研究了一种基于邻域粗糙集和联合熵测量的肿瘤分类基因选择算法[8]。目前，大多数基于邻域粗糙集模型的特征选择算法都是在启发式搜索中评估函数满足单调性的基础上提出的。然而，这种基于评估函数的单调性的特征选择存在着一些问题，例如，当原始数据集的分类性能差时，相应的评估函数具有较低的测量值[9]。因此，这些方法无法产生更好的约简效果。为了弥补这个缺陷，李华雄等提出了一种非单调特征约简算法，并通过实验证明了其有效性[9]。王长忠等研究了一种基于非单调的条件判别指数的贪心特征选择算法[10]。在文献[9]和[10]中的非单调约简思想的激发下，本节研究了一种基于邻域粗糙集的启发式非单调特征选择算法，以提高基因表达数据集的分类性能。在 10 个公开的肿瘤基因数据集上的实验结果表明，本节提出的方法能够找到具有较少特征和较高分类精度的约简子集。

3.1.2　可信度与覆盖度

邻域决策系统的约简计算是邻域粗糙集理论中的一个关键问题，需要实现信息系统的约简，以进一步从信息系统中提取类似规则的知识[11]。在决策的实际应用中，规则的确定性因子和对象覆盖因子是评估决策系统决策能力的两个重要标准[12]。然而，一些现有的知识约简方法不能客观地反映分类决策能力的变化。值得注意的是，可信度和覆盖度可以有效地反映条件特征相对于决策特征的分类能力[11]。因此，具有较高可信度和覆盖度的条件特征对于决策特征更重要。基于这一观点，将覆盖度和可信度的概念引入邻域决策系统，作为反映条件特征相对于决策特征分类能力的度量。

定义 3-1[12, 13]　给定一个决策系统 $DS = (U, C, D)$，特征子集 $B \subseteq C$，B 对论域的划分记为 $U/B = \{X_1, X_2, \cdots, X_N\}$，决策特征 D 对论域的划分记为 $U/D = \{Y_1, Y_2, \cdots,$

Y_M}，那么基于划分的可信度和覆盖度分别表示为

$$\alpha_{ij} = \frac{|X_i \cap Y_j|}{|X_i|} \tag{3-1}$$

$$\kappa_{ij} = \frac{|X_i \cap Y_j|}{|Y_j|} \tag{3-2}$$

其中，$i = 1, 2, \cdots, N$，$j = 1, 2, \cdots, M$。

定义 3-2　给定一个邻域决策系统 NDS = (U, C, D, δ)，特征子集 $B \subseteq C$，$n_B^\delta(x_i)$ 表示样本 x_i 由邻域关系 $\mathrm{NR}_\delta(B)$ 生成的邻域类，$[x_i]_D$ 表示样本 x_i 由等价关系 $R(D)$ 生成的等价类。那么样本 x_i 的邻域可信度和邻域覆盖度分别表示为

$$\alpha_i = \frac{|n_B^\delta(x_i) \cap [x_i]_D|}{|n_B^\delta(x_i)|} \tag{3-3}$$

$$\kappa_i = \frac{|n_B^\delta(x_i) \cap [x_i]_D|}{|[x_i]_D|} \tag{3-4}$$

其中，α_i 表示特征子集 B 对决策特征集 D 的分类精度，κ_i 表示特征子集 B 相对于决策特征集 D 的覆盖度。

在现有的降维处理方法中，主成分分析是最常用的线性降维方法。然而，在许多现实数据集中，隐藏在高维数据中的低维结构是非线性的；线性降维在映射这种高维数据时是无效的。局部线性嵌入（Locally Linear Embedding，LLE）使用低维表面近似输入数据，并通过学习到表面的映射来降低其维数[14, 15]。但 LLE 有一个缺点：它的计算成本非常高[16]。Fisher score 作为一种常见的特征相关性标准，是一种监督学习技术，具有许多优点，如计算量少、准确度高、可操作性强、可有效降低计算复杂度[17]。

给定一个基因表达数据的邻域决策系统 NDS = (U, C, D, δ)，其中 $U = \{x_1, x_2, \cdots, x_n\}$ 是一个基因样本集合，n 是样本个数；$C = \{a_1, a_2, \cdots, a_m\}$ 是一个描述样本的基因集合，m 是基因个数。原始基因表达数据集对应的矩阵形式为 $X \in \mathbf{R}^{m \times n}$。为了解决耗时问题，通常采用启发式策略，使用一些标准独立计算每个基因的得分。Fisher score 方法作为一种常见的特征关联准则，计算第 j 个基因的 Fisher score 的公式为

$$f(i) = \frac{\sum_{i=1}^{Q} n_i (\mu_i^j - \mu^j)^2}{\sum_{i=1}^{Q} n_i (\delta_i^j)^2} \tag{3-5}$$

其中，Q 是样本的类别数，n_i 表示第 i 类样本的个数，μ_i^j 和 δ_i^j 分别是第 i 类样本在第 j 个基因下的均值和方差，μ^j 为第 j 个基因对应的样本均值。

3.1.3　基于决策邻域熵的不确定性度量

给定一个邻域决策系统 NDS $= (U, C, D, \delta)$，P 是 C 的任意特征子集，$n_P^\delta(x_i)$ 表示样本 x_i 由邻域关系 $\mathrm{NR}_\delta(P)$ 生成的邻域类，则样本 x_i 的邻域熵定义为

$$H_\delta^{x_i}(P) = -\log\left(\frac{|n_P^\delta(x_i)|}{|U|}\right) \tag{3-6}$$

样本集的平均邻域熵定义为

$$H_\delta(P) = -\frac{1}{|U|}\sum_{i=1}^{|U|}\log\left(\frac{|n_P^\delta(x_i)|}{|U|}\right) \tag{3-7}$$

定义 3-3　给定一个邻域决策系统 NDS $= (U, C, D, \delta)$，特征子集 $B \subseteq C$。$n_B^\delta(x_i)$ 表示样本 x_i 由邻域关系 $\mathrm{NR}_\delta(B)$ 生成的邻域类，$[x_i]_D$ 表示样本 x_i 由等价关系 $R(D)$ 生成的等价类，则 D 关于 B 的决策邻域熵定义为

$$H_\delta(D\,|\,B) = -\frac{1}{|U|}\sum_{i=1}^{|U|}\log\left(\frac{|n_B^\delta(x_i)\bigcap[x_i]_D|^2}{|[x_i]_D|\,\|\,n_B^\delta(x_i)|}\right) \tag{3-8}$$

定理 3-1　给定一个邻域决策系统 NDS $= (U, C, D, \delta)$，特征子集 $B \subseteq C$。对于论域 U 中任意一个样本 x_i，α_i 是 x_i 的邻域可信度，κ_i 是 x_i 的邻域覆盖度，则有 $H_\delta(D\,|\,B) = -\dfrac{1}{|U|}\sum_{i=1}^{|U|}\log(\alpha_i\kappa_i)$。

证明：从定义 3-2 和定义 3-3 可以推导出

$$
\begin{aligned}
H_\delta(D\,|\,B) &= -\frac{1}{|U|}\sum_{i=1}^{|U|}\log\left(\frac{|n_B^\delta(x_i)\bigcap[x_i]_D|^2}{|[x_i]_D|\,\|\,n_B^\delta(x_i)|}\right) \\
&= -\frac{1}{|U|}\sum_{i=1}^{|U|}\log\left(\frac{|n_B^\delta(x_i)\bigcap[x_i]_D|}{|[x_i]_D|} \cdot \frac{|n_B^\delta(x_i)\bigcap[x_i]_D|}{|n_B^\delta(x_i)|}\right) \\
&= -\frac{1}{|U|}\sum_{i=1}^{|U|}\log(\alpha_i\kappa_i)
\end{aligned}
$$

定理 3-1 建立了邻域决策系统中决策邻域熵、邻域可信度和邻域覆盖度之间的关系。这些关系有助于刻画决策邻域熵，且充分反映特征的决策能力。

定义 3-4　给定一个邻域决策系统 NDS $= (U, C, D, \delta)$，特征子集 $B \subseteq C$，$n_B^\delta(x_i)$ 表示样本 x_i 由邻域关系 $\mathrm{NR}_\delta(B)$ 生成的邻域类，$[x_i]_D$ 表示样本 x_i 由等价关系 $R(D)$ 生成的等价类，那么决策特征集 D 和条件特征子集 B 的邻域联合熵定义为

$$H_\delta(D,B) = -\frac{1}{|U|}\sum_{i=1}^{|U|}\log\left(\frac{|\,n_B^\delta(x_i)\bigcap[x_i]_D\,|^2}{|U|\,|[x_i]_D|}\right) \tag{3-9}$$

定理 3-2　给定一个邻域决策系统 NDS =（U, C, D, δ），存在两个特征子集 $B_1 \subseteq B_2 \subseteq C$，对于 U 中任意样本 x_i，有 $H_\delta(D, B_1) \leqslant H_\delta(D, B_2)$，当且仅当 $n_{B_1}^\delta(x_i) = n_{B_2}^\delta(x_i)$ 时等号成立。

证明：对于 C 中任意两个特征子集 B_1 和 B_2，若 $B_1 \subseteq B_2$，则根据文献[8]中的定理 1 可知 $n_{B_1}^\delta(x_i) \supseteq n_{B_2}^\delta(x_i)$，那么有 $U \supseteq n_{B_1}^\delta(x_i)\bigcap[x_i]_D \supseteq n_{B_2}^\delta(x_i)\bigcap[x_i]_D \supseteq \{x_i\}$，$|U| \geqslant |n_{B_1}^\delta(x_i)\bigcap[x_i]_D| \geqslant |n_{B_2}^\delta(x_i)\bigcap[x_i]_D| \geqslant |\{x_i\}| = 1$。由此可得

$$\frac{|U|^2}{|U|\,|[x_i]_D|} \geqslant \frac{\left|n_{B_1}^\delta(x_i)\bigcap[x_i]_D\right|^2}{|U|\,|[x_i]_D|} \geqslant \frac{\left|n_{B_2}^\delta(x_i)\bigcap[x_i]_D\right|^2}{|U|\,|[x_i]_D|} \geqslant \frac{1}{|U|\,|[x_i]_D|}$$

$$\log\left(\frac{|U|}{|[x_i]_D|}\right) \geqslant \log\left(\frac{\left|n_{B_1}^\delta(x_i)\bigcap[x_i]_D\right|^2}{|U|\,|[x_i]_D|}\right) \geqslant \log\left(\frac{\left|n_{B_2}^\delta(x_i)\bigcap[x_i]_D\right|^2}{|U|\,|[x_i]_D|}\right) \geqslant \log\left(\frac{1}{|U|\,|[x_i]_D|}\right)$$

$$-\frac{1}{|U|}\sum_{i=1}^{|U|}\log\left(\frac{|U|}{|[x_i]_D|}\right) \leqslant -\frac{1}{|U|}\sum_{i=1}^{|U|}\log\left(\frac{\left|n_{B_1}^\delta(x_i)\bigcap[x_i]_D\right|^2}{|U|\,|[x_i]_D|}\right)$$

$$\leqslant -\frac{1}{|U|}\sum_{i=1}^{|U|}\log\left(\frac{\left|n_{B_2}^\delta(x_i)\bigcap[x_i]_D\right|^2}{|U|\,|[x_i]_D|}\right) \leqslant -\frac{1}{|U|}\sum_{i=1}^{|U|}\log\left(\frac{1}{|U|\,|[x_i]_D|}\right)$$

从定义 3-4 可以得出 $H_\delta(D, B_1) \leqslant H_\delta(D, B_2)$。当 $n_{B_1}^\delta(x_i) = n_{B_2}^\delta(x_i)$ 时，$\dfrac{\left|n_{B_1}^\delta(x_i)\bigcap[x_i]_D\right|^2}{|U|\,|[x_i]_D|} = \dfrac{\left|n_{B_2}^\delta(x_i)\bigcap[x_i]_D\right|^2}{|U|\,|[x_i]_D|}$。

定理 3-2 表明邻域联合熵在邻域决策系统中具有单调性，邻域粗糙集中知识的邻域联合熵单调地随着邻域关系形成的知识粒度变小而增大。

定理 3-3　给定一个邻域决策系统 NDS =（U, C, D, δ），特征子集 $B \subseteq C$，有 $H_\delta(D|B) = H_\delta(D, B) - H_\delta(B)$。

证明：从定义 3-3 和定义 3-4 可以直接推出

$$H_\delta(D,B) - H_\delta(B) = -\frac{1}{|U|}\sum_{i=1}^{|U|}\log\left(\frac{|n_B^\delta(x_i)\bigcap[x_i]_D|^2}{|U|\,|[x_i]_D|}\right) + \frac{1}{|U|}\sum_{i=1}^{|U|}\log\left(\frac{|n_B^\delta(x_i)|}{|U|}\right)$$

$$= -\frac{1}{|U|}\sum_{i=1}^{|U|}\log\left(\frac{|n_B^\delta(x_i)\bigcap[x_i]_D|^2}{|U|\,|[x_i]_D|} \cdot \frac{|U|}{|n_B^\delta(x_i)|}\right)$$

$$= -\frac{1}{|U|}\sum_{i=1}^{|U|}\log\left(\frac{|n_B^\delta(x_i)\bigcap[x_i]_D|}{|[x_i]_D|} \cdot \frac{|n_B^\delta(x_i)\bigcap[x_i]_D|}{|n_B^\delta(x_i)|}\right)$$

$$= -\frac{1}{|U|}\sum_{i=1}^{|U|}\log\left(\frac{|n_B^\delta(x_i)\bigcap[x_i]_D|^2}{|[x_i]_D||n_B^\delta(x_i)|}\right)$$

$$= H_\delta(D|B)$$

因此，$H_\delta(D|B) = H_\delta(D,B) - H_\delta(B)$ 成立。

定义 3-5 给定一个邻域决策系统 NDS $= (U, C, D, \delta)$，特征子集 $B \subseteq C$，则 B 和 D 的邻域互信息定义为

$$\mathrm{MI}_\delta(D;B) = -\frac{1}{|U|}\sum_{i=1}^{|U|}\log\frac{|n_B^\delta(x_i)||[x_i]_D|^2}{|U||n_B^\delta(x_i)\bigcap[x_i]_D|^2} \tag{3-10}$$

定理 3-4 给定一个邻域决策系统 NDS $= (U, C, D, \delta)$，特征子集 $B \subseteq C$，则邻域互信息具有以下性质：

(1) $\mathrm{MI}_\delta(D;B) \geqslant 0$；

(2) $\mathrm{MI}_\delta(D;B) = H_\delta(D) + H_\delta(B) - H_\delta(D,B)$；

(3) $\mathrm{MI}_\delta(D;B) = H_\delta(D) - H_\delta(D|B)$。

定理 3-4 建立了邻域信息熵、决策邻域熵、邻域联合熵和邻域互信息之间的关系。这些关系有助于理解知识内容的本质和邻域决策系统的不确定性，且上述不确定性度量方法也可以表征邻域决策系统中知识的不确定性。

3.1.4 启发式非单调特征选择模型

定理 3-5 给定一个邻域决策系统 NDS $= (U, C, D, \delta)$，特征子集 $B \subseteq C, H_\delta(D|B)$ 不满足单调性。

证明： 假设存在两个特征子集 $B_1 \subseteq B_2 \subseteq C$，根据定义 3-3 可知

$$\Delta = H_\delta(D|B_2) - H_\delta(D|B_1)$$

$$= -\frac{1}{|U|}\sum_{i=1}^{|U|}\log\left(\frac{|n_{B_2}^\delta(x_i)\bigcap[x_i]_D|}{|[x_i]_D|}\cdot\frac{|n_{B_2}^\delta(x_i)\bigcap[x_i]_D|}{|n_{B_2}^\delta(x_i)|}\right)$$

$$+ \frac{1}{|U|}\sum_{i=1}^{|U|}\log\left(\frac{|n_{B_1}^\delta(x_i)\bigcap[x_i]_D|}{|[x_i]_D|}\cdot\frac{|n_{B_1}^\delta(x_i)\bigcap[x_i]_D|}{|n_{B_1}^\delta(x_i)|}\right)$$

$$= -\frac{1}{|U|}\sum_{i=1}^{|U|}\log\left(\frac{|n_{B_2}^\delta(x_i)\bigcap[x_i]_D|}{|[x_i]_D|}\cdot\frac{|n_{B_2}^\delta(x_i)\bigcap[x_i]_D|}{|n_{B_2}^\delta(x_i)|}\cdot\frac{1}{\frac{|n_{B_1}^\delta(x_i)\bigcap[x_i]_D|}{|[x_i]_D|}\cdot\frac{|n_{B_1}^\delta(x_i)\bigcap[x_i]_D|}{|n_{B_1}^\delta(x_i)|}}\right)$$

$$= -\frac{1}{|U|}\sum_{i=1}^{|U|}\log\left(\frac{|n_{B_2}^\delta(x_i)\bigcap[x_i]_D|}{|[x_i]_D|}\cdot\frac{|[x_i]_D|}{|n_{B_1}^\delta(x_i)\bigcap[x_i]_D|}\cdot\frac{|n_{B_2}^\delta(x_i)\bigcap[x_i]_D|}{|n_{B_2}^\delta(x_i)|}\cdot\frac{|n_{B_1}^\delta(x_i)|}{|n_{B_1}^\delta(x_i)\bigcap[x_i]_D|}\right)$$

$$= -\frac{1}{|U|}\sum_{i=1}^{|U|}\log\left(\frac{|n_{B_2}^{\delta}(x_i)\bigcap[x_i]_D|}{|n_{B_1}^{\delta}(x_i)\bigcap[x_i]_D|}\cdot\frac{|n_{B_2}^{\delta}(x_i)\bigcap[x_i]_D|}{|n_{B_1}^{\delta}(x_i)\bigcap[x_i]_D|}\cdot\frac{|n_{B_1}^{\delta}(x_i)|}{|n_{B_2}^{\delta}(x_i)|}\right)$$

$$= -\frac{1}{|U|}\sum_{i=1}^{|U|}\log\left(\left(\frac{|n_{B_2}^{\delta}(x_i)\bigcap[x_i]_D|}{|n_{B_1}^{\delta}(x_i)\bigcap[x_i]_D|}\right)^2\cdot\frac{|n_{B_1}^{\delta}(x_i)|}{|n_{B_2}^{\delta}(x_i)|}\right)$$

$$= \frac{1}{|U|}\sum_{i=1}^{|U|}\left(\log\left(\frac{|n_{B_1}^{\delta}(x_i)\bigcap[x_i]_D|}{|n_{B_2}^{\delta}(x_i)\bigcap[x_i]_D|}\right)^2 - \log\frac{|n_{B_1}^{\delta}(x_i)|}{|n_{B_2}^{\delta}(x_i)|}\right)$$

因为 $B_1 \subseteq B_2 \subseteq C$，则有 $n_{B_1}^{\delta}(x_i) \supseteq n_{B_2}^{\delta}(x_i)$，$\dfrac{|n_{B_1}^{\delta}(x_i)|}{|n_{B_2}^{\delta}(x_i)|} \geq 1$。若令 $\dfrac{|n_{B_1}^{\delta}(x_i)|}{|n_{B_2}^{\delta}(x_i)|} = f_1(x_i)$ 且

$\dfrac{|n_{B_1}^{\delta}(x_i)\bigcap[x_i]_D|}{|n_{B_2}^{\delta}(x_i)\bigcap[x_i]_D|} = f_2(x_i)$，则有 $f_1(x_i) \geq 1$，$f_2(x_i) \geq 1$，但是无法判断 $\dfrac{(f_2(x_i))^2}{f_1(x_i)}$ 与 1 的

大小。那么对于 $\Delta = \dfrac{1}{|U|}\sum_{i=1}^{|U|}(\log(f_2(x_i)^2) - \log f_1(x_i)) = \dfrac{1}{|U|}\sum_{i=1}^{|U|}\log\left(\dfrac{(f_2(x_i))^2}{f_1(x_i)}\right)$，也无法

判断其正负，即 $H_{\delta}(D|B)$ 不满足单调性。

下面通过一个说明性的实例验证定理 3-5。

实例 3-1 表 3-1 给出一个邻域决策系统 $NDS = (U, C, D, \delta)$，其中 $U = \{x_1, x_2, x_3, x_4\}$，$C = \{a, b, c\}$，$D = \{d\}$，$\delta = 0.3$。

表 3-1 一个邻域决策系统

U	a	b	c	d
x_1	0.12	0.41	0.61	Y
x_2	0.21	0.15	0.14	Y
x_3	0.31	0.11	0.26	N
x_4	0.61	0.13	0.23	N

根据表 3-1，使用欧氏距离函数计算表中每个特征的邻域类。对于特征子集 $\{a\}$，有

$$\Delta_{\{a\}}(x_1, x_2) = 0.09, \quad \Delta_{\{a\}}(x_1, x_3) = 0.19, \quad \Delta_{\{a\}}(x_1, x_4) = 0.49$$

$$\Delta_{\{a\}}(x_2, x_3) = 0.1, \quad \Delta_{\{a\}}(x_2, x_4) = 0.4, \quad \Delta_{\{a\}}(x_3, x_4) = 0.3$$

接下来计算 U 中样本的邻域类

$$n_{\{a\}}^{\delta}(x_1) = \{x_1, x_2, x_3\}, \quad n_{\{a\}}^{\delta}(x_2) = \{x_1, x_2, x_3\}$$

$$n_{\{a\}}^{\delta}(x_3) = \{x_1, x_2, x_3, x_4\}, \quad n_{\{a\}}^{\delta}(x_4) = \{x_3, x_4\}$$

又有 $U/\{d\} = \{X_1, X_2\} = \{\{x_1, x_2\}, \{x_3, x_4\}\}$，则

$$H_\delta(D,\{a\}) = -\frac{1}{|U|}\sum_{i=1}^{|U|}\log\left(\frac{\left|n_{\{a\}}^\delta(x_i)\bigcap[x_i]_D\right|^2}{|[x_i]_D|\left|n_{\{a\}}^\delta(x_i)\right|}\right)$$

$$= -\frac{1}{4}\left(\log\left(\frac{2^2}{2\times3}\right)+\log\left(\frac{2^2}{2\times3}\right)+\log\left(\frac{2^2}{2\times4}\right)+\log\left(\frac{2^2}{2\times2}\right)\right)$$

$$= 0.1633$$

类似地，可以得出

$$H_\delta(D,\{b\}) = 0.301，\quad H_\delta(D,\{c\}) = 0.3578，\quad H_\delta(D,\{a,b\}) = 0.2698$$

$$H_\delta(D,\{a,c\}) = 0.4515，\quad H_\delta(D,\{b,c\}) = 0.3578，\quad H_\delta(D,\{a,b,c\}) = 0.301$$

从上述计算结果可以观察到，$H_\delta(D,\{c\}) > H_\delta(D,\{b\}) > H_\delta(D,\{a\})$。由于$\{c\}$和$D$的决策邻域熵最大，则将特征$c$添加到候选特征中，即$R = \{c\}$。当进一步添加特征时，存在$H_\delta(D,\{a,c\}) > H_\delta(D,\{c\})$，$H_\delta(D,\{b,c\}) = H_\delta(D,\{c\})$，这说明决策邻域熵并不严格随着特征数量的增加而增加。此外，通过计算有$H_\delta(D,\{b\}) > H_\delta(D,\{a,b\})$，决策邻域熵随着特征数量的增加反而减小。因此，决策邻域熵是非单调的。

定理 3-6　给定一个邻域决策系统 NDS $=(U, C, D, \delta)$，特征子集 $B\subseteq C$，则 $\mathrm{MI}_\delta(D;B)$不满足单调性。

证明： 假设存在两个特征子集 $B_1\subseteq B_2\subseteq C$，根据定义 3-5 可知

$$\Delta = \mathrm{MI}_\delta(D;B_2) - \mathrm{MI}_\delta(D;B_1)$$

$$= -\frac{1}{|U|}\sum_{i=1}^{|U|}\log\left(\frac{|n_{B_2}^\delta(x_i)||[x_i]_D|^2}{|U||n_{B_2}^\delta(x_i)\bigcap[x_i]_D|^2}\right) + \frac{1}{|U|}\sum_{i=1}^{|U|}\log\left(\frac{|n_{B_1}^\delta(x_i)||[x_i]_D|^2}{|U||n_{B_1}^\delta(x_i)\bigcap[x_i]_D|^2}\right)$$

$$= -\frac{1}{|U|}\sum_{i=1}^{|U|}\log\left(\frac{|n_{B_2}^\delta(x_i)||[x_i]_D|^2}{|U||n_{B_2}^\delta(x_i)\bigcap[x_i]_D|^2}\cdot\frac{|U||n_{B_1}^\delta(x_i)\bigcap[x_i]_D|^2}{|n_{B_1}^\delta(x_i)||[x_i]_D|^2}\right)$$

$$= -\frac{1}{|U|}\sum_{i=1}^{|U|}\log\left(\frac{|n_{B_2}^\delta(x_i)|}{|n_{B_2}^\delta(x_i)\bigcap[x_i]_D|^2}\cdot\frac{|n_{B_1}^\delta(x_i)\bigcap[x_i]_D|^2}{|n_{B_1}^\delta(x_i)|}\right)$$

$$= -\frac{1}{|U|}\sum_{i=1}^{|U|}\log\left(\left(\frac{|n_{B_1}^\delta(x_i)\bigcap[x_i]_D|}{|n_{B_2}^\delta(x_i)\bigcap[x_i]_D|}\right)^2\cdot\frac{|n_{B_2}^\delta(x_i)|}{|n_{B_1}^\delta(x_i)|}\right)$$

$$= \frac{1}{|U|}\sum_{i=1}^{|U|}\left(\log\left(\frac{|n_{B_1}^\delta(x_i)\bigcap[x_i]_D|}{|n_{B_2}^\delta(x_i)\bigcap[x_i]_D|}\right)^2 - \log\frac{|n_{B_1}^\delta(x_i)|}{|n_{B_2}^\delta(x_i)|}\right)$$

与定理 3-5 类似，若令 $\dfrac{|n_{B_1}^\delta(x_i)|}{|n_{B_2}^\delta(x_i)|} = f_1(x_i)$ 且 $\dfrac{|n_{B1}^\delta(x_i)\bigcap[x_i]_D|}{|n_{B_2}^\delta(x_i)\bigcap[x_i]_D|} = f_2(x_i)$，由于 $f_1(x_i) \geqslant 1$，

$f_2(x_i) \geqslant 1$，则无法判断 $\varDelta = \dfrac{1}{|U|}\sum_{i=1}^{|U|}(\log(f_2(x_i)^2) - \log f_1(x_i)) = \dfrac{1}{|U|}\sum_{i=1}^{|U|}\log\left(\dfrac{(f_2(x_i))^2}{f_1(x_i)}\right)$ 的正

负。因此，$\mathrm{MI}_\delta(D;B)$ 不满足单调性。

实例 3-2　给定一个邻域决策系统 NDS $=(U, C, D, \delta)$，如表 3-1 所示，其中 $U = \{x_1, x_2, x_3, x_4\}$，$C = \{a, b, c\}$，$D = \{d\}$，$\delta = 0.3$。

假设 $B_1 = \{b\}$，$B_2 = \{a, b\}$，则 $B_1 \subseteq B_2 \subseteq C$，基于实例 3-1 的计算结果可得

$$\mathrm{MI}_\delta(D;\{b\}) - \mathrm{MI}_\delta(D;\{a, b\}) = H_\delta(D;\{a, b\}) - H_\delta(D;\{b\}) < 0$$

如果设 $B_1 = \{b\}$，$B_2 = \{b, c\}$，$B_1 \subseteq B_2 \subseteq C$，则有 $\mathrm{MI}_\delta(D;\{b\}) - \mathrm{MI}_\delta(D;\{b, c\}) = H_\delta(D;\{b, c\}) - H_\delta(D;\{b\}) > 0$。因此，邻域互信息是非单调的。

定义 3-6　给定一个邻域决策系统 NDS $=(U, C, D, \delta)$，特征子集 $B \subseteq C$，则如果对于 B 中任意一个特征 a，有 $H_\delta(D\,|\,B) \leqslant H_\delta(D\,|\,B-\{a\})$，则称特征 a 在 B 中关于 D 是冗余的；否则是必不可少的。如果 B 中任意一个特征关于 D 都是必不可少的，则称 B 是独立的。如果 B 满足以下两个条件，则称其为 C 关于 D 的一个约简：

(1) $H_\delta(D\,|\,B) \geqslant H_\delta(D\,|\,C)$；

(2) $H_\delta(D\,|\,B-\{a\}) < H_\delta(D\,|\,B)$，$\forall a \in B$。

定义 3-7　给定一个邻域决策系统 NDS $=(U, C, D, \delta)$，特征子集 $B \subseteq C$，则对于 $\forall a \in C - B$，其重要度定义为

$$\mathrm{Sig}(a, B, D) = H_\delta(D\,|\,B\bigcup\{a\}) - H_\delta(D\,|\,B) \tag{3-11}$$

当 $B = \varnothing$ 时，$\mathrm{Sig}(a, B, D) = H_\delta(D, \{a\})$。

值得注意的是，在一个邻域决策系统中，每次测试特征重要度 $\mathrm{Sig}(a, B, D)$ 最大值的计算实际上是测试 $H_\delta(D\,|\,B\bigcup\{a\})$ 最大值的计算。

3.1.5　基于决策邻域熵的肿瘤基因选择算法

在得到每个特征的 Fisher score 值之后，可以选择其值排在前 m 个的特征组成特征子集。Fisher score 方法的细节在算法 3-1 中描述。

算法 3-1　Fisher score 初步降维算法

输入：原始高维基因表达数据矩阵 $X \in \mathbf{R}^{m \times n}$ 和预期选择的基因数量 l。

输出：选出的基因子集 S。

步骤 1：对于高维空间中每个基因，通过式 (3-5) 计算其 Fisher score 值；

步骤 2：采用文献[4]中的基数排序算法对得到的 Fisher score 值进行降序排序；

步骤 3：选择值较高的前 l 个基因，将其基因序号放入集合 T 中；

步骤 4：通过集合 T 得到初步降维后的基因子集 S；

步骤 5：结束。

在算法 3-1 初步降维的基础上，算法 3-2 描述了基于决策邻域熵的启发式非单调特征约简算法（DNEAR）。

算法 3-2　DNEAR 算法

输入：一个基因表达数据集的邻域决策系统 $\text{NDS} = (U, C, D, \delta)$。
输出：一个基因约简集合 R。
步骤 1：初始化基因约简集合 $R = \varnothing$；
步骤 2：当 $\text{Sig}(C, R, D) \leqslant 0$ 时执行
步骤 3：　令 $h = 0$；
步骤 4：　对于 $C - R$ 中的每个基因 a 计算 $H_\delta(D \mid R \cup \{a\})$；
步骤 5：　　如果有 $H_\delta(D \mid R \cup \{a\}) > h$ 则
步骤 6：　　　令 $R = R \cup \{a\}$，$h = H_\delta(D \mid R \cup \{a\})$；
步骤 7：返回基因约简集合 R；
步骤 8：结束。

接下来，利用算法 3-1 和算法 3-2 构造一种基于决策邻域熵的肿瘤基因选择算法（DNEGS），并在算法 3-3 中进行描述，具体流程如图 3-1 所示。

算法 3-3　DNEGS 算法

输入：原始高维基因表达数据矩阵 $X \in \mathbf{R}^{m \times n}$ 和预期选择的基因数量 l。
输出：一个基因约简集合 R。
步骤 1：初始化基因约简集合 $R = \varnothing$；
步骤 2：采用算法 3-1 计算初选的基因子集 S；
步骤 3：根据基因子集 S 构造邻域决策系统 $\text{NDS} = (U, C, D, \delta)$；
步骤 4：采用算法 3-2 在 $\text{NDS} = (U, C, D, \delta)$ 中得到基因约简集合 R；
步骤 5：返回基因约简集合 R；
步骤 6：结束。

针对算法 3-3 进行如下时间复杂度分析：在获得每个基因的 Fisher score 值后，选取得分最高的 l 个基因构建候选基因子集。算法 3-1 的时间复杂度由步骤 1～步骤 3 确定，当给定 m 个基因时，步骤 1～步骤 3 的时间复杂度为 $O(m)$，步骤 4 使用基数排序的复杂度为 $O(m)$。算法 3-1 的时间复杂度为 $O(m)$。在算法 3-2 中，邻域类在邻域决策系统中频繁计算。实现邻域类的过程在很大程度上影响了算法的时间复杂度。文献[8]中的 Bucket 排序算法在实践中应用较广泛，其计算邻域类的时间复杂度为 $O(mn)$，决策邻域熵的时间复杂度为 $O(m)$。$O(m) < O(mn)$，所以计算决策邻域熵的最坏复杂度是 $O(mn)$。在这种情况下，算法 3-2 的步骤 2～步骤 6 有两个循环，其最坏的时间复杂度是 $O(m^3 n)$。假设在计算邻域类时，所选特征的个数为 m_R，其中只考虑候选特征，不涉及整个特征子集。因此，计算所有邻域类的时间复杂度为 $O(m_R n)$。由于外循环次数和内循环次数分别为 m_R 和 $m - m_R$，所以算法 3-2

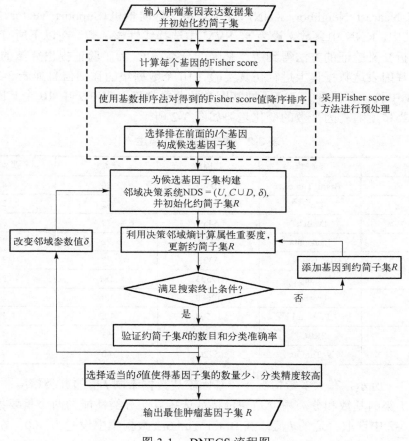

图 3-1　　DNEGS 流程图

的总时间复杂度为 $O(nm_R(m-m_R)m_R)$。又因在大多数情况下 $m_R \ll m$，所以算法 3-2 的时间复杂度接近于 $O(mn)$。此外，其空间复杂度为 $O(mn)$。在 DNEGS 算法中时间复杂度为多项式，且步骤 2～步骤 3 的时间复杂度近似于算法 3-1 的时间复杂度。假设 DNEGS 算法的步骤 2 和步骤 3 选取 l 个基因，形成候选基因子集，则步骤 4 的时间复杂度是 $O(ln)$，DNEGS 的总时间复杂度为 $O(m+ln)$。又因为 $l \ll m$ 且 $n \ll m$，所以 DNEGS 算法的时间复杂度近似为 $O(m)$。

3.1.6　实验结果与分析

为了验证本节提出的 DNEGS 算法的有效性，实验的硬件环境使用的计算机系统为 64 位 Windows7 操作系统、内存为 4.00GB、处理器为 Intel(R) Core(TM) i5-3470 CPU @ 3.20GHz。所有仿真实验在 MATLAB R2014a 软件环境中实现的，并在 WEKA 软件上选择分类器验证其分类精度。在 WEKA 软件上选择的 3 种分类器分别为 K-

最邻近(K-Nearest Neighbor, KNN)、C4.5 和支持向量机(Support Vector Machine, SVM),其中,KNN 中参数 k 设为 5,SVM 中选择线性核函数。在以下所有实验中,均采取十折交叉验证的方法得到所选基因的分类精度。为了验证提出算法的有效性,在公开的基因表达数据集上进行仿真实验,10 个数据集的详细信息如表 3-2 所示。在 WEKA 中验证算法 3-1 选择不同基因数的分类精度。表 3-2 中 10 个基因表达数据集的分类精度随基因个数的变化趋势如图 3-2 所示。

表 3-2　数据集的具体描述

序号	数据集	基因数	样本数	类别数
1	Brain_Tumor2	10367	50	4
2	Colon	2000	62	2
3	DLBCL	5469	77	2
4	Leukemia	7129	72	2
5	Leukemia1	5327	72	3
6	Lung	12533	181	2
7	Prostate	12600	136	2
8	Prostate1	10509	102	2
9	SRBCT	2308	63	4
10	9_Tumors	5726	60	9

如图 3-2 所示,在大多数情况下,基因表达数据不同 l 值的分类精度非常相似。候选基因子集的基数和分类精度是评价特征选择算法分类性能的两个重要指标。因此,从图 3-2 中选取合适的 l 值:在 Brain_Tumor2 数据集中设置为 300,在 Colon、DLBCL、Leukemia、Leukemia1、Prostate、Prostate1 和 9_Tumors 数据集中设置为 200,在 Lung 和 SRBCT 数据集中设置为 50。

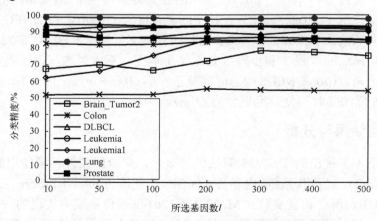

图 3-2　10 个基因表达数据集选择不同基因数的分类精度

　　接下来进行邻域参数值的选定，通过相应的实验，形象地说明了算法 3-3 在不同邻域参数值下约简和分类的性能。结果如图 3-3 所示，横轴表示邻域参数 δ，$\delta \in [0.05, 1]$，步长为 0.05。由图 3-3 可知，不同的邻域参数值对 DNEGS 的分类性能影响较大。不同邻域参数值越小，颗粒越细，颗粒的粗糙度越小，并且随着颗粒粗糙度的降低，约简率逐渐增大。根据图 3-3 为每个数据集选择合适的邻域参数值。在图 3-3 (a) 中，对于 Brain_Tumor2 数据集，随着邻域参数的增加其约简率降低，分类精度逐渐提高。当邻域参数 $\delta = 0.35$ 时，约简率和分类精度均较高，所以 Brain_Tumor2 数据集的 δ 设置为 0.35。在图 3-3 (b) 中，当 δ 在 $(0.05, 0.2)$ 范围取值时，Colon 数据集的分类精度较高，当邻域参数 $\delta = 0.05$ 时约简率达到最大，所以 Colon 数据集的 δ 设置为 0.05。类似于 Brain_Tumor2 数据集，在图 3-3 (c) ～图 3-3 (e) 中，DLBCL、Leukemia 和 Leukemia1 数据集的邻域参数 δ 分别设置为 0.4、0.35 和 0.55。

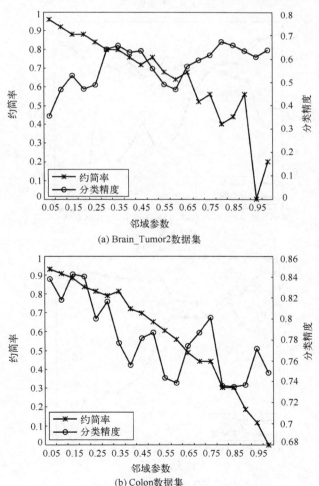

(a) Brain_Tumor2数据集

(b) Colon数据集

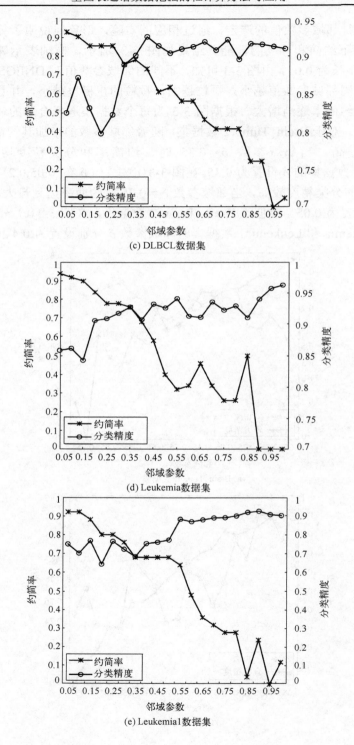

(c) DLBCL数据集

(d) Leukemia数据集

(e) Leukemia1数据集

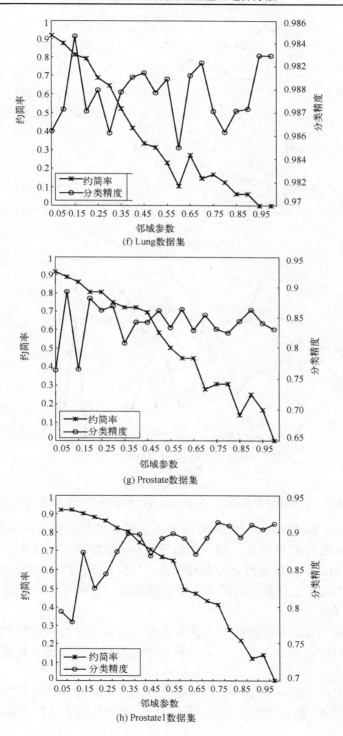

(f) Lung数据集

(g) Prostate数据集

(h) Prostate1数据集

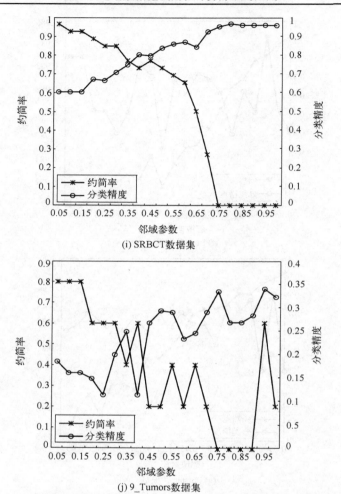

(i) SRBCT数据集

(j) 9_Tumors数据集

图 3-3　　不同邻域参数值下 10 个基因表达数据集的约简率和分类精度

在图 3-3(f) 中，当邻域参数 $\delta = 0.15$ 时，Lung 数据集的分类精度和约简率达到最大，所以 Lung 数据集的 δ 设置为 0.15。类似于 Lung 数据集，图 3-3(g) 和图 3-3(j) 中 Prostate 和 9_Tumors 数据集的 δ 分别设置为 0.1 和 0.95。在图 3-3(h) 和图 3-3(i) 中，Prostate1 和 SRBCT 数据集的约简率和分类精度达到最高水平时，邻域参数 δ 的值分别为 0.35 和 0.6。

　　通过分析图 3-3，为不同数据集设置了合适的邻域参数。原始数据和约简后数据的分类结果对比如表 3-3 所示，其中最后一列为相应的邻域参数值，粗体表示最佳值。

　　从表 3-3 可以看出，算法 3-3 可以在不降低分类精度的情况下，大大减少基因表达数据集的维数，删除大部分冗余基因。对于 10 个基因表达数据集，KNN 和 C4.5

分类器的平均分类精度高于原始数据集，分别比原始数据集高 5.6%和 6.7%，但在 SVM 分类器上的分类精度存在一些差异。在 KNN 和 C4.5 分类器上，几乎所有数据集的分类精度都高于原始数据集。SVM 分类器在 Colon、DLBCL、Leukemia 和 Leukemia1 数据集上的分类精度分别高于原始数据 2.7%、0.2%、1.6%和 3%。然而，在 Brain_Tumor2、Lung 和 Prostate 数据集上，SVM 分类器的分类精度略低于原始数据，这种情况可能是由于在约简过程中一些重要信息基因的丢失。因此，DNEGS 算法对于高维的肿瘤基因数据集的降维是有效的。从 10 个基因表达数据集中获得的基因子集如表 3-4 所示。

表 3-3　三种分类器下原始数据和约简数据的分类结果

数据集	原始数据				采用算法 3-3 的约简数据				δ
	基因数	KNN	C4.5	SVM	基因数	KNN	C4.5	SVM	
Brain_Tumor2	10367	0.61	0.56	**0.736**	5	**0.634**	**0.732**	0.606	0.35
Colon	2000	0.776	**0.82**	0.811	3	**0.84**	0.796	**0.838**	0.05
DLBCL	5469	0.896	0.809	0.925	11	**0.946**	**0.903**	**0.927**	0.4
Leukemia	7129	0.842	0.814	0.913	9	**0.952**	**0.905**	**0.929**	0.35
Leukemia1	5327	0.821	**0.946**	0.831	9	**0.902**	0.882	**0.861**	0.55
Lung	12533	0.935	0.939	**1**	8	**0.987**	**0.979**	**0.988**	0.15
Prostate	12600	0.796	0.791	**0.916**	4	**0.895**	**0.898**	0.884	0.1
Prostate1	10509	0.843	0.846	**0.907**	10	**0.876**	**0.912**	**0.907**	0.35
SRBCT	2308	0.808	0.78	0.924	9	**0.846**	**0.821**	**0.936**	0.6
9_Tumors	5726	0.357	0.268	0.327	2	**0.36**	**0.31**	**0.35**	0.95
平均值	7397	0.768	0.757	**0.829**	7	**0.824**	**0.814**	0.823	

本小节比较基于熵度量的特征选择算法的分类性能，实验根据所选基因的分类精度来评估算法的分类性能。用于对比的基于熵的特征选择算法包括：基于互熵的特征约简算法（MEAR）[18]、基于熵的基因选择算法（EGGS）[8]、算法 3-2（DNEAR）、结合 Fisher score 方法基于熵的基因选择算法（EGGS-FS）[8, 17]。根据文献[8]、[17]、[18]中设计的实验技术，在表 3-2 中的 10 个基因表达数据集上将 DNEGS 算法与 4 种约简算法进行比较。表 3-5～表 3-14 给出了相应的实验结果，其中 ODP 描述了原始数据处理方法，符号"—"表示使用相应算法没有得到结果。

如表 3-5 所示，DNEGS 算法从 Brain_Tumor2 数据集中选取 5 个重要基因，在 KNN 和 C4.5 分类器上分别获得了 0.634 和 0.732 的分类精度。在 KNN、C4.5 和 SVM 分类器上，EGGS、DNEAR 和 EGGS-FS 算法的分类精度均低于 DNEGS 算法。离散化过程通常会导致具有重要信息的基因丢失，使得 MEAR 在 Brain_Tumor2 数据集上未获得约简子集，其结果用符号"—"表示。对于 DNEGS 算法来说，虽然其分类精度接近 SVM 上原始数据的分类精度，但是所选择的基因数量远远少于原始数据。因此，DNEGS 算法可以有效地去除原始数据集中的噪声。

表 3-4　利用 DNEGS 算法在 10 个基因表达数据集上筛选出的基因子集

数据集	基因子集
Brain_Tumor2	{9413, 7844, 642, 9794, 7169}
Colon	{765, 627, 1668}
DLBCL	{3127, 3942, 874, 1600, 3264, 4588, 4094, 2949, 2971, 3304, 889}
Leukemia	{4196, 1144, 758, 5552, 1630, 2659, 3897, 6584, 6471}
Leukemia1	{4688, 3256, 1610, 568, 848, 5032, 861, 3358, 2197}
Lung	{2255, 11957, 12298, 4815, 1673, 8709, 4772, 2421}
Prostate	{6185, 8330, 4483, 5155}
Prostate1	{10349, 7652, 2718, 2596, 2792, 10130, 7515, 785, 7266, 6745}
SRBCT	{758, 545, 836, 1884, 1954, 74, 1327, 1974, 1319}
9_Tumors	{2590, 1677}

表 3-6 表明 DNEGS 算法对所选 Colon 基因的平均分类精度最高。在 KNN 分类器上，DNEGS 算法的分类精度为 0.84，高于其他五种方法。在 C4.5 和 SVM 分类器上，DNEGS 算法的分类精度略低于 MEAR 算法，但 DNEGS 算法选择出较少的基因个数。因此，DNEGS 算法不仅可以有效去除原始数据中的噪声，而且能够提高数据集分类精度。

表 3-5　不同算法对所选的 Brain_Tumor2 基因的分类精度对比

算法	基因数	KNN	C4.5	SVM	平均值
ODP	10367	0.61	0.56	**0.736**	0.635
MEAR	—	—	—	—	—
EGGS	9	0.492	0.492	0.538	0.507
DNEAR	3	0.478	0.464	0.514	0.485
EGGS-FS	5	0.492	0.392	0.514	0.466
DNEGS	5	**0.634**	**0.732**	0.606	**0.657**

表 3-6　不同算法对所选的 Colon 基因的分类精度对比

算法	基因数	KNN	C4.5	SVM	平均值
ODP	2000	0.776	0.82	0.811	0.802
MEAR	5	0.77	**0.822**	**0.849**	0.814
EGGS	11	0.649	0.646	0.556	0.617
DNEAR	15	0.579	0.566	0.628	0.591
EGGS-FS	2	0.702	0.672	0.621	0.665
DNEGS	3	**0.84**	0.796	0.838	**0.825**

表 3-7　不同算法对所选的 DLBCL 基因的分类精度对比

算法	基因数	KNN	C4.5	SVM	平均值
ODP	5469	0.896	0.809	0.925	0.877
MEAR	2	0.765	0.778	0.777	0.773
EGGS	20	0.854	0.826	0.781	0.82
DNEAR	10	0.698	0.718	0.692	0.703
EGGS-FS	3	0.87	0.801	0.841	0.837
DNEGS	11	**0.946**	**0.903**	**0.927**	**0.925**

如表 3-7 所示，DNEGS 算法对 DLBCL 的平均分类精度最高。在三个分类器上，DNEGS 算法选择的基因子集的分类精度均高于其他约简算法。虽然 DNEGS 算法选择的基因数量高于 MEAR 和 EGGS-FS 算法，但在三个分类器上得到的分类精度分别高于 MEAR 算法 18.1%、12.5% 和 15%，高于 EGGS-FS 算法 7.6%、10.2% 和 8.6%。这是由于 MEAR 和 EGGS-FS 算法在约简过程中丢失了一些重要的基因，导致分类精度下降。

表 3-8 表明 DNEGS 算法对 Leukemia 数据集的平均分类精度最高。DNEGS 算法的平均分类精度分别比 EGGS 算法、DNEAR 算法和 EGGS-FS 算法高 20.8%、29.67% 和 16.4%。由于 MEAR 算法可能会丢失一些有用的基因信息，在 KNN 和 SVM 分类器上，MEAR 的分类精度低于 DNEGS 算法。因此，DNEGS 算法具有更好的分类性能。

如表 3-9 所示，在 KNN 和 SVM 分类器上，DNEGS 算法对 Leukemia1 的分类精度最高，分别为 0.902 和 0.861。在 C4.5 分类器上，DNEGS 算法的分类精度略低于 MEAR 和 EGGS-FS 算法。但是，对于平均分类精度来说，DNEGS 算法与 EGGS-FS 算法的结果相当。因此，DNEGS 和 EGGS-FS 算法都能够有效去除 Leukemia1 数据集中的噪声。

由表 3-10 可知，DNEGS 算法在 Lung 数据集上的平均分类精度最高。在 KNN 和 C4.5 分类器上，DNEGS 算法的分类精度分别为 0.987 和 0.979，均高于其他五种方法。但在 SVM 分类器上，DNEGS 算法的分类精度略低于 ODP 算法，这是以原始数据集巨大的基因数量为代价的。与表 3-8 和表 3-10 的结果相似，由表 3-11 可知 DNEGS 算法在 Prostate 数据集上的平均分类精度最高。在 KNN 和 C4.5 分类器上，DNEGS 算法的基因分类精度分别为 0.895 和 0.897，均高于其他五种方法。与 ODP 相比，DNEGS 算法选择的基因数最少，在 SVM 分类器上的分类精度略低于 ODP。此外，DNEGS 和 EGGS 算法均从原始数据集中选取了 4 个基因，且 DNEGS 算法的平均分类精度达到 0.892，比 EGGS 算法高出 30.5%。因此，DNEGS 算法在选择基因数目和分类精度上均优于其他五种方法，具有更好的分类性能。

表 3-8   不同算法对所选的 Leukemia 基因的分类精度对比

算法	基因数	KNN	C4.5	SVM	平均值
ODP	7129	0.842	0.814	0.913	0.856
MEAR	3	0.928	**0.934**	0.920	0.927
EGGS	8	0.629	0.733	0.802	0.721
DNEAR	8	0.533	0.671	0.691	0.632
EGGS-FS	5	0.801	0.813	0.680	0.765
DNEGS	9	**0.952**	0.905	**0.929**	**0.929**

表 3-9   不同算法对所选的 Leukemia1 基因的分类精度对比

算法	基因数	KNN	C4.5	SVM	平均值
ODP	5327	0.821	0.846	0.831	0.866
MEAR	5	0.83	0.889	0.881	0.867
EGGS	3	0.513	0.558	0.546	0.539
DNEAR	11	0.5	0.512	0.542	0.518
EGGS-FS	2	0.88	**0.902**	0.886	**0.889**
DNEGS	9	**0.902**	0.882	**0.861**	0.882

表 3-10   不同算法对所选的 Lung 基因的分类精度对比

算法	基因数	KNN	C4.5	SVM	平均值
ODP	12533	0.935	0.939	**1**	0.958
MEAR	6	0.958	0.964	0.929	0.950
EGGS	12	0.859	0.966	0.960	0.929
DNEAR	6	0.822	0.819	0.833	0.825
EGGS-FS	6	0.979	0.955	0.990	0.975
DNEGS	8	**0.987**	**0.979**	0.988	**0.985**

表 3-11   不同算法对所选的 Prostate 基因的分类精度对比

算法	基因数	KNN	C4.5	SVM	平均值
ODP	12600	0.796	0.791	**0.916**	0.834
MEAR	4	0.512	0.566	0.564	0.547
EGGS	8	0.639	0.591	0.532	0.587
DNEAR	5	0.611	0.570	0.657	0.613
EGGS-FS	14	0.849	0.863	0.878	0.863
DNEGS	4	**0.895**	**0.897**	0.884	**0.892**

表 3-12　不同算法对所选的 Prostate1 基因的分类精度对比

算法	基因数	KNN	C4.5	SVM	平均值
ODP	10509	0.843	0.846	**0.907**	0.865
MEAR	—	—	—	—	—
EGGS	20	0.632	0.703	0.637	0.657
DNEAR	9	0.722	0.606	0.698	0.675
EGGS-FS	5	0.849	**0.931**	0.900	0.893
DNEGS	10	**0.876**	0.912	**0.907**	**0.898**

由表 3-12 可知，DNEGS 算法对所选 Prostate1 基因的平均分类精度最高。在 KNN 和 SVM 分类器上，DNEGS 算法选择的基因分类精度分别为 0.876 和 0.907，均高于 EGGS、DNEFS 和 EGGS-FS 算法。在 C4.5 分类器上，DNEGS 算法的分类精度略低于 EGGS-FS 算法，但高于 EGGS 和 DNEFS 算法。虽然 DNEGS 算法选择的基因数量高于 EGGS-FS 算法，但这两种算法都能有效地对 Prostate1 数据集进行约简，同时提高原始数据集的分类精度。类似于表 3-5，MEAR 算法未能从 Prostate1 数据集获得约简子集。

由表 3-13 可得，在 KNN、C4.5 和 SVM 分类器上，DNEGS 算法对 SRBCT 数据集的分类精度最高。与 MEAR 和 EGGS-FS 算法相比，DNEGS 算法保留了具有分类信息的基因，具有更高的分类精度。与 ODP 的分类结果相比，该算法消除了大量冗余和噪声基因，有效提高了分类精度。因此，DNEGS 算法在 SRBCT 数据集上取得了最好的分类性能。

根据表 3-14 可知，DNEGS 算法从原始数据集中选取两个重要基因，在 KNN 和 C4.5 分类器上分别获得 0.36 和 0.31 的分类精度。DNEFS 和 EGGS-FS 算法在 KNN、C4.5 和 SVM 分类器上的分类精度低于 DNEGS 算法。MEAR 算法未能从 9_Tumors 数据集中获取约简子集，说明该算法是不稳定的。对于 EGGS 算法，三个分类器的分类精度差异较大，平均分类精度低于 DNEGS 算法。综上所述，与对比的基于熵值的特征选择方法相比，本章提出的 DNEGS 算法避免了离散化造成的有用信息丢失，有效提高了肿瘤基因数据集的分类性能。

表 3-13　不同算法对所选的 SRBCT 基因的分类精度对比

算法	基因数	KNN	C4.5	SVM	平均值
ODP	2308	0.808	0.78	0.924	0.857
MEAR	1	0.389	0.365	0.364	0.373
EGGS	12	0.575	0.513	0.703	0.597
DNEAR	12	0.383	0.418	0.428	0.41
EGGS-FS	1	0.637	0.626	0.651	0.638
DNEGS	9	**0.846**	**0.821**	**0.936**	**0.868**

表 3-14　不同算法对所选的 9_Tumors 基因的分类精度对比

算法	基因数	KNN	C4.5	SVM	平均值
ODP	5726	0.357	0.268	0.327	0.317
MEAR	—	—	—	—	—
EGGS	1	0.105	0.12	**0.667**	0.297
DNEAR	10	0.183	0.183	0.175	0.18
EGGS-FS	1	0.21	0.202	0.292	0.235
DNEGS	2	**0.36**	**0.31**	0.35	**0.34**

为了进一步验证 DNEGS 算法的分类性能，接下来进行相关降维算法的分类性能比较，实验的最后一部分对比 15 种相关的降维方法。其中 14 种目前先进的降维方法包括：基于邻域粗糙集的约简算法(NRS)[1]、基于 Fisher 线性判别和邻域依赖度的特征选择算法(FLD-NDGS)[5]、斯皮尔曼秩相关系数算法(SC²)[15]、Fisher score 算法[17]、Lasso 算法[19]、基于局部线性嵌入和邻域粗糙集的基因选择算法(LLE-NRS)[20]、Relief 算法[21]结合 NRS 算法[1](Relief + NRS)、模糊反向特性消除算法(FBFE)[22]、二进制微分进化算法(BDE)[23]、稀疏集 Lasso 算法(SGL)[24]、基于条件互信息的自适应稀疏 Lasso 算法(ASGL-CMI)[25]、用于将信息增益为零的特征去除的分布式排序滤波器和基于排序和相关性的特征选择算法(DRF0-CFS)[26]、顺序向前选择算法(SFS)[27]、互信息最大化算法(MIM)[27]。采用 WEKA 中的 SVM 分类器进行仿真实验。根据文献[2]、[15]、[22]~[27]中采用的实验技术，在表 3-2 中 4 个代表性肿瘤基因数据集(Colon、Leukemia、Lung 和 Prostate)上选择基因的数量和分类精度如表 3-15 和表 3-16 所示。

根据表 3-15 和表 3-16 的结果可以看出 15 种相关降维方法之间的差异。如表 3-15 所示，NRS、FLD-NDGS、BDE、SFS、SC²、MIM 和 DNEGS 算法在四个基因表达数据集上的表现非常接近，明显优于其他八种算法，且 Fisher score 方法表现最差。如表 3-16 所示，对于 Colon 数据集，虽然 DNEGS 算法的分类精度与 Fisher score、Lasso、FLD-NDGS、LLE-NRS、ASGL-CMI 和 DRF0-CFS 算法相似，但 DNEGS 算法选择的基因最少，分类精度高于其余八种算法。对于 Leukemia 数据集，DNEGS 算法的分类精度与 Fisher score、Lasso 和 SFS 算法相近，高于其余九种算法(NRS、FLD-NDGS、LLE-NRS、Relief+NRS、FBFE、BDE、SC²、MIM 和 DRF0-CFS)，但该算法选择的基因明显少于 Fisher score 和 Lasso 算法。对于表 3-15 中的 Lung 数据集，FBFE 算法选择的基因数高达 80 个，而 NRS、FLD-NDGS、BDE、SFS、SC²、MIM、DNEGS 等算法选择的基因数均小于 10 个。

从表 3-16 的分类精度来看，除了 Lasso 算法外，DNEGS 算法在 Lung 上的分类精度比其他 13 种算法都高。对于 Prostate 数据集，虽然 Lasso 算法和 BDE 算法得到比 DNEGS 算法更好的分类精度，表明 DNEGS 算法的性能在不同的数据集上略有差异，但 DNEGS 和 BDE 算法选择基因的数量几乎是相同的。与 FBFE 和 BDE 算法相比，DNEGS 算法在 Colon、Leukemia 和 Lung 数据集上的分类精度略有提高。此外，由于删除了一些含有分类信息的基因，NRS 算法的分类精度较低，为此，实验中选择了三种 NRS 算法的扩展方法(FLD-NDGS、LLE-NRS 和 Relief+NRS)克服了这一缺点，选择的基因数量明显增加，且分类精度有所提高。与四种相关的 NRS 算法相比，DNEGS 算法对 Leukemia、Lung 和 Prostate 数据集的分类精度更高。因此，提出的 DNEGS 算法可以减少基因表达数据集的维数，且分类精度高于其他相关的高维特征选择算法。

表 3-15　15 种相关降维算法选择的基因数量比较

算法	Colon	Leukemia	Lung	Prostate	平均值
Fisher score	200	200	200	200	200
Lasso	5	23	8	63	24.75
NRS	4	5	3	4	4
FLD-NDGS	6	6	3	4	4.75
LLE-NRS	16	22	16	19	18.25
Relief+NRS	9	17	23	16	16.25
FBFE	35	30	80	50	48.75
BDE	3	7	3	3	4
SFS	19	7	3	3	8
SGL	55		43	34	44
ASGL-CMI	33	—	32	29	31.33
SC^2	4	5	3	5	4.25
MIM	19	7	3	3	8
DRF0-CFS	10	13	17	113	38.25
DNEGS	3	9	8	4	6

表 3-16　15 种相关降维算法的分类精度比较

算法	Colon	Leukemia	Lung	Prostate	平均值
Fisher score	0.838	0.934	0.975	0.86	0.902
Lasso	0.887	0.986	0.995	0.961	0.957
NRS	0.611	0.645	0.641	0.647	0.636
FLD-NDGS	0.88	0.828	0.889	0.8	0.849
LLE-NRS	0.84	0.868	0.907	0.711	0.832
Relief+NRS	0.564	0.563	0.919	0.642	0.672
FBFE	0.833	0.912	0.852	0.832	0.857

续表

算法	Colon	Leukemia	Lung	Prostate	平均值
BDE	0.75	0.824	0.98	0.941	0.874
SFS	0.521	0.969	0.833	0.84	0.791
SGL	0.826	—	0.827	0.834	0.829
ASGL-CMI	0.851	—	0.841	0.858	0.850
SC^2	0.805	0.852	0.806	0.795	0.815
MIM	0.653	0.727	0.795	0.865	0.760
DRF0-CFS	0.9	0.912	0.987	0.853	0.913
DNEGS	0.838	0.928	0.988	0.883	0.909

3.1.7　小结

　　本小节提出了一种基于邻域熵的不确定性度量的特征选择方法,以提高基因表达数据的分类性能。首先,研究了基于邻域熵的不确定性度量,引入了邻域可信度和邻域覆盖度构建决策邻域熵和邻域互信息,以度量基因不确定性并删除基因表达数据集中的噪声。然后,给出了不确定性度量非单调性的证明。最后,通过 Fisher score 方法降低基因表达数据集的维数,设计了一种用于肿瘤分类的启发式约简算法,从而有效降低了计算复杂度,提高了基因表达数据的分类性能。实验结果表明提出的算法能够找到一个较小且有效的基因子集,并在基因表达数据集中获得了较高的分类精度。

3.2　基于邻域近似决策熵的肿瘤基因数据的特征选择方法

3.2.1　引言

　　在经典粗糙集理论中,特征约简的定义有两种形式:一种是基于近似精度的代数定义,根据近似精度的变化来考虑某些条件特征对确定性子集的影响,并确定是否可以剔除这些条件特征;另一种是基于信息熵的信息论定义,根据条件熵的变化来考虑某些条件特征对不确定性子集的影响,并确定是否可以剔除这些条件特征[1, 28]。目前,许多特征约简算法只是从代数观点或信息论观点进行研究。例如,Ziarko 引入基于近似区域或概率决策表的概念,构造了变精度粗糙集模型来扩展原始粗糙集模型[29]。梁美社等在直觉模糊决策信息系统中,通过定义粒度重要性和特征重要性提出了一种基于广义优势多粒度直觉模糊粗糙集的特征约简方法[30]。Syau 等通过二元关系给出了变精度广义粗糙集模型和邻域系统的概念之间的联系,并引入了最小邻域系统,描述了模型的上、下近似集[31]。代建华等从信息论的角度提出了一种区间值数据特征约简框架[32]。温柳英等提出了一种基于信息熵的两阶段离散化约简算法，使算法具有较高的泛化能力[33]。陈玉明等提出了一种基于邻域粗糙集模型和熵度量的基因选择方法，以处理真实值数据，同时保持原始基因数据集的分类信息[8]。然而，特征的代数定义与信息论定义之间存在着很强的互补性，两者结合起来可以产生更全面的度量机制，以充分反映特征的不确定性[2,6,34]。经典粗糙集理论对于连续型数值数据效果并不明显。为克服这一缺点，粗糙集理论的扩展模型被广泛地研究[35,36]，如模糊粗糙集模型、容差近似模型、相似粗糙近似模型、覆盖近似模型和邻域粒度模型。在粗糙集的所有扩展模型中，邻域粗糙集模型通过邻域关系粒化数据，保留了实际空间中特征集的邻域结构和顺序结构，使其能同时处理数值型和符号型数据集[5,11,37]。目前的研究方法中没有涉及在邻域决策系统中结合代数观点和信息论观点来设计特征选择方法，这激发了我们在邻域决策系统中结合上述两个观点，研究新的度量方法以充分反映特征的分类和决策能力。

　　基于上述观点，本节在邻域决策系统中定义邻域近似精度，将其引入到邻域熵度量中，进而构造邻域近似决策熵，提出了一种基于邻域近似决策熵的特征选择方法，以解决复杂数据集的不确定性和噪声问题。

3.2.2　邻域近似精度

　　给定一个邻域决策系统 $NDS = (U, C, D, \delta)$，特征子集 $B \subseteq C$，样本集合 $X \subseteq U$。$\underline{B}_\delta(X)$ 是 X 相对于 B 的邻域下近似集，$\overline{B}_\delta(X)$ 是 X 关于 B 的邻域上近似集，则 X 相对于 B 的邻域近似精度为

$$p_B(X) = \frac{\left| \underline{B}_\delta(X) \right|}{\left| \overline{B}_\delta(X) \right|} \tag{3-12}$$

　　定义 3-8　给定一个邻域决策系统 $NDS = (U, C, D, \delta)$，特征子集 $B \subseteq C$，$U/D = \{X_1, X_2, \cdots, X_N\}$，则 D 相对于 B 的邻域下近似集和邻域上近似集分别定义为

$$\underline{B}_\delta(D) = \bigcup_{i=1}^{N} \underline{B}_\delta(X_i) \tag{3-13}$$

$$\overline{B}_\delta(D) = \bigcup_{i=1}^{N} \overline{B}_\delta(X_i) \tag{3-14}$$

　　定义 3-9　给定一个邻域决策系统 $NDS = (U, C, D, \delta)$，特征子集 $B \subseteq C$，则 D 相对于 B 的邻域近似精度定义为

$$p_B(D) = \frac{\left| \underline{B}_\delta(D) \right|}{\left| \overline{B}_\delta(D) \right|} \tag{3-15}$$

　　邻域近似精度反映集合的知识完备程度，但是这种精度度量没有完全考虑下近似集中所包含粒子的大小[30]。因此，仅从代数角度考虑约简是不够的，有必要研究新的约简算法。

3.2.3 邻域近似决策熵

在经典粗糙集理论中，特征约简有两种定义形式：一种是基于集合理论的代数定义，另一种是基于信息熵的信息论定义。特征约简的代数定义与信息论定义具有很强的互补性。前者考虑的是在论域中特征对定义子集的影响，后者考虑的是在论域中特征对不确定子集的影响[28]。因此，可以将两者相结合，构造更全面的度量机制。

定义 3-10　给定一个邻域决策系统 NDS $= (U, C, D, \delta)$，特征子集 $B \subseteq C$，则一个新的样本集平均邻域熵定义为

$$H_p(B) = -\frac{p_B(D)}{|U|} \sum_{i=1}^{|U|} \log \frac{\left| n_B^\delta(x_i) \right|}{|U|} \tag{3-16}$$

由定义 3-10 可知，新的平均邻域熵将平均邻域精度与邻域熵相结合，充分融合了代数观点和信息论观点的优势，克服了传统基于近似精度度量的不足。

性质 3-1　给定一个邻域决策系统 NDS $= (U, C, D, \delta)$，对于任意样本 $x_i \subseteq U$，都有 $n_P^\delta(x_i) \subseteq U$，则 $0 \leqslant H_p(C) \leqslant \log|U|$。

证明：由于对于任意样本 $x_i \subseteq U$，都存在 $n_P^\delta(x_i) \subseteq U$，那么有 $\dfrac{1}{|U|} \leqslant \dfrac{\left| n_C^\delta(x_i) \right|}{|U|} \leqslant 1$。

根据定义 3-9 可知 $0 \leqslant |p_B(D)| \leqslant 1$，则 $0 \leqslant \dfrac{|p_B(D)|}{|U|} \leqslant \dfrac{1}{|U|}$，于是由定义 3-10 可得 $0 \leqslant H_p(C) \leqslant \log|U|$。

定理 3-7　给定一个邻域决策系统 NDS $= (U, C, D, \delta)$，存在两个特征子集 $B_1 \subseteq B_2 \subseteq C$。对于 U 中任意一个样本 x_i，有 $H_p(B_1) \leqslant H_p(B_2)$，当且仅当 $n_{B_1}^\delta(x_i) = n_{B_2}^\delta(x_i)$ 时，等号成立。

证明：对于 C 中任意两个特征子集 B_1 和 B_2，若 $B_1 \subseteq B_2$，则根据文献[8]中的定理 1 可知 $n_{B_1}^\delta(x_i) \supseteq n_{B_2}^\delta(x_i)$，那么 $|n_{B_1}^\delta(x_i)| \geqslant |n_{B_2}^\delta(x_i)|$。根据定义 3-8 中邻域下、上近似集的计算公式，可得出 $\underline{B_{1\delta}}(X) \subseteq \underline{B_{2\delta}}(X)$ 和 $\overline{B_{1\delta}}(X) \supseteq \overline{B_{2\delta}}(X)$。然后由定义 3-9 可得 $p_{B_1}(D) \leqslant p_{B_2}(D)$，再根据式(3-16)推出 $H_p(B_1) \leqslant H_p(B_2)$。

定义 3-11　给定一个邻域决策系统 NDS $= (U, C, D, \delta)$，特征子集 $B \subseteq C$。$n_B^\delta(x_i)$ 表示样本 x_i 由邻域关系 $\mathrm{NR}_\delta(B)$ 生成的邻域类，$[x_i]_D$ 表示样本 x_i 由等价关系 $R(D)$ 生成的等价类。那么，决策特征 D 和条件特征子集 B 的邻域近似决策熵定义为

$$H_p(D, B) = -\frac{p_B(D)}{|U|} \sum_{i=1}^{|U|} \log \left(\frac{\left| n_B^\delta(x_i) \bigcap [x_i]_D \right|^2}{|U| \|[x_i]_D\|} \right) \tag{3-17}$$

定理 3-8　给定一个邻域决策系统 NDS $= (U, C, D, \delta)$，存在两个特征子集 $B_1 \subseteq B_2 \subseteq C$。对于论域 U 中任意一个样本 x_i，有 $H_p(D, B_1) \leqslant H_p(D, B_2)$。

证明：对于 C 中任意两个特征子集 B_1 和 B_2，若 $B_1 \subseteq B_2$，则 $n_{B_1}^{\delta}(x_i) \supseteq n_{B_2}^{\delta}(x_i)$，那么有 $U \supseteq n_{B_1}^{\delta}(x_i) \bigcap [x_i]_D \supseteq n_{B_2}^{\delta}(x_i) \bigcap [x_i]_D \supseteq \{x_i\}$，于是可得 $|U| \geqslant |n_{B_1}^{\delta}(x_i) \bigcap [x_i]_D| \geqslant |n_{B_2}^{\delta}(x_i) \bigcap [x_i]_D|$，则有 $\dfrac{|U|^2}{|U||[x_i]_D|} \geqslant \dfrac{|n_{B_1}^{\delta}(x_i) \bigcap [x_i]_D|^2}{|U||[x_i]_D|} \geqslant \dfrac{|n_{B_2}^{\delta}(x_i) \bigcap [x_i]_D|^2}{|U||[x_i]_D|} \geqslant \dfrac{1}{|U||[x_i]_D|}$，

$$\log\left(\frac{|U|}{|[x_i]_D|}\right) \geqslant \log\left(\frac{|n_{B_1}^{\delta}(x_i) \bigcap [x_i]_D|^2}{|U||[x_i]_D|}\right) \geqslant \log\left(\frac{|n_{B_2}^{\delta}(x_i) \bigcap [x_i]_D|^2}{|U||[x_i]_D|}\right) \geqslant \log\left(\frac{1}{|U||[x_i]_D|}\right)。$$

根据定义 3-8 中邻域下、上近似集的计算公式可得 $\underline{B_1}_{\delta}(X) \subseteq \underline{B_2}_{\delta}(X)$ 和 $\overline{B_1}_{\delta}(X) \supseteq \overline{B_2}_{\delta}(X)$，由定义 3-9 可得 $p_{B_1}(D) \leqslant p_{B_2}(D)$。最后根据式 (3-17) 有 $H_p(D, B_1) \leqslant H_p(D, B_2)$。

单调性是特征约简不确定性度量的重要性质之一[38]。根据定理 3-8 可以看出在添加条件特征时，邻域近似决策熵是单调递减的，验证了该不确定性度量的单调性。

定理 3-9　给定一个邻域决策系统 NDS $= (U, C, D, \delta)$，特征子集 $B \subseteq C$，则 $H_p(D, B) \geqslant H_p(B)$。

证明：根据定义 3-10 和定义 3-11 可得

$$H_p(D,B) - H_p(B) = -\frac{p_B(D)}{|U|}\sum_{i=1}^{|U|}\log\left(\frac{|n_B^{\delta}(x_i)\bigcap[x_i]_D|^2}{|U||[x_i]_D|}\right) + \frac{p_B(D)}{|U|}\sum_{i=1}^{|U|}\log\frac{|n_B^{\delta}(x_i)|}{|U|}$$

$$= -\frac{p_B(D)}{|U|}\sum_{i=1}^{|U|}\log\left(\frac{|n_B^{\delta}(x_i)\bigcap[x_i]_D|^2}{|U||[x_i]_D|}\cdot\frac{|U|}{|n_B^{\delta}(x_i)|}\right)$$

$$= -\frac{p_B(D)}{|U|}\sum_{i=1}^{|U|}\log\left(\frac{|n_B^{\delta}(x_i)\bigcap[x_i]_D|^2}{|[x_i]_D||n_B^{\delta}(x_i)|}\right)$$

$$= -\frac{p_B(D)}{|U|}\sum_{i=1}^{|U|}\log\left(\frac{|n_B^{\delta}(x_i)\bigcap[x_i]_D|}{|[x_i]_D|}\cdot\frac{|n_B^{\delta}(x_i)\bigcap[x_i]_D|}{|n_B^{\delta}(x_i)|}\right)$$

由于存在 $0 \leqslant \dfrac{|\beta_B(D)|}{|U|} \leqslant \dfrac{1}{|U|}$，$n_B^{\delta}(x_i) \bigcap [x_i]_D \subseteq n_B^{\delta}(x_i)$ 和 $n_B^{\delta}(x_i) \bigcap [x_i]_D \subseteq [x_i]_D$，则有 $|n_B^{\delta}(x_i) \bigcap [x_i]_D| \leqslant |n_B^{\delta}(x_i)|$，$|n_B^{\delta}(x_i) \bigcap [x_i]_D| \leqslant |[x_i]_D|$，所以可得 $\dfrac{|n_B^{\delta}(x_i) \bigcap [x_i]_D|}{|n_B^{\delta}(x_i)|} \leqslant 1$，$\dfrac{|n_B^{\delta}(x_i) \bigcap [x_i]_D|}{|[x_i]_D|} \leqslant 1$，于是 $H_p(D,B) - H_p(B) \geqslant 0$ 成立，即 $H_p(D,B) \geqslant H_p(B)$。

3.2.4　基于邻域近似决策熵的特征选择算法

定义 3-12　给定一个邻域决策系统 NDS = (U, C, D, δ)，特征子集 $B \subseteq C$，则如果对于 B 中任意一个特征 a，有 $H_p(D|B) \leqslant H_p(D \mid B - \{a\})$，则称特征 a 在 B 中关于 D 是冗余的；否则是必不可少的。如果 B 中任意一个特征关于 D 都是必不可少的，则称 B 是独立的。如果 B 满足以下两个条件，则称其为 C 关于 D 的一个约简：

（1）$H_p(D, B) = H_p(D, C)$；

（2）$H_p(D \mid B - \{a\}) < H_p(D|B)$，$\forall a \in B$。

显然，C 相对于 D 的约简是保留 C 和 D 邻域近似决策熵的最小特征子集。

定义 3-13　给定一个邻域决策系统 NDS = (U, C, D, δ)，特征子集 $B \subseteq C$，则对于 $\forall a \in B$，其内部重要度定义为

$$\text{Sig}_{\text{in}}(a, B, D) = H_p(D, B) - H_p(D, B - \{a\}) \tag{3-18}$$

定义 3-14　给定一个邻域决策系统 NDS = (U, C, D, δ)，特征子集 $B \subseteq C$，则对于 $\forall a \in C - B$，其外部重要度定义为

$$\text{Sig}_{\text{out}}(a, B, D) = H_p(D, B \cup \{a\}) - H_p(D, B) \tag{3-19}$$

由定义 3-14 可知，初始化特征子集 $B = \varnothing$ 时，$\text{Sig}(a, B, D) = H_p(D, \{a\})$。

值得注意的是，在一个邻域决策系统中，每次测试特征重要度 $\text{Sig}(a, B, D)$ 最大值的计算实际上是测试 $H_p(D, B - \{a\})$ 最小值或 $H_p(D, B \cup \{a\})$ 最大值的计算。

在算法 3-4 中描述了基于邻域近似决策熵的特征选择算法（NADEFS），具体流程如图 3-4 所示。

算法 3-4　NADEFS 算法

输入：一个邻域决策系统 NDS = (U, C, D, δ)。

输出：一个特征子集 red。

步骤 1：初始化特征子集 red = $\varnothing$；

步骤 2：当 $\text{Sig}(C, \text{red}, D) = 0$ 时执行

步骤 3：　　令 $h = 0$；

步骤 4：　　对于 $C - \text{red}$ 中的每个特征 a 计算 $H_p(D, \text{red}\{a\})$；

步骤 5：　　　如果有 $H_p(D \mid \text{red}\{a\}) > h$ 则

步骤 6：　　　　令 red = red $\cup \{a\}$，$h = H_p(D, \text{red}(a))$；

步骤 7：对于上述步骤中得到的 red 中每个特征 a 计算 $H_p(D, \text{red} - \{a\})$；

步骤 8：　　如果有 $H_p(D, \text{red} - \{a\}) \geqslant H_p(D, C)$ 则

步骤 9：　　　令 red = red $- \{a\}$；

步骤 10：返回特征子集 red；

步骤 11：结束。

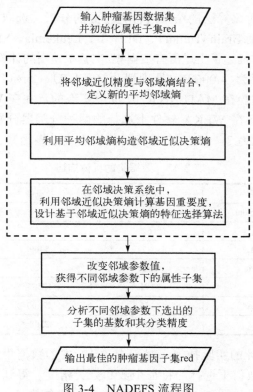

图 3-4　NADEFS 流程图

3.2.5　算法计算复杂度分析

从算法 3-4 可以看出，在基因重要度的计算中，需要多次计算由条件特征产生的邻域类和邻域近似决策熵，这在很大程度上影响了特征选择的时间复杂度。假设特征数为 m，样本数为 n，计算邻域类的复杂度为 $O(mn)$，邻域近似决策熵的计算复杂度为 $O(n)$。由于 $O(n)<O(mn)$，重要度的计算复杂度为 $O(mn)$。在步骤 2～步骤 6 中有两个循环，那么 NADEFS 最坏的时间复杂度是 $O(m^3n)$。假设选择的特征个数为 mR，邻域类的计算只考虑候选特征，而不是所有特征，那么邻域类的时间复杂度为 $O(mRn)$。外层循环次数为 mR，内层循环次数为 $m-mR$，因此，这部分的时间复杂度是 $O(mR(m-mR)mRn)$。与上一步类似，步骤 7～步骤 9 的时间复杂度为 $O(mRn)$。在大多数情况下 $mR\ll m$。因此，NADEFS 的时间复杂度近似为 $O(mn)$。此外，其空间复杂度为 $O(mn)$。

3.2.6　实验结果与分析

为了展示 3.2.4 小节中提出的特征选择算法在多个公开肿瘤基因数据集上的分

类性能，需要对所有对比算法的结果进行更全面的分析。选取 7 个具有高维特征的肿瘤基因数据集，包括 Brain_Tumor1、DLBCL、Leukemia、SRBCT、Colon、Lung 和 Prostate。表3-17具体描述了上述所有数据集。实验中使用的计算机系统为 Windows7、64 位操作系统、内存为 4.00GB、处理器为 Intel(R) Core(TM) i5-3470 CPU @ 3.20GHz。所有仿真实验在 MATLAB R2014a 中实现的，并在 WEKA 软件上选择分类器验证其分类精度。在 WEKA 软件上选择的两种分类器分别为 KNN 和 SVM，其中 KNN 中参数 k 设为 3，SVM 中的核函数设为线性核函数。

表 3-17　数据集的具体描述

序号	数据集	样本数	特征数	类别数
1	Brain_Tumor1	90	5920	5
2	Colon	62	2000	2
3	DLBCL	77	5469	2
4	Leukemia	72	7129	2
5	Lung	181	12533	2
6	Prostate	136	12600	2
7	SRBCT	63	2308	4

根据文献[8]中设计的实验技术，对于表 3-17 中的数据集进行邻域参数值的选定，讨论不同邻域参数值下选择的特征个数和分类精度，得到合适的邻域参数值和更优的特征子集。结果如图 3-5 所示，横轴表示邻域参数 δ，$\delta \in [0.05, 1]$，步长为 0.05。图 3-5(a)～图 3-5(g)显示了 7 个肿瘤基因数据集在不同邻域参数值下选择的

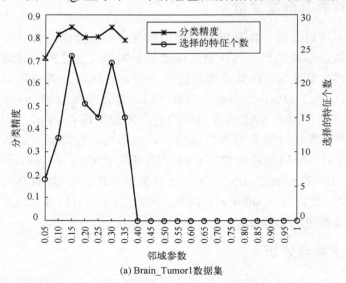

(a) Brain_Tumor1数据集

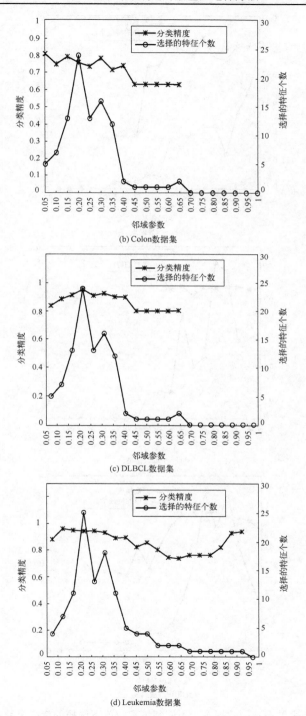

(b) Colon数据集

(c) DLBCL数据集

(d) Leukemia数据集

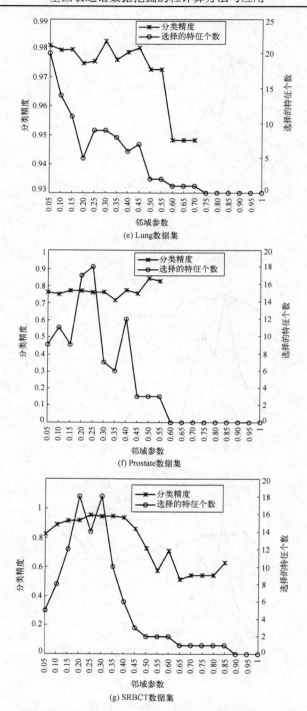

(e) Lung数据集

(f) Prostate数据集

(g) SRBCT数据集

图 3-5　在 7 个肿瘤基因数据集上不同邻域参数值下选择的特征个数和分类精度

特征个数和分类精度。对于图 3-5(a)中的 Brain_Tumor1 数据集，当邻域参数取 0.15 时，分类精度达到最大值。对于图 3-5(b)中 Colon 数据集，随着参数值的不断增大，所选特征的数量先增加后减少，分类精度逐渐下降，当参数为 0.05 时，分类精度达到最大值。对于图 3-5(c)中的 DLBCL 数据集，当参数在区间[0.15, 0.3]取值时，分类精度略有差异，当参数为 0.15 时选择的特征个数较少。对于图 3-5(d)～图 3-5(g)中的 Leukemia、Lung、Prostate 和 SRBCT 数据集，当参数分别为 0.1、0.3、0.5 和 0.25 时，分类精度最高。此外，当邻域参数取值到 0.5 时，所选特征的数量趋近于零。因此，合适的邻域参数取值区间为[0.05, 0.5]。

根据上述分析选取相应的邻域参数，比较 7 个肿瘤基因数据集的原始数据和算法 3-4 约简数据的分类结果，如表 3-18 所示。相应的邻域参数值在最后一列，粗体表示最佳值。

表 3-18　两种分类器下原始数据和约简数据的分类结果

数据集	原始数据			采用算法 3-4 的约简数据			δ
	特征	SVM	KNN	特征	SVM	KNN	
Brain_Tumor1	5920	**0.86**	0.783	13	0.83	**0.897**	0.15
Colon	2000	0.965	0.896	10	**0.993**	**0.998**	0.05
DLBCL	5469	**0.811**	0.776	5	0.808	**0.818**	0.15
Lung	7129	0.979	0.975	6	**0.99**	**0.99**	0.1
Leukemia	12533	**0.973**	0.842	6	0.967	**0.981**	0.3
Prostate	12600	**0.916**	0.796	3	0.829	**0.858**	0.5
SRBCT	2308	0.984	0.808	6	**1**	**1**	0.25
平均值	6851.3	**0.927**	0.839	7	0.917	**0.935**	

从表 3-18 可以看出，NADEFS 算法可以在不损失分类精度的情况下，大大减少特征个数，剔除了大部分冗余特征。在 7 个高维基因表达数据集中，KNN 分类器的分类精度高于原始数据，SVM 分类器的分类精度存在一定差异。在 KNN 分类器上，所有数据集的分类精度都高于原始数据。在 SVM 分类器上，Brain_Tumor1 数据集的分类精度比原始数据低 3%，Colon 和 Leukemia 数据集的分类精度略低于原始数据。结果表明，约简后的特征子集能够保持原始数据的分类精度。而对于 Prostate 数据集，在 SVM 分类器上的分类精度比原始数据低 9%。这种情况可能是由于在选择过程中丢失了一些具有重要信息的特征。此外，对于平均分类精度，NADEFS 算法在 KNN 分类器上为 0.935，比原始数据集高出 10%，在 SVM 分类器上为 0.917，和原始数据集基本相同。因此，NADEFS 算法在高维数据集上的降维是有效的。

本节执行肿瘤基因数据集的高维约简分类，将 NADEFS 算法与其他三种基于熵的特征约简算法在表 3-17 中的 5 个高维肿瘤基因数据集(Brain_Tumor1、Colon、DLBCL、Leukemia 和 SRBCT)上的分类性能进行比较分析。对比算法包括：基于互熵的属性约简算法(MEAR)[18]、基于熵增益的属性约简算法(EGAR)[8]、基于平均决策邻域的属性约简算法(ADNEAR)[39]。表 3-19 和表 3-20 分别显示了在 KNN 和 SVM 分类器上选择的基因数量和分类精度。

表 3-19　在 KNN 分类器上约简算法的分类结果

数据集	MEAR		EGAR		ADNEAR		NADEFS	
	基因	分类精度	基因	分类精度	基因	分类精度	基因	分类精度
Brain_Tumor1	2	0.683	8	0.667	9	0.711	13	**0.897**
Colon	5	0.77	5	0.540	5	0.555	5	**0.817**
DLBCL	2	0.765	20	0.752	7	0.757	10	**0.998**
Leukemia	3	0.928	3	0.587	3	0.587	6	**0.981**
SRBCT	4	0.537	8	0.503	8	0.503	6	**1**
平均值	3.2	0.737	8.2	0.610	6.4	0.622	8	**0.938**

由表 3-19 和表 3-20 可知，在 KNN 和 SVM 分类器上 NADEFS 算法的平均分类精度分别为 0.938 和 0.919。MEAR、EGAR 和 ADNEAR 算法选择的基因分类精度远低于 NADEFS 算法。对于 MEAR 算法，由于离散化过程通常会导致大量有用的基因信息丢失，所以其分类精度较低。在选择的基因数量上，EGAR、ADNEAR 和 NADEFS 算法没有显著差异。然而，NADEFS 算法的分类精度优于 EGAR 和 ADNEAR 算法。实验结果表明，该算法能够找到信息最丰富的分类基因。在 Colon 数据集上，NADEFS 算法的分类精度为 0.808，略低于 MEAR 算法。在 SRBCT 数据集上，NADEFS 算法的分类精度明显高于其他算法，且仅选择了 6 个基因。

表 3-20　在 SVM 分类器上约简算法的分类结果

数据集	MEAR		EGAR		ADNEAR		NADEFS	
	基因	分类精度	基因	分类精度	基因	分类精度	基因	分类精度
Brain_Tumor1	2	0.691	8	0.666	9	0.666	13	**0.830**
Colon	5	**0.849**	5	0.643	5	0.643	5	0.808
DLBCL	2	0.777	20	0.862	7	0.862	10	**0.993**
Leukemia	3	0.920	3	0.536	3	0.536	6	**0.967**
SRBCT	4	0.539	8	0.535	8	0.535	6	**1**
平均值	3.2	0.755	8.2	0.648	6.4	0.648	8	**0.919**

为了进一步验证 NADEFS 算法的分类性能，在 4 个肿瘤基因数据集(Colon、Leukemia、Lung 和 Prostate)上选取 7 种相关的降维方法从选择的基因数量和分类精

度两方面进行评估。对比方法包括：SFS 算法[27]、SGL 算法[24]、ASGL-CMI 算法[25]、SC^2 算法[15]、FLD-NDGS 算法[5]、LLE-NRS 算法[20]、Relief + NRS 算法[1, 21]。在 WEKA 工具中的 SVM 分类器上进行仿真实验，选择的基因数量和分类精度分别如表 3-21 和表 3-22 所示，符号"—"表示 SGL 和 ASGL-CMI 算法在 Leukemia 数据集上未得到约简结果。

根据表 3-21 和表 3-22 中的实验结果，可以清晰地看出 8 种方法之间的差异。对于 SGL 和 ASGL-CMI 算法，选择的基因数量明显高于其他六种算法，因此 SGL 和 ASGL-CMI 算法的分类精度并不理想。对于 SFS、SC^2、FLD-NDGS 和 NADEFS 等算法，所选基因的平均数量小于 10，NADEFS 算法选择的基因数少于 SFS、LLE-NRS 和 Relief+NRS 算法，与 SC^2 和 FLD-NDGS 算法基本相同。对于 Colon 数据集，NADEFS 算法的分类精度为 0.81，略低于 SGL、ASGL-CMI、FLD-NDGS 和 LLE-NRS 算法，但对于 Leukemia、Lung 和 Prostate 数据集，NADEFS 算法的分类精度分别是 0.967、0.987 和 0.858。对于 SFS、SC^2、LLE-NRS 和 Relief+NRS 算法，其分类结果不如 NADEFS 算法稳定。总体来说，本节提出的 NADEFS 算法在不同数据集上的分类效果略有不同，但不影响算法的平均分类能力。在平均分类精度方面，NADEFS 算法的分类准确率最高。因此，NADEFS 算法在高维的肿瘤基因数据集上的降维是有效的。

表 3-21　8 种降维方法在 4 个肿瘤基因数据集上选择的基因数量

数据集	SFS	SGL	ASGL-CMI	SC^2	FLD-NDGS	LLE-NRS	Relief+NRS	NADEFS
Colon	19	55	33	**4**	6	16	9	5
Leukemia	7	—	—	**5**	6	22	17	6
Lung	**3**	43	32	**3**	16	16	23	6
Prostate	**3**	34	29	5	4	19	16	**3**
平均值	8	44	31.3	**4.25**	4.75	18.25	16.25	5

表 3-22　8 种降维方法在 4 个肿瘤基因数据集上的分类精度

数据集	SFS	SGL	ASGL-CMI	SC^2	FLD-NDGS	LLE-NRS	Relief+NRS	NADEFS
Colon	0.521	0.826	0.851	0.805	**0.88**	0.84	0.564	0.81
Leukemia	**0.969**	—	—	0.852	0.828	0.868	0.563	0.967
Lung	0.833	0.827	0.841	0.806	0.889	0.907	0.919	**0.987**
Prostate	0.840	0.834	**0.858**	0.795	0.8	0.711	0.642	**0.858**
平均值	0.791	0.829	0.85	0.815	0.849	0.832	0.672	**0.898**

3.2.7　小结

本节提出了一种基于邻域近似决策熵的肿瘤基因数据的特征选择方法。由于特征重要性的代数定义与信息论定义具有很强的互补性，研究了基于邻域熵的不确定性度量在邻域决策系统中的应用。在邻域决策系统中定义了邻域近似精度，将其引入邻域熵度量中，进而构造了邻域近似决策熵，并提出了一种基于邻域近似决策熵的特征选择算法，以解决复杂数据集的不确定性和噪声问题。针对实际问题，在 7 个具有高维微阵列肿瘤基因数据集上的一系列实验结果验证了该方法的有效性。实验结果表明，与其他相关的特征选择算法相比，本节提出的算法具有更强的约简能力，在不影响分类精度的前提下可以有效去除大部分冗余特征。

3.3　基于 Lebesgue 测度和邻域熵的邻域粗糙集特征选择方法

3.3.1　引言

在粗糙集或邻域粗糙集理论基础上，大多数度量特征选择方法的启发条件都是从代数观点或信息论观点单方面定义的[28,42]。Ge 等从相对区分角度出发在粗糙集模型中研究了基于正域的特征约简算法[47]。Li 等提出了一种邻域决策粗糙集中的基于正域的相对特征约简方法[48]。Shannon 引入信息熵来表示不同领域信息的表达程度[44,49]。Sun 等提出了一种基于粗糙熵的不确定性度量方法，以提高特征选择算法的分类性能[50]。现有的基于代数观点或基于信息论观点的度量方法构造的特征重要度在描述特征对论域中的分类子集产生的影响时存在一定的差异，且在实际应用中都有一定的局限性[11,45]。为了克服这一缺点，同时在代数观点和信息论观点的理论基础上研究度量特征约简质量的启发条件：Wang 研究了代数观点和信息论观点中的粗糙约简，给出了代数观点和信息论观点下的约简和相对约简定义，通过对冗余样本和特征的过滤，增强了粗糙集理论中代数观点和信息论观点下的特征约简算法的分类性能[10]。然而，传统的粗糙集模型仅对有限集进行分析，且在处理含有符号型和连续数值型数据的信息系统时需要进行离散化，但这一过程在一定程度上会影响原始信息系统的数据表达，可能会导致一些有用信息的丢失[39]。因此，在粗糙集模型的理论基础上引入邻域关系的概念，解决连续数值型数据的离散化问题[51]。Halmos 引入测度理论中的 Lebesgue 测度来实现无限集合的不确定性度量[46]。Lebesgue 测度可以有效地对可数无限集的不确定性进行度量[1]，因此利用 Lebesgue 测度良好的极限性质来辅助研究不确定性度量，弥补传统模型不能理论分析可数无限集的缺陷。同时，在代数观点和信息论观点的理论基础上，本节针对含有符号型和数值型数据的邻域决策系统，引入 Lebesgue 测度理论，设计一种基于 Lebesgue 测度和熵度量的邻域粗糙集特征选择算法以提高原始信息系统的分类性能。

3.3.2　基于 Lebesgue 测度的不确定性度量

假设 NDS = $<U, C, D, \delta>$ 是一个邻域决策系统，其中，U 是非空可数无限集，C 是条件特征集，D 是决策特征集，δ 为邻域参数。

定义 3-15　给定邻域决策系统 NDS = $<U, C, D, \delta>$，条件特征子集 $B \subseteq C$，样本 $x, y \in U$，$\varDelta_B(x,y)$ 是距离函数且邻域参数 $\delta \in [0,1]$，则 x 关于 B 的基于 Lebesgue 测度的邻域类定义为

$$m(n_B^\delta(x)) = m(\{x, y \in U \mid \varDelta_B(x,y) \leqslant \delta\}) \tag{3-20}$$

性质 3-2　给定邻域决策系统 NDS = $<U, C, D, \delta>$，对于任意条件特征子集 $P, Q \subseteq C$，样本 $x \in U$，以下性质成立：

(1) $m(U) = |U|$；

(2) 如果 $Q \subseteq P$，则 $m(n_P^\delta(x)) \leqslant m(n_Q^\delta(x))$。

定义 3-16　给定邻域决策系统 NDS = $<U, C, D, \delta>$，条件特征子集 $B \subseteq C$，对于任意样本子集 $X \subseteq U$，$n_B^\delta(x)$ 为 $x \in U$ 关于 B 的邻域类，则 X 关于 B 的基于 Lebesgue 测度的邻域上、下近似集分别定义为

$$m(\overline{B}(X)_\delta) = m(\{x \in U \mid n_B^\delta(x) \bigcap X \neq \varnothing\}) \tag{3-21}$$

$$m(\underline{B}(X)_\delta) = m(\{x \in U \mid n_B^\delta(x) \subseteq X\}) \tag{3-22}$$

定义 3-17　给定邻域决策系统 NDS = $<U, C, D, \delta>$，条件特征子集 $B \subseteq C$，对于任意样本子集 $X \subseteq U$，则 X 关于 B 的基于 Lebesgue 测度的邻域近似精度和邻域近似粗糙度分别定义为

$$\rho_{B,L}^\delta(X) = \frac{m(\underline{B}(X)_\delta)}{m(\overline{B}(X)_\delta)} \tag{3-23}$$

$$\gamma_{B,L}^\delta(X) = 1 - \rho_{B,L}^\delta(X) \tag{3-24}$$

定理 3-10　给定邻域决策系统 NDS = $<U, C, D, \delta>$，条件特征子集 $Q \subseteq P \subseteq C$，对于任意样本子集 $X \subseteq U$，则 $\rho_{Q,L}^\delta(X) \leqslant \rho_{P,L}^\delta(X)$ 和 $\gamma_{Q,L}^\delta(X) \geqslant \gamma_{P,L}^\delta(X)$ 成立。

3.3.3　基于邻域熵的不确定性度量

在粗糙集模型中，信息熵常作为评估信息系统中等价类的度量，然而在含有符号型和数值型数据的决策系统中对等价类的度量是不合适的[52]。为了解决这个问题，在信息熵中引入邻域的概念，扩展 Shannon 熵[53]，根据 Lebesgue 测度能度量可数无限集

的特性[46]，将 Lebesgue 测度引入邻域决策系统来分析信息熵度量。

定义 3-18[51]　　给定邻域决策系统 NDS = $<U, C, D, \delta>$，对于任意条件特征子集 $B \subseteq C$，样本 $x_k \in U$，$k = 1, 2, \cdots, m$，$n_B^\delta(x_k)$ 为 x_k 关于 B 的邻域类，$[x_k]_D$ 是由决策特征 D 形成的等价类，则 B 的邻域熵以及 B 与 D 的邻域联合熵分别定义为

$$H_\delta(B) = -\frac{1}{|U|} \sum_{k=1}^{|U|} \log_2 \frac{\left|n_B^\delta(x_k)\right|}{|U|} \tag{3-25}$$

$$H_\delta(B \cup D) = -\frac{1}{|U|} \sum_{k=1}^{|U|} \log_2 \left(\frac{\left|n_B^\delta(x_k) \bigcap [x_k]_D\right|}{|U|} \right) \tag{3-26}$$

定义 3-19　　给定邻域决策系统 NDS = $<U, C, D, \delta>$，条件特征子集 $B \subseteq C$，样本 $x_k \in U$，$k = 1, 2, \cdots, m$，$m(n_B^\delta(x_k))$ 为 x_k 关于 B 的基于 Lebesgue 测度的邻域类，则 B 的基于 Lebesgue 测度的邻域熵定义为

$$HL_\delta(B) = -\frac{1}{m(U)} \sum_{k=1}^{|U|} \log_2 \frac{m(n_B^\delta(x_k))}{m(U)} \tag{3-27}$$

定义 3-20　　给定邻域决策系统 NDS = $<U, C, D, \delta>$，条件特征子集 $B \subseteq C, x_k \in U$，$k = 1, 2, \cdots, m$，$m(n_B^\delta(x_k))$ 为关于 B 的基于 Lebesgue 测度的邻域类，$[x_k]_D$ 是由决策特征 D 形成的等价类，则 B 和 D 的基于 Lebesgue 测度的邻域联合熵定义为

$$HL_\delta(B \cup D) = -\frac{1}{m(U)} \sum_{k=1}^{|U|} \log_2 \frac{m(n_B^\delta(x_k) \bigcap [x_k]_D)}{m(U)} \tag{3-28}$$

定理 3-11　　给定邻域决策系统 NDS = $<U, C, D, \delta>$，对于任意条件特征子集 $Q \subseteq P \subseteq C$，则 $HL_\delta(Q \cup D) \leqslant HL_\delta(P \cup D)$。

定义 3-21　　给定邻域决策系统 NDS = $<U, C, D, \delta>$，条件特征子集 $B \subseteq C$，样本 $x \in U$，$n_B^\delta(x)$ 为 x 关于 B 的邻域类，$\gamma_{B,L}^\delta(d_j)$ 为 D 关于 B 的基于 Lebesgue 测度的邻域近似粗糙度，$d_j \in U/D = \{d_1, d_2, \cdots, d_l, \cdots\}$，$j = 1, 2, \cdots, l, \cdots$，则 D 关于 B 的基于 Lebesgue 测度的邻域粗糙联合熵 (Neighborhood Rough Joint Entropy, NRH) 定义为

$$NRH(D,B) = -\frac{1}{m(U)} \sum_{j=1}^{\infty} \log_2^{(2-\gamma_{B,L}^\delta(d_j))} \times \int_{x \in U} \log_2 \frac{m(n_B^\delta(x) \bigcap d_j)}{m(U)} dx \tag{3-29}$$

值得注意的是，粗糙集模型中基于上、下近似集的概念和计算都是基于代数观点的，而信息熵及其扩展概念的计算都是基于信息论观点的。在不确定性度量中，基于 Lebesgue 测度的邻域粗糙度是代数观点下的，而基于 Lebesgue 测度的信息熵是信息论观点下的。因此，定义 3-21 可以同时在代数观点和信息论观点的理论基础上分析基于 Lebesgue 测度和熵度量的邻域决策系统的不确定性度量。

3.3.4　基于邻域粗糙联合熵的特征选择

定理 3-12　给定邻域决策系统 NDS $= <U, C, D, \delta>$，对于任意条件特征子集 $Q \subseteq P \subseteq C$，则 $\mathrm{NRH}(D, Q) \leqslant \mathrm{NRH}(D, P)$。

证明：设任意条件特征子集 $Q \subseteq P \subseteq C$，样本 $x \in U$，$d_j \in U/D = \{ d_1, d_2, \cdots, d_l, \cdots \}$，$j = 1, 2, \cdots, l, \cdots$，由定理 3-10 和定理 3-11 可知，$\gamma_{P,L}^\delta(d_j) \leqslant \gamma_{Q,L}^\delta(d_j)$ 和 $\mathrm{HL}_\delta(Q \cup D) \leqslant$

$\mathrm{HL}_\delta(P \cup D)$，即 $-\dfrac{1}{m(U)} \displaystyle\int_{x \in U} \log_2 \dfrac{m(n_Q^\delta(x) \cap d_j)}{|U|} \mathrm{d}x \leqslant -\dfrac{1}{m(U)} \displaystyle\int_{x \in U} \log_2 \dfrac{m(n_P^\delta(x) \cap d_j)}{|U|} \mathrm{d}x$。

当 $n_Q^\delta(x) = n_P^\delta(x)$ 时，$\mathrm{NRH}(D, Q) = \mathrm{NRH}(D, P)$。因此，$\mathrm{NRH}(D, Q) \leqslant \mathrm{NRH}(D, P)$。

定义 3-22　给定邻域决策系统 NDS $= <U, C, D, \delta>$，条件特征子集 $B \subseteq C$，B 是 C 相对于 D 的一个约简，当且仅当：

（1）$\mathrm{NRH}(D, B) = \mathrm{NRH}(D, C)$；

（2）对于任意特征 $a \in B$，有 $\mathrm{NRH}(D, B) > \mathrm{NRH}(D, B - \{a\})$。

定义 3-23　给定邻域决策系统 NDS $= <U, C, D, \delta>$，条件特征子集 $B \subseteq C$，对于任意特征 $a \in B$，则 a 在 B 中相对于 D 的内部特征重要度定义为

$$\mathrm{Sig}^{\mathrm{inner}}(a, B, D) = \mathrm{NRH}(D, B) - \mathrm{NRH}(D, B - \{a\}) \tag{3-30}$$

定义 3-24　给定邻域决策系统 NDS $= <U, C, D, \delta>$，条件特征子集 $B \subseteq C$，对于任意特征 $a \in B$ 是必要的，当且仅当 $\mathrm{Sig}^{\mathrm{inner}}(a, B, D) > 0$；否则，$a$ 是不必要的。如果对于 B 中的每一个 a 都是必要的，则 B 是独立的；否则 B 是不独立的。

定义 3-25　给定邻域决策系统 NDS $= <U, C, D, \delta>$，对于任意特征 $a \in C$，如果 $\mathrm{Sig}^{\mathrm{inner}}(a, C, D) > 0$，则 a 是 C 中相对于 D 的一个核特征。

定义 3-26　给定邻域决策系统 NDS $= <U, C, D, \delta>$，条件特征子集 $B \subseteq C$，对于任意特征 $a \in C-B$，则 a 相对于 D 的外部特征重要度定义为

$$\mathrm{Sig}^{\mathrm{outer}}(a, B, D) = \mathrm{NRH}(D, B \cup \{a\}) - \mathrm{NRH}(D, B) \tag{3-31}$$

3.3.5　特征选择算法

为便于理解数据预处理中特征选择方法的构造流程，本节将其流程展示在图 3-6 中。针对邻域决策系统，构造一种基于邻域粗糙联合熵的特征选择算法（Feature Selection Algorithm based on Neighborhood Rough Joint Entropy, FSNRJE）。

算法 3-5　FSNRJE 算法

输入：一个邻域决策系统 NDS $= <U, C, D, \delta>$ 和邻域参数 δ。

输出：最优特征子集 B。

步骤 1：初始化 $B = \varnothing$。

步骤 2：计算 $\text{NRH}(D, C)$。

步骤 3：对于任意 $a_i \in C$，计算 $\text{Sig}^{\text{inner}}(a_i, C, D)$。如果 $\text{Sig}^{\text{inner}}(a_i, C, D) > 0$，则 $B = B \cup a_i$。

步骤 4：此时，若 $B \neq \varnothing$，计算 $\text{NRH}(D, B)$。如果 $\text{NRH}(D, B) = \text{NRH}(D, C)$，则转到步骤 7；否则，执行步骤 5。若 $B = \varnothing$，则执行步骤 5。

步骤 5：令 $R = C - B$，并执行如下步骤：

(a) 对于每一个 $a_j \in R$，计算 $\text{NRH}(D, B \cup \{a_j\})$；

(b) 选择 a_j 使其满足 $\text{NRH}(D, B \cup \{a_j\}) = \max\{a_j \in R | \text{NRH}(D, B \cup \{a_j\})\}$（如果满足条件的特征有多个，则随机选择一个）。

步骤 6：令 $B = B \cup \{a_j\}$，$R = R - \{a_j\}$，计算新的 $\text{NRH}(D, B)$，判断 $\text{NRH}(D, B) = \text{NRH}(D, C)$ 是否成立，若成立执行步骤 7；否则，转到步骤 5(a)。

步骤 7：$\forall a_k \in B$，计算 $\text{NRH}(D, B - \{a_k\})$。

步骤 8：如果 $\text{NRH}(D, B - \{a_k\}) \geqslant \text{NRH}(D, B)$，则 $B = B - \{a_k\}$。

步骤 9：返回最优特征子集 B。

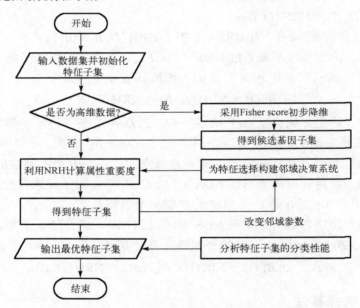

图 3-6　特征选择算法流程图

在 FSNRJE 算法中，设 m 和 n 分别是数据集中的样本数和特征数，FSNRJE 算法的计算主要包括：获取邻域类和计算 NRH。引入 Bucket 排序算法[39]，将计算邻域类的复杂度降低到 $O(mn)$，且 NRH 的计算复杂度为 $O(n)$。在特征选择过程中，通常会选择少量的特征，设所选特征的个数为 r，在计算邻域类时，只需考虑候选特征子集而不需考虑整个特征集，则邻域类的计算复杂度降低到 $O(rm)$。在算法 3-5 中，外循环和内循环的次数分别为 n 和 $n - r$，则时间复杂度为 $O(rm(n - r)n)$，且在大多数情况下 $r \ll n$。因此，FSNRJE 算法的时间复杂度和空间复杂度均为 $O(mn)$。

实例 3-3 给定表 3-23 描述的邻域决策系统 NDS = <U, C, D, δ>，其中，论域 $U = \{x_1, x_2, x_3, x_4\}$，条件特征集 $C = \{a, b, c\}$，决策特征集 $D = \{d\}$ 且决策特征值 $\{Y, N\}$。

表 3-23　一个邻域决策系统

U	a	b	c	d
x_1	0.12	0.41	0.61	Y
x_2	0.21	0.15	0.14	Y
x_3	0.31	0.11	0.26	N
x_4	0.61	0.13	0.23	N

根据表 3-23，使用 FSNRJE 算法进行特征选择，设邻域参数 $\delta = 0.3$，过程如下：

(1) 初始化 $B = \varnothing$；

(2) 使 $C = \{a, b, c\}$，首先使用欧氏距离函数计算两样本之间的距离，如下

$$\Delta_C(x_1, x_2) = 0.54, \ \Delta_C(x_1, x_3) = 0.35, \ \Delta_C(x_1, x_4) = 0.68$$
$$\Delta_C(x_2, x_3) = 0.16, \ \Delta_C(x_2, x_4) = 0.41, \ \Delta_C(x_3, x_4) = 0.302$$

其次，得到每个样本的邻域类

$$n_C^\delta(x_1) = \{x_1\}, \ n_C^\delta(x_2) = \{x_2, x_3\}, \ n_C^\delta(x_3) = \{x_2, x_3\}, \ n_C^\delta(x_4) = \{x_4\}$$

在等价关系下有 $U/d = \{d_1, d_2\} = \{\{x_1, x_2\}, \{x_3, x_4\}\}$，则 C 关于 d_1 和 d_2 的上、下近似集分别为 $\overline{C}(d_1)_\delta = \{x_1, x_2, x_3\}$，$\underline{C}(d_1)_\delta = \{x_1\}$ 和 $\overline{C}(d_2)_\delta = \{x_2, x_3, x_4\}$，$\underline{C}(d_2)_\delta = \{x_4\}$。因此，$\gamma_{C,L}^\delta(d_1) = 0.6667$，$\gamma_{C,L}^\delta(d_2) = 0.6667$；则根据式(3-29)，NRH$(D, C) = 0.83$。

(3) 对于 C 中的每个特征，计算内部特征重要度如下

$$\text{Sig}^{\text{inner}}(a, C, D) = 0.5081, \ \text{Sig}^{\text{inner}}(b, C, D) = 0, \ \text{Sig}^{\text{inner}}(c, C, D) = 0.2075$$

因为，$\text{Sig}^{\text{inner}}(a, C, D) > 0$ 和 $\text{Sig}^{\text{inner}}(c, C, D) > 0$，则 $B = \{a, c\}$。

(4) 由于 $B = \{a, c\} \neq \varnothing$，且 NRH$(D, B) = 0.83 = $ NRH(D, C)，则 $B = \{a, c\}$。

(5) 同时，计算 NRH$(D, B - \{a\}) = $ NRH$(D, \{c\}) = 0.3219$ 和 NRH$(D, B - \{c\}) = $ NRH$(D, \{a\}) = 0.2925$；因为 NRH$(D, B - \{a\}) \leq$ NRH(D, B) 且 NRH$(D, B - \{c\}) \leq$ NRH(D, B)，则 $B = \{a, c\}$。

(6) 返回特征子集 $B = \{a, c\}$。

3.3.6　实验结果与分析

为验证所提特征选择方法的分类性能，在 4 个基因表达谱数据集上进行仿真实验，如表 3-24 所示，对于基因数据集，一个基因数据集可以由一个决策信息系统来描述，其中一个对象对应一个样本，一个条件特征表示一个基因，一个决策特征表示一个癌症子类。

表 3-24　4 个数据集的具体描述

序号	数据集	样本数	特征数	类别数
1	Prostate	136	12600	2
2	DLBCL	77	5469	2
3	Leukemia	72	11225	3
4	Tumors	327	12558	7

仿真实验中使用的计算机系统为 Windows 10、处理器为 Intel(R) Core(TM) i5-6500 CPU@3.20GHz、内存为 4.00GB，所有实验是在 MATLAB 2016a 编程软件中实现的，并在 WEKA 3.8 软件中选择了两种分类器(KNN 和 LibSVM)来验证分类性能。以下所有分类实验比较都是通过十折交叉验证来实现的，首先每个数据集被随机分成十份，每份都是相同大小的数据子集，其中一份数据子集作为测试集，其余九份作为训练集，10 个数据子集每个都被使用一次作为测试集；然后，重复十次交叉验证；最后，将 10 次结果的平均值作为特征选择的结果[10]。

本小节进行邻域参数的选择，讨论不同邻域参数值对特征子集的约简率和分类精度的影响，通过选择合适的邻域参数，得到最优特征子集。为平衡精度和约简率，得到合适的邻域参数值，提出约简率来评价所提特征选择方法的冗余性，并定义为

$$\text{Rate} = 1 - \frac{|R|}{|C|} \tag{3-32}$$

其中，$|C|$ 是数据集中条件特征个数，$|R|$ 是不同邻域参数下的特征子集个数。

对于 4 个高维基因数据集，采用 Fisher score 法[39]进行初步降维。对于每个基因数据集，首先，利用 Fisher score 法得到 Fisher 评分值并对其进行排序；其次，选择 g 个基因构建候选基因子集；最后，得到不同维度下的分类精度，为特征选择算法选择合适的维度。图 3-7 显示了 4 个基因数据集的分类精度与基因维度的变化趋势。

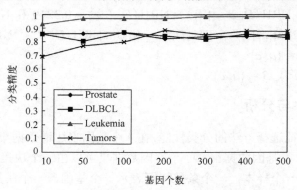

图 3-7　4 个基因数据集的分类精度与基因维度

　　由于基因子集的大小和分类精度在特征选择过程中同等重要，所以它们是评价特征选择质量的两个指标。根据图 3-7，当基因数增加时，分类精度也随之改变，对于 Prostate、DLBCL、Leukemia 和 Tumors 数据集，g 的值分别为 50、100、300和 200 维。

　　使用 FSNRJE 算法在 3NN 和 LibSVM 分类器下得到不同邻域参数下所有数据集的分类精度，如图 3-8 所示，其中，横坐标表示以 0.05 为间隔的邻域参数且 $\delta \in [0.05, 1]$。从图 3-8 中为每个数据集选出最佳的邻域参数值，表 3-25 展示了每个数据集的最佳邻域参数值。

　　本小节将 FSNRJE 算法与基于模糊信息熵的特征选择算法（Fuzzy Information Entropy-based Feature Selection Algorithm, FINEN）[54]和基于邻域熵的特征选择算法（Neighborhood Entropy-based Feature Selection Algorithm, NEIEN）[52]进行比较。表 3-26给出了 3 种方法在 4 个数据集上选择的特征子集和特征个数，FINEN、NEIEN 和

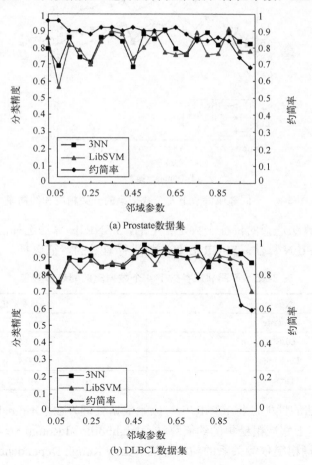

(a) Prostate数据集

(b) DLBCL数据集

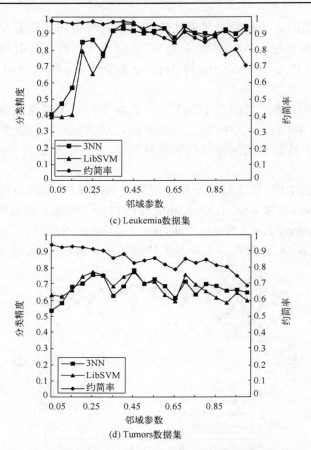

图 3-8　不同邻域参数下 4 个数据集的分类精度和约简率

FSNRJE 这 3 种算法选择的特征个数是相近的，FSNRJE 算法选择的特征的个数小于
FINEN 算法和 NEIEN 算法。FSNRJE 算法能进行有效的特征选择。

表 3-25　不同邻域参数下 4 个数据集的邻域参数值

数据集	邻域参数值
Prostate	0.9
DLBCL	0.5
Leukemia	0.4
Tumors	0.25

　　为验证该方法的性能，将 FSNRJE 与原始数据处理方法（Original Data Processing
Method，ODP）、基于邻域粗糙集的约简算法（Neighborhood Rough Set-based Algorithm，
NRS）[37]、基于模糊粗糙依赖关系的约简算法（Fuzzy Rough Dependency Relations-based

Dimensionality Reduction Algorithm，FRSINT)[55]、FINEN 和 NEIEN 进行比较。表 3-27 显示了通过十折交叉验证的 6 种算法的平均大小。表 3-28 和表 3-29 分别显示了 3NN 和 LibSVM 分类器下 6 种算法的分类精度。

表 3-26　3 种算法选择的特征子集和特征个数

数据集	FINEN	NEIEN	FSNRJE
Prostate	{4483, 6185, 8129, 8623, 8850, 9850, 10753, 12067}/8	{4483, 4847, 6185, 6627, 8623, 8850, 9587, 12067}/8	{11052, 6185, 8986, 5486, 6392, 5757, 8850, 4483}/8
DLBCL	{453, 1570, 1698, 3127, 3257, 4767}/6	{453, 2930, 3574, 4767, 5283}/5	{453, 1479, 1570, 3127, 3257, 4767}/6
Leukemia	{2833, 6720, 5555, 10127, 10038, 4839, 8952, 9053}/8	{2833, 6720, 5555, 10127, 10038, 3479, 8964, 515}/8	{461, 1787, 1834, 1962, 2131, 2356, 3821, 5552}/8
Tumors	{2543, 7648, 3264, 6320, 5411, 6671, 8548, 7781, 10126, 6764, 4178, 4448, 8337, 3043, 4831, 3880}/16	{5411, 6320, 7648, 3264, 3324, 6671, 4300, 6079, 6764, 10126, 8397, 8383, 9046, 7922, 10865, 8687, 2132}/17	{3880, 843, 1730, 3342, 6151, 2960, 3264, 3596, 5624, 4026, 7648, 8383, 8332, 9788, 5412, 8556, 3324, 10126}/18

表 3-27　6 种算法的特征子集个数

数据集	ODP	NRS	FRSINT	FINEN	NEIEN	FSNRJE
Prostate	12600	**6.5**	8.9	8.4	7.7	8
DLBCL	5469	8.3	8.8	6.1	**5.3**	7.6
Leukemia	11225	14.7	9.8	8.5	**8.2**	9.1
Tumors	12558	10.6	**9.5**	15.8	17.1	18.2
平均值	4667.3	12.6	**10.2**	11.7	11.5	11.7

表 3-28　3NN 分类器下 6 种算法的分类精度

数据集	ODP	NRS	FRSINT	FINEN	NEIEN	FSNRJE
Prostate	0.8235	0.8329	0.8503	0.8689	0.8431	**0.8897**
DLBCL	0.8831	0.9610	0.9635	0.9635	0.9585	**0.9740**
Leukemia	0.7339	0.9274	0.8655	0.9246	0.8860	**0.9306**
Tumors	0.7074	0.7250	0.7239	**0.7781**	0.7372	0.7194
平均值	0.8232	0.8537	0.8556	**0.8754**	0.8592	0.8734

根据表 3-27，在十折交叉验证的结果下，FRSINT、NEIEN 和 FSNRJE 算法在特征个数上明显优于 NRS 和 FINEN，但 FSNRJE 算法略低于 FRSINT 算法和 NEIEN 算法。根据表 3-28 和表 3-29，除了 3NN 分类器和 LibSVM 分类器下的 Tumors 数据集外，FSNRJE 的精度在其他数据集上优于其余 5 种算法。在精度的平均值方面，FSNRJE 算法在 3NN 和 LibSVM 分类器上表现出极大的稳定性。总体而言，本小节所提方法能减少冗余，提高多数数据集的分类性能。

表 3-29　LibSVM 分类器下 6 种算法的分类精度

数据集	ODP	NRS	FRSINT	FINEN	NEIEN	FSNRJE
Prostate	0.8750	0.8353	0.8527	0.9039	0.8691	**0.9118**
DLBCL	0.8701	0.9231	0.9240	0.9051	0.8758	**0.9351**
Leukemia	0.4679	0.9165	0.9454	0.9122	0.9420	**0.9583**
Tumors	0.2788	0.7516	0.7308	**0.7742**	0.7712	0.7627
平均值	0.6923	0.8478	0.8615	0.8672	0.8647	**0.8756**

　　数据分类过程中的召回率（见式（1-3））表示：针对数据集中的所有正例（TP+FN）而言，模型正确判断出的正例（TP）占所有正例的比例，其中，真正例（TP）表示正确预测的正例数，假反例（FN）表示错误预测的负例数。召回率是评估分类性能的一个指标，实验的下一部分是基于 3 种特征选择方法在 3NN 和 LibSVM 分类器下召回率的结果进行分析的，根据上述结果，表 3-30 和表 3-31 分别显示了 3 种方法（FINEN、NEIEN 和 FSNRJE）在 3NN 和 LibSVM 分类器下的召回率结果。

表 3-30　3NN 分类器下 3 种算法的召回率

数据集	FINEN	NEIEN	FSNRJE
Prostate	**0.934**	0.882	0.890
DLBCL	**1.000**	0.974	0.974
Leukemia	0.917	0.958	**0.979**
Tumors	0.567	0.733	**0.867**
平均值	0.876	0.889	**0.924**

表 3-31　LibSVM 分类器下 3 种算法的召回率

数据集	FINEN	NEIEN	FSNRJE
Prostate	0.566	0.566	0.566
DLBCL	0.753	0.753	**1.000**
Leukemia	0.389	0.389	**0.653**
Tumors	0.567	**0.691**	0.566
平均值	0.693	0.669	**0.780**

　　由表 3-30 和表 3-31 可知，FSNRJE 算法在 3NN 和 LibSVM 分类器下的平均召回率值最高，并且在大多数数据集上都优于 FINEN 算法和 NEIEN 算法。根据表 3-30，在 3NN 分类器下，除了 Prostate 和 DLBCL 数据集，FSNRJE 算法在所有数据集上的召回率值最高。在表 3-31 中，除了 Tumors 数据集，在 LibSVM 分类器下，FSNRJE 算法在大多数数据集上的召回率值高于其余两种算法。综上，通过对比，FSNRJE 算法具有较好的分类性能。

3.3.7 小结

为了提高含有混合数据的信息系统的分类性能，本节提出了一种基于 Lebesgue 测度和邻域熵的邻域粗糙集特征选择方法。首先，研究了邻域决策系统中基于 Lebesgue 测度的粗糙度以及邻域联合熵的不确定性度量；其次，在代数和信息论观点的基础上，给出了邻域粗糙联合熵的定义作为特征重要度的度量方法；然后，构造了一个基于 Lebesgue 测度和熵度量的邻域粗糙集特征选择算法；最后，在 4 个公共数据集上的实验结果表明，该算法能得到一个分类性能较好的特征子集。

3.4 基于 Lebesgue 测度和熵度量的不完备邻域系统特征选择方法

3.4.1 引言

随着数据量的急剧增长，大量的数据中可能包含噪声、冗余和缺失的信息，因此，针对混合不完备信息系统的特征选择是数据挖掘中的重要部分。混合不完备数据集是指具有符号型和数值型数据，且存在缺失特征值的数据集。针对不完备信息系统，传统的粗糙集模型在使用数据补齐算法来填补信息系统中遗失的数据时会使原始信息系统的结构发生变化，从而不能正确反映原始信息系统的真实表达；且粗糙集模型在处理连续数值型数据的过程中，容易忽略数据之间的差异性，影响原始信息系统的数据表达[52]。为了解决这一问题，引入邻域粗糙集模型来处理包含符号型和数值型混合数据的决策系统的特征选择问题。目前，基于邻域粗糙集的特征选择方法大多用于完备信息系统，对于混合不完备信息系统的研究较少。

作为特征选择构造过程的重要组成部分，不确定性度量已经在代数观点和信息论观点的理论基础上得到了研究。在邻域粗糙集模型中，许多现有的特征选择方法通常只基于单方面，存在一定的局限性，而同时基于这两种观点的度量方法可以解决实际应用中的一些问题[11]。在混合不完备的邻域决策系统中，目前已有的同时基于代数观点和信息论观点的研究各有优缺点，不适用于大规模数据集的特征选择，而且相应的扩展算法只能在一定程度上减少计算复杂度。为此，本节同时在代数观点和信息论观点的理论基础上，提出一种处理混合不完备系统的邻域粗糙集特征选择算法。目前，大量基于粗糙集及其扩展模型的特征选择算法仅能分析有限集，在一定程度上限制了特征选择方法分析可数无限集的可能。根据文献[45]～[61]，本节引入 Lebesgue 测度，提出一种基于 Lebesgue 测度和熵度量的不完备邻域决策系统特征选择方法，弥补基于传统粗糙集模型的特征选择方法不能分析可数无限集的缺陷。

3.4.2　不完备邻域决策系统的 Lebesgue 测度

假设 INDS = <U, AT, D, δ>是一个不完备邻域决策系统，U 是非空可数无限集，AT 和 D 分别是条件特征集和决策特征集，δ 是邻域参数。

定义 3-27　给定不完备邻域决策系统 INDS = <U, AT, D, δ>，条件特征子集 $B \subseteq$ AT，NT_B^δ 是 B 的邻域容差关系，对于任意样本 $x, y \in U$，$NH_B^\delta(x)$ 是 x 关于 B 的邻域容差类，则 x 关于 B 的基于 Lebesgue 测度的邻域容差类定义为

$$m(NT_B^\delta(x)) = m(\{x, y \in U \mid (x, y) \in NT_B^\delta\}) \tag{3-33}$$

性质 3-3　给定不完备邻域决策系统 INDS = <U, AT, D, δ>，对于任意条件特征子集 $P, Q \subseteq$ AT，样本 $x \in U$，以下性质成立：

(1) 如果 $Q \subseteq P$，则 $m(NT_P^\delta(x)) \leqslant m(NT_Q^\delta(x))$；

(2) 对于任意的 $p \in P$，则 $m(NT_P^\delta(x)) \leqslant m(\bigcap_{p \in P} NT_p^\delta(x))$。

定义 3-28　给定不完备邻域决策系统 INDS = <U, AT, D, δ>，条件特征子集 $B \subseteq$ AT，对于任意样本子集 $X \subseteq U$，则 X 关于 B 的基于 Lebesgue 测度的邻域上、下近似集分别定义为

$$m(\overline{NT}_B(X)) = m(\{x \in U \mid NT_B^\delta(x) \bigcap X \neq \varnothing\}) \tag{3-34}$$

$$m(\underline{NT}_B(X)) = m(\{x \in U \mid NT_B^\delta(x) \subseteq X\}) \tag{3-35}$$

定义 3-29　给定不完备邻域决策系统 INDS = <U, AT, D, δ>，条件特征子集 $B \subseteq$ AT，由决策特征 D 导出的划分 $U/D = \{d_1, d_2, \cdots, d_l, \cdots\}$，则 D 关于 B 的基于 Lebesgue 测度的邻域正域和邻域依赖度分别定义为

$$POS_{B,NT,L}^\delta(D) = \sum_{j=1}^\infty m(\underline{NT}_B(d_j)) \tag{3-36}$$

$$d_{B,NT,L}^\delta(D) = \frac{POS_{B,NT,L}^\delta(D)}{m(U)} \tag{3-37}$$

其中，$d_j \in U/D$，$j = 1, 2, \cdots, l, \cdots$。

定理 3-13　给定不完备邻域决策系统 INDS = <U, AT, D, δ>，对于任意条件特征子集 $Q \subseteq P \subseteq$ AT，$POS_{Q,NT,L}^\delta(D) \leqslant POS_{P,NT,L}^\delta(D)$ 和 $d_{Q,NT,L}^\delta(D) \leqslant d_{P,NT,L}^\delta(D)$ 成立。

实例 3-4　给定不完备邻域决策系统 INDS = <U, AT, D, δ>，其中，$U = \{x_1, x_2, x_3, x_4, x_5, x_6\}$，AT $= B_N \bigcup B_C = \{a_1, a_4\} \bigcup \{a_2, a_3\}$，$D = \{d\}$ 且特征值为 $\{0, 1, 2\}$，设邻域参数 $\delta = 0.15$，不完备邻域决策系统如表 3-32 所示。

在表 3-32 中，根据邻域容差关系，论域 U 将决策特征 D 分成三部分：$U/D = \{d_1, d_2, d_3\}$ 且 $d_1 = \{x_1, x_2, x_3\}$，$d_2 = \{x_4\}$，$d_3 = \{x_5, x_6\}$。

由于 AT = $\{a_1, a_2, a_3, a_4\}$，则论域中每个样本关于 AT 的邻域容差类分别表示为

$$\mathrm{NT}_{\mathrm{AT}}^{\delta}(x_1) = \{x_1\}, \quad \mathrm{NT}_{\mathrm{AT}}^{\delta}(x_2) = \{x_2, x_5, x_6\}, \quad \mathrm{NT}_{\mathrm{AT}}^{\delta}(x_3) = \{x_3\}$$

$$\mathrm{NT}_{\mathrm{AT}}^{\delta}(x_4) = \{x_4\}, \quad \mathrm{NT}_{\mathrm{AT}}^{\delta}(x_5) = \{x_2, x_5, x_6\}, \quad \mathrm{NT}_{\mathrm{AT}}^{\delta}(x_6) = \{x_2, x_5, x_6\}$$

因此，D 关于 AT 的基于 Lebesgue 测度的邻域正域和邻域依赖度计算为

$$\mathrm{POS}_{\mathrm{AT,NT}}^{\delta}(D) = \{x_1, x_3, x_4\}, \quad \mathrm{POS}_{\mathrm{AT,NT},L}^{\delta}(D) = 3, \quad d_{\mathrm{AT,NT},L}^{\delta}(D) = 0.5$$

表 3-32　一个不完备邻域决策系统

U	a_1	a_2	a_3	a_4	d
x_1	0.15	1	1	0.2	1
x_2	0.7	0	0	*	1
x_3	0.2	*	*	0.5	1
x_4	0.3	0	0	0.7	2
x_5	0.8	0	0	0.8	0
x_6	0.85	0	*	*	0

3.4.3　基于邻域容差熵的不确定性度量

定义 3-30[59]　给定不完备邻域决策系统 INDS = <U, AT, D, δ>，对于任意条件特征子集 $B \subseteq \mathrm{AT}$，由决策特征 D 导出的划分 $U/D = \{d_1, d_2, \cdots, d_l\}$，则 B 的邻域容差熵以及 B 与 D 的邻域容差联合熵分别定义为

$$\mathrm{HT}_{\delta}(B) = -\frac{1}{|U|} \sum_{k=1}^{|U|} \log_2 \frac{\left|\mathrm{NT}_B^{\delta}(x_k)\right|}{|U|} \tag{3-38}$$

$$\mathrm{HT}_{\delta}(B \cup D) = -\frac{1}{|U|} \sum_{j=1}^{l} \sum_{k=1}^{m} \log_2 \frac{\left|\mathrm{NT}_B^{\delta}(x_k) \cap d_j\right|}{|U|} \tag{3-39}$$

其中，$\mathrm{NT}_B^{\delta}(x_k)$ 是 $x_k \in U$ 关于 B 的邻域容差类，$k = 1, 2, \cdots, m$，$d_j \in U/D$，$j = 1, 2, \cdots, l$。

定义 3-31　给定不完备邻域决策系统 INDS = <U, AT, D, δ>，对于任意条件特征子集 $B \subseteq \mathrm{AT}$，$m(\mathrm{NT}_B^{\delta}(x))$ 是样本 $x \in U$ 关于 B 的基于 Lebesgue 测度的邻域容差类，则 B 的基于 Lebesgue 测度的邻域容差熵定义为

$$\mathrm{HTL}_{\delta}(B) = -\frac{1}{m(U)} \int_{x \in U} \log_2 \frac{m(\mathrm{NT}_B^{\delta}(x))}{m(U)} \mathrm{d}x \tag{3-40}$$

定义 3-32　给定不完备邻域决策系统 INDS = <U, AT, D, δ>，对于任意条件特征子集 $B \subseteq \mathrm{AT}$，由决策特征 D 导出的划分 $U/D = \{d_1, d_2, \cdots, d_l, \cdots\}$，则 B 和 D 的基于 Lebesgue 测度的邻域容差联合熵定义为

$$\text{HTL}_\delta(B \cup D) = -\frac{1}{m(U)} \sum_{j=1}^{\infty} \int_{x \in U} \log_2 \frac{m(\text{NT}_B^\delta(x) \cap d_j)}{m(U)} \mathrm{d}x \tag{3-41}$$

其中，$\text{NT}_B^\delta(x)$ 是 $x \in U$ 关于 B 的邻域容差类，$d_j \in U/D$，$j = 1, 2, \cdots, l, \cdots$。

定理 3-14　给定不完备邻域决策系统 INDS = $<U, \text{AT}, D, \delta>$，对于任意条件特征子集 $Q \subseteq P \subseteq \text{AT}$，则 $\text{HTL}_\delta(Q \cup D) \leqslant \text{HTL}_\delta(P \cup D)$。

定义 3-33　给定不完备邻域决策系统 INDS = $<U, \text{AT}, D, \delta>$，条件特征子集 $B \subseteq \text{AT}$，$\text{POS}_{B,\text{NT},L}^\delta(D)$ 是决策特征 D 关于 B 的基于 Lebesgue 测度的邻域正域，由决策特征 D 导出的划分 $U/D = \{d_1, d_2, \cdots, d_l, \cdots\}$，则 D 和 B 的基于 Lebesgue 测度的邻域容差依赖联合熵 (Neighborhood Tolerance Dependency Joint Entropy, NTDE) 定义为

$$\text{NTDE}(B, D) = -\frac{\text{POS}_{B,\text{NT},L}^\delta(D)}{m(U)^2} \sum_{j=1}^{\infty} \int_{x \in U} \log_2 \frac{m(\text{NT}_B^\delta(x) \cap d_j)}{m(U)} \mathrm{d}x \tag{3-42}$$

其中，$\text{NT}_B^\delta(x)$ 是 $x \in U$ 关于 B 的邻域容差类，$d_j \in U/D$，$j = 1, 2, \cdots, l, \cdots$。

3.4.4　基于邻域容差依赖联合熵的特征选择

定理 3-15　给定不完备邻域决策系统 INDS = $<U, \text{AT}, D, \delta>$，对于任意条件特征子集 $Q \subseteq P \subseteq \text{AT}$，则 $\text{NTDE}(Q, D) \leqslant \text{NTDE}(P, D)$。

证明：设任意条件特征子集 $Q \subseteq P \subseteq \text{AT}$，样本 $x \in U$，由定理 3-13 和定理 3-14 知，$d_{Q,\text{NT},L}^\delta(D) \leqslant d_{P,\text{NT},L}^\delta(D)$ 和 $\text{HTL}_\delta(Q \cup D) \leqslant \text{HTL}_\delta(P \cup D)$。因此，$\text{NTDE}(Q, D) \leqslant \text{NTDE}(P, D)$。

定义 3-34　给定不完备邻域决策系统 INDS = $<U, \text{AT}, D, \delta>$，条件特征子集 $B \subseteq \text{AT}$，B 是 AT 相对于 D 的一个约简，当且仅当：

(1) $\text{NTDE}(B, D) = \text{NTDE}(\text{AT}, D)$；

(2) 对于任意特征 $a \in B$，有 $\text{NTDE}(B, D) > \text{NTDE}(B - \{a\}, D)$。

定义 3-35　给定不完备邻域决策系统 INDS = $<U, \text{AT}, D, \delta>$，条件特征子集 $B \subseteq \text{AT}$，对于任意特征 $a \in B$，则 a 在 B 中相对于 D 的内部特征重要度定义为

$$\text{Sig}^{\text{inner}}(a, B, D) = \text{NTDE}(B, D) - \text{NTDE}(B - \{a\}, D) \tag{3-43}$$

定义 3-36　给定不完备邻域决策系统 INDS = $<U, \text{AT}, D, \delta>$，条件特征子集 $B \subseteq \text{AT}$，对于任意特征 $b \in \text{AT} - B$，则 b 相对于 D 的外部特征重要度定义为

$$\text{Sig}^{\text{outer}}(b, B, D) = \text{NTDE}(B \cup \{b\}, D) - \text{NTDE}(B, D) \tag{3-44}$$

实例 3-5　考虑表 3-32 中的不完备邻域决策系统 INDS = $<U, \text{AT}, D, \delta>$，要计算每个特征的基于 Lebesgue 测度的邻域依赖度、邻域容差联合熵和 NTDE，则需首先计算

$$\mathrm{NT}_{\mathrm{AT}}^{\delta}(x_1) \bigcap d_1 = \{x_1\}, \ \mathrm{NT}_{\mathrm{AT}}^{\delta}(x_1) \bigcap d_2 = \varnothing, \ \mathrm{NT}_{\mathrm{AT}}^{\delta}(x_1) \bigcap d_3 = \varnothing$$

$$\mathrm{NT}_{\mathrm{AT}}^{\delta}(x_2) \bigcap d_1 = \{x_2\}, \ \mathrm{NT}_{\mathrm{AT}}^{\delta}(x_2) \bigcap d_2 = \varnothing, \ \mathrm{NT}_{\mathrm{AT}}^{\delta}(x_2) \bigcap d_3 = \{x_5, x_6\}$$

$$\mathrm{NT}_{\mathrm{AT}}^{\delta}(x_3) \bigcap d_1 = \{x_3\}, \ \mathrm{NT}_{\mathrm{AT}}^{\delta}(x_3) \bigcap d_2 = \varnothing, \ \mathrm{NT}_{\mathrm{AT}}^{\delta}(x_3) \bigcap d_3 = \varnothing$$

$$\mathrm{NT}_{\mathrm{AT}}^{\delta}(x_4) \bigcap d_1 = \varnothing, \ \mathrm{NT}_{\mathrm{AT}}^{\delta}(x_4) \bigcap d_2 = \{x_4\}, \ \mathrm{NT}_{\mathrm{AT}}^{\delta}(x_4) \bigcap d_3 = \varnothing$$

$$\mathrm{NT}_{\mathrm{AT}}^{\delta}(x_5) \bigcap d_1 = \{x_2\}, \ \mathrm{NT}_{\mathrm{AT}}^{\delta}(x_5) \bigcap d_2 = \varnothing, \ \mathrm{NT}_{\mathrm{AT}}^{\delta}(x_5) \bigcap d_3 = \{x_5, x_6\}$$

$$\mathrm{NT}_{\mathrm{AT}}^{\delta}(x_6) \bigcap d_1 = \{x_2\}, \ \mathrm{NT}_{\mathrm{AT}}^{\delta}(x_6) \bigcap d_2 = \varnothing, \ \mathrm{NT}_{\mathrm{AT}}^{\delta}(x_6) \bigcap d_3 = \{x_5, x_6\}$$

条件特征 AT 关于决策特征 D 的基于 Lebesgue 测度的邻域容差联合熵和 NTDE 分别为 $\mathrm{HTL}_{\delta}(\mathrm{AT} \bigcup D)=2.252$，$\mathrm{NTDE}(\mathrm{AT}, D)=1.126$。计算 AT 中的每个特征的内部特征重要度：$\mathrm{Sig}^{\mathrm{inner}}(a_1, \mathrm{AT}, D) = 0.806$，$\mathrm{Sig}^{\mathrm{inner}}(a_2, \mathrm{AT}, D) = 0$，$\mathrm{Sig}^{\mathrm{inner}}(a_3, \mathrm{AT}, D) = 0$，$\mathrm{Sig}^{\mathrm{inner}}(a_4, \mathrm{AT}, D) = 0.806$。

3.4.5　不完备邻域决策系统特征选择算法

图 3-9 显示了特征选择算法的构造流程，针对混合不完备邻域决策系统，设计一种基于 NTDE 的特征选择算法（Feature Selection Algorithm based on Neighborhood Tolerance Dependency Joint Entropy, FSNTDJE）。

算法 3-6　FSNTDJE 算法

输入：一个不完备邻域决策系统 INDS = $<U, \mathrm{AT}, D, \delta>$ 和邻域参数 δ。

输出：最优特征选择子集 B。

步骤 1：初始化 $B = \varnothing$。

步骤 2：计算 $\mathrm{NTDE}(\mathrm{AT}, D)$。

步骤 3：对于任意 $a_i \in \mathrm{AT}$，计算 $\mathrm{Sig}^{\mathrm{inner}}(a_i, \mathrm{AT}, D)$。若 $\mathrm{Sig}^{\mathrm{inner}}(a_i, \mathrm{AT}, D) > 0$，则 $B = B \bigcup a_i$；

步骤 4：此时，若 $B \neq \varnothing$，计算 $\mathrm{NTDE}(B, D)$。如果 $\mathrm{NTDE}(B, D) = \mathrm{NTDE}(\mathrm{AT}, D)$，则转到步骤 7，否则，执行步骤 5。若 $B = \varnothing$，则执行步骤 5。

步骤 5：令 $R = \mathrm{AT} - B$，并执行如下步骤。

(a) 对于每一个 $a_j \in R$，计算 $\mathrm{NTDE}(D, B \bigcup \{a_j\})$；

(b) 选择 a_j 使其满足 $\mathrm{NTDE}(D, B \bigcup \{a_j\}) = \max\{a_j \in R | \mathrm{NTDE}(D, B \bigcup \{a_j\})\}$（如果满足条件的特征有多个，则随机选择一个特征）。

步骤 6：令 $B = B \bigcup \{a_j\}$，$R = R - \{a_j\}$，计算新的 $\mathrm{NTDE}(B, D)$，判断 $\mathrm{NTDE}(B, D) = \mathrm{NTDE}(C, D)$ 是否成立，若成立执行步骤 7；否则，转到步骤 5(a)。

步骤 7：对于任意 $a_k \in B$，计算 $\mathrm{NTDE}(B - \{a_k\}, D)$。

步骤 8：如果 $\mathrm{NTDE}(B - \{a_k\}, D) \geqslant \mathrm{NTDE}(B, D)$，则 $B = B - \{a_k\}$。

步骤 9：返回最优特征选择子集 B。

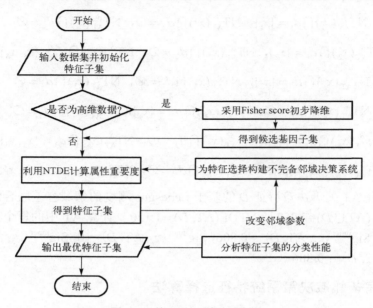

图 3-9　特征选择算法流程图

在不完备邻域决策系统中，类似于对 FSNRJE 时间复杂度的分析，FSNTDJE 算法计算主要包括：邻域容差类和 NTDE。引入 Bucket 排序算法[39]，将邻域容差类的计算复杂度降低为 $O(mn)$，则 NTDE 的复杂度为 $O(mn)$，最坏的情况下为 $O(n^3m)$。因此，FSNTDJE 算法的时间复杂度接近 $O(mn)$ 且空间复杂度为 $O(mn)$。

3.4.6　实验结果与分析

为证明所提特征选择方法的性能，在 8 个公共基因表达谱数据集（Colon、DLBCL、Brain、Leukemia、Breast、Lung、MLL 和 Prostate）上进行仿真实验，如表 3-33 所示。本小节的实验环境和方法与 3.3.6 节类似，选用 4 个分类器（Naive Bayes、C4.5、KNN 和 CART）对分类性能进行验证。通过十折交叉验证进行测试，得到的结果的平均值是所获得的特征子集的分类结果[62]。

本小节讨论不同邻域参数值对特征子集的约简率和分类精度的影响，通过计算约简率，选择合适的参数，得到最优特征子集。对于 8 个高维基因数据集，采用 Fisher score 方法[39]初步降维，获得 7 个维度（10、50、100、200、300、400 和 500）下的分类精度，图 3-10 显示了基因维度的变化趋势，为每个数据集选出适当维数：对于 Colon 数据集和 MLL 数据集，设置为 200 维，DLBCL、Lung 和 Prostate 这三个数据集为 50 维，Brain 数据集为 400 维，Leukemia 数据集和 Breast 数据集为 100 维。

如果数据集中只含有符号型数据，则邻域容差关系将退化为粗糙集模型中的容差关系[59]。通过设置不同邻域参数，分别在 KNN 和 C4.5 分类器下得到 8 个基因数据集的分类精度和约简率，如图 3-11 所示。表 3-34 列出了 8 个基因数据集在不同分类器下选择的最佳邻域参数值。

表 3-33　8 个公共数据集的描述

序号	数据集	样本数	特征数			类别数
			总数	数值型特征	符号型属性	
1	Colon	62	2000	2000	0	2
2	DLBCL	77	5469	5469	0	2
3	Brain	90	5920	5920	0	5
4	Leukemia	72	7129	7129	0	2
5	Breast	84	9216	9216	0	5
6	Lung	181	12533	12533	0	2
7	MLL	72	12582	12582	0	3
8	Prostate	136	12600	12600	0	2

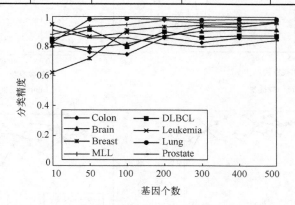

图 3-10　8 个基因数据集的分类精度与基因维度

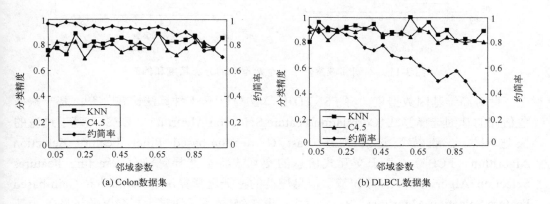

(a) Colon数据集　　　　　　　　　　　　　(b) DLBCL数据集

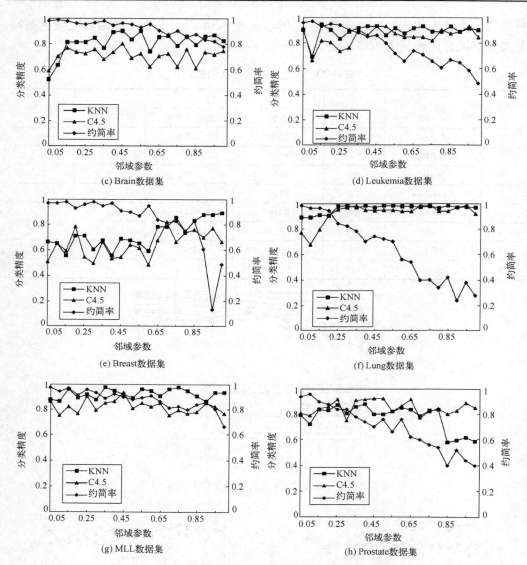

图 3-11　不同邻域参数下 8 个数据集的分类精度和约简率

针对高维基因数据集，将 FSNTDJE 算法与以下 4 种算法比较[62-69]：基于缺失值估计的基因选择算法(Correlation Feature Selection Algorithm，CFS)、基于过滤的快速相关过滤特征选择算法(Fast Correlation-based Filter Feature Selection Algorithm，FCBF)、基于交互式信息的交互式特征选择算法(Interacting Features Selection Algorithm，INT)和基于信息增益的特征选择算法(Information Gain-based Feature Selection Algorithm，IG)。首先，表 3-35 显示了通过十折交叉验证的 5 个基

因数据集(Colon、DLBCL、Brain、Breast 和 Prostate)选择的特征子集大小,表 3-36
和表 3-37 分别展示了在 KNN 和 C4.5 分类器下 FSNTDJE 算法选择的最优特征子集。

表 3-34　不同邻域参数和分类器下基因数据集的邻域参数值

数据集	分类器	
	KNN	C4.5
Colon	0.2	0.2
DLBCL	0.1	0.1
Brain	0.45	0.45
Leukemia	0.15	0.05
Breast	0.2	0.2
Lung	0.3	0.35
MLL	0.15	0.15
Prostate	0.25	0.25

表 3-35 显示了在 Naive Bayes 和 C4.5 分类器下的 5 种算法的平均基因数。在
表 3-35 中,FSNTDJE 算法在多数数据集中优于 CFS、FCBF 和 INT;根据表 3-36
和表 3-37,KNN 分类器下 Colon、DLBCL、Brain、Breast、MLL 和 Prostate 的结果
与 C4.5 分类器下的结果相同。

其次,基于上述结果,在 Naive Bayes 和 C4.5 分类器下,对 5 个基因数据集
(Colon、DLBCL、Brain、Breast 和 Prostate)的分类结果进行评价。特征选择的分类
性能通常用 3 个指标来评价:精度(Acc)、真正例率(TPR)和假正例率(FPR)。通常,
TPR 越高,FPR 越低,方法性能越好[62],3 个指标分别见式(1-1)~式(1-3)。根据
表 3-36 和表 3-37 得到的特征选择结果,表 3-38 和表 3-39 分别显示了 Naive Bayes
和 C4.5 分类器下 6 种算法所选择基因子集的 Acc、TPR 和 FPR 值。

表 3-35　5 种算法的特征子集个数

数据集	CFS	FCBF	INT	IG	FSNTDJE + Naive Bayes	FSNTDJE + C4.5
Colon	23.6	14.4	14	10.1	**9.5**	11.5
DLBCL	65.1	37.2	50.5	**4.8**	7.3	6
Brain	35.7	**1.4**	49.1	13.4	14.4	16.1
Breast	130.1	99.0	102.0	11.9	**7**	**7**
Prostate	89.3	76.5	72.5	9.2	**5.9**	7.2
平均值	68.76	45.7	57.62	9.88	**9.04**	9.56

根据表 3-38 和表 3-39,除了 Naive Bayes 分类器下的 Colon 和 Brain 数据集和
C4.5 分类器下的 Brain 数据集外,FSNTDJE 的分类精度优于其他 5 种方法,且 TPR
和 FPR 的值在大多数数据集上都有较好的结果。从表 3-35 和表 3-38 可以看出,在

Naive Bayes 分类器下，FSNTDJE 算法的精度在 Colon 和 Brain 数据集上比 CFS 和 ODP 分别低近 1.8%和 1.59%；尽管 FSNTDJE 的 TPR 值在 Prostate 数据集上比 CFS、FCBF 和 INT 约低 6%，在 Brain 数据集上比 FCBF 低 9%，但 Prostate 和 Brain 数据集上的 FPR 值最小。同样地，在表 3-35 和表 3-39 的 C4.5 分类器下，FSNTDJE 的精度平均值比其他 5 种方法高约 8.2%～30.4%；由表 3-35、表 3-38 和表 3-39 可知，本小节所提算法在高维基因数据集中能有效去除冗余基因，改善 Acc 和 TPR 的值。

表 3-36　KNN 分类器下 FSNTDJE 算法在基因数据集上的特征子集和个数

数据集	选择的特征子集	特征个数
Colon	{493, 1770, 590, 384, 765, 822, 1423, 1541, 1060, 581, 1247}	11
DLBCL	{453, 4809, 3371, 1156, 1656, 4767}	6
Brain	{1879, 2095, 2459, 3019, 2295, 4151, 5175, 5413, 5604, 820, 5281, 4560, 4578, 1602, 633, 4801}	16
Leukemia	{6696, 2010, 4925, 4211, 5300, 6801, 4609}	7
Breast	{6425, 744, 6802, 2904, 6024, 5644, 8700}	7
Lung	{8457, 11150, 7934, 6597, 6200, 7905, 10547, 12431}	8
MLL	{7930, 3054, 8020, 8992, 2933, 10581, 7811}	7
Prostate	{7710, 8850, 4483, 5155, 6185, 5314, 8768, 5757}	8

表 3-37　C4.5 分类器下 FSNTDJE 算法在基因数据集上的特征子集和个数

数据集	选择的特征子集	特征个数
Colon	{493, 1770, 590, 384, 765, 822, 1423, 1541, 1060, 581, 1247}	11
DLBCL	{453, 4809, 3371, 1156, 1656, 4767}	6
Brain	{1879, 2095, 2459, 3019, 2295, 4151, 5175, 5413, 5604, 820, 5281, 4560, 4578, 1602, 633, 4801}	16
Leukemia	{758, 3108, 4267, 6575}	4
Breast	{6425, 744, 6802, 2904, 6024, 5644, 8700}/7	7
Lung	{7642, 8457, 11150, 7934, 6597, 6200, 7905, 10547, 4584, 8396}	10
MLL	{7930, 3054, 8020, 8992, 2933, 10581, 7811}	7
Prostate	{7710, 8850, 4483, 5155, 6185, 5314, 8768, 5757}	8

表 3-38　Naive Bayes 分类器下 6 种算法的 3 个指标

方法	Indices	Colon	DLBCL	Brain	Breast	Prostate	平均值
ODP	Acc	0.7742	0.9091	**0.9111**	0.7380	0.5882	0.7841
	TPR	0.7740	0.0900	0.9000	0.7380	0.9150	0.6834
	FPR	0.1820	0.1030	0.0130	0.4040	0.3350	0.2074
CFS	Acc	**0.8500**	0.9000	0.8100	0.3700	0.2600	0.6380
	TPR	0.7600	0.9600	0.5000	1	**1**	0.8440
	FPR	**0.1000**	0.1600	**0**	1	1.0000	0.4520

续表

方法	Indices	Colon	DLBCL	Brain	Breast	Prostate	平均值
FCBF	Acc	0.8000	0.9000	0.6100	0.3700	0.2600	0.5880
	TPR	0.7600	0.9600	1	1	1	0.9440
	FPR	0.1800	0.1600	0.6000	1	1.0000	0.5880
INT	Acc	0.7700	0.9000	0.8100	0.3700	0.2600	0.6220
	TPR	0.7600	0.9600	0.5000	1	1	0.8440
	FPR	0.2300	0.1700	0	1	1.0000	0.4800
IG	Acc	0.7900	0.9400	0.8600	0.3200	0.2600	0.6340
	TPR	0.7200	0.9600	0.7000	0.3200	0.2600	0.5920
	FPR	0.1800	0.0800	0.0700	1	0.9600	0.4580
FSNTDJE	Acc	0.8312	**0.9659**	0.8952	**0.7857**	**0.6938**	**0.8344**
	TPR	**0.8550**	1	0.9170	1	0.9490	**0.9442**
	FPR	0.1650	**0.0260**	0	**0.0140**	0.3050	**0.1020**

然后，在 4 个基因数据集上（Colon、Leukemia、Breast 和 MLL），将 FSNTDJE 与 4 种算法比较：基于区分矩阵的模糊粗糙集约简算法（Discernibility Matrix-based Reduction Algorithm，DMRA）[69]、基于模糊正域的粗糙集加速算法（Fuzzy Positive Region-based Accelerator Algorithm，FPRA）[70]、基于边界域的模糊粗糙集特征选择算法（Boundary Region-based Feature Selection Algorithm，FRFS）[71]和基于直觉模糊正域的基因选择算法（Intuitionistic Fuzzy Positive Region-based Gene Selection Algorithm，IFPR）[72]，表 3-40 和表 3-41 分别显示了在 KNN 和 CART 分类器下 6 种特征选择算法的分类精度。

表 3-39 C4.5 分类器下 6 种算法的 3 个指标

方法	Indices	Colon	DLBCL	Brain	Breast	Prostate	平均值
ODP	Acc	0.8548	0.8312	0.7444	0.7500	0.8529	0.8066
	TPR	0.8550	0.6320	0.8000	0.7500	0.8700	0.7814
	FPR	**0.0750**	0.1030	0.0480	0.0960	0.1690	**0.0982**
CFS	Acc	0.7900	0.7400	**0.9700**	0.6800	0.2600	0.6880
	TPR	0.6800	0.6600	**0.9600**	0.7100	1	0.8020
	FPR	0.1500	0.1600	**0**	0.3400	1.0000	0.3300
FCBF	Acc	0.7900	0.7200	0.8600	0.5800	0.2600	0.6420
	TPR	0.6400	0.6200	0.8700	0.2800	1	0.6820
	FPR	0.1300	0.1600	0.0600	0.2500	1.0000	0.3200
INT	Acc	0.7900	0.7000	**0.9700**	0.7900	0.2600	0.7020
	TPR	0.7200	0.6200	**0.9600**	0.7100	1	0.8020
	FPR	0.1800	0.2000	**0**	0.1700	1.0000	0.3100
IG	Acc	0.7200	0.7600	0.7100	0.4700	0.2600	0.5840
	TPR	0.7800	0.6600	0.7400	0.2800	1	0.6920
	FPR	0.3000	0.1200	0.1600	0.4700	1.0000	0.4100
FSNTDJE	Acc	**0.9119**	**0.8957**	0.8742	**0.8214**	**0.9367**	**0.8880**
	TPR	**0.8870**	**0.7890**	0.9170	**0.8950**	0.9480	**0.8872**
	FPR	0.1250	**0.0520**	0.2000	**0.0270**	**0.1190**	0.1046

从表 3-40 和表 3-41 可以看出，除了 KNN 分类器下的 Breast 数据集和 CART 分类器下的 MLL 数据集，FSNTDJE 算法的分类精度在多数数据集上优于其余 5 种算法且平均分类精度最高。根据表 3-40，在 KNN 分类器下，FSNTDJE 在 Colon、Leukemia 和 MLL 数据集上的精度最高，分别为 87.63%、90.19%和 96.15%；在表 3-41 的 CART 分类器下，FSNTDJE 的精度在 MLL 数据集上比 IFPR 低 6.2%，比其余 4 种算法高 2.65%~9.92%。总体来说，在分类精度方面，FSNTDJE 算法在 KNN 和 CART 分类器下对 4 个高维基因数据集的稳定性较强，能够消除冗余基因，显著提高分类性能，并优于其他 5 种相关的特征选择算法。

表 3-40　KNN 分类器下 6 种算法的分类精度

数据集	ODP	DMRA	FPRA	FRFS	IFPR	FSNTDJE
Colon	0.7258	0.7625	0.7958	0.6991	0.6574	**0.8763**
Leukemia	0.7344	0.7776	0.7477	0.7619	0.8042	**0.9019**
Breast	0.6909	**0.8158**	0.6196	0.7321	0.6725	0.8027
MLL	0.6528	0.8859	0.9112	0.8160	0.9405	**0.9615**
平均值	0.7010	0.8105	0.7686	0.7523	0.7687	**0.8856**

表 3-41　CART 分类器下 6 种算法的分类精度

数据集	ODP	DMRA	FPRA	FRFS	IFPR	FSNTDJE
Colon	0.5967	0.7875	0.8125	0.7252	0.7595	**0.8910**
Leukemia	0.5903	0.5492	0.5492	0.6800	0.7556	**0.7628**
Breast	0.5714	0.7131	0.6104	0.7000	0.7312	**0.7642**
MLL	0.7500	0.8018	0.7537	0.8227	**0.9112**	0.8492
平均值	0.6271	0.7129	0.6815	0.7320	0.7894	**0.8168**

为证明比较的特征选择算法的分类结果在统计学上的显著性差异，使用统计分析进行 Friedman 检验和 Bonferroni-Dunn 检验[73]，Friedman 检验通过将每种算法在所有数据集上的分类性能排序，且规定最佳分类性能排名是 1，其次是 2，以此类推。Friedman 统计定义为

$$\chi_F^2 = \frac{12T}{s(s+1)}\left(\sum_{a=1}^{s} R_a^2 - \frac{s(s+1)^2}{4}\right) \tag{3-45}$$

其中，s 是方法的数量，T 是数据集的数量，$R_a(a=1,2,\cdots,s)$ 是方法 a 在数据集上的平均排序。Friedman 统计是一个服从 $(s-1)$ 自由度的 χ_F^2 分布，则由 Iman 和 Davenport 设计的 Bonferroni-Dunn 检验表示为

$$F_F = \frac{(T-1)\chi_F^2}{T(s-1)-\chi_F^2} \tag{3-46}$$

其中，F_F 服从自由度为 $(s-1)$ 和 $(s-1)(T-1)$ 的 F 分布，如果在 Friedman 检验中拒绝零假设（所有方法性能相等），则将引入 post-hoc 检验来进一步研究算法在统计学上的差异。采用显著性水平为 0.1 的 Bonferroni-Dunn 检验作为 post-hoc 检验。如果两种算法的平均排序大于临界差，则两种算法存在显著性的差异，临界差值描述为

$$CD_\alpha = q_\alpha \sqrt{\frac{s(s+1)}{6T}} \tag{3-47}$$

其中，α 是 Bonferroni-Dunn 测试的显著性水平，q_α 是临界值[74]。

对表 3-38 和表 3-39 中的 6 种特征选择算法（ODP、CFS、FCBF、INT、IG 和FSNTDJE）进行 Friedman 检验，其统计结果如表 3-42 所示。当显著水平 $\alpha = 0.1$ 时，由于 $F(5, 50) = 2.16$，则所有算法在分类性能上等价的，建立 Friedman 检验的零假设，得 $q_{0.1} = 2.24$ 和 CD = 2.65。根据表 3-42，在 Naive Bayes 分类器下，FSNTDJE算法与 ODP、CFS 和 IG 相比，没有显著性的差异；在 C4.5 分类器下，FSNTDJE算法与 ODP、CFS 和 INT 相比，没有显著性的差异。

根据表 3-40 和表 3-41，在 KNN 和 CART 分类器下在 FSNTDJE、ODP、DMRA、FPRA、FRFS 和 IFPR 算法上进行统计检验。6 种特征选择算法在 KNN 和 CART 分类器下的统计结果如表 3-43 所示，可知在两种分类器下，FSNTDJE 与其余几种算法均具有明显的差异。

表 3-42　Naive Bayes 和 C4.5 分类器下 6 种算法的统计结果

分类器	平均排序						χ_F^2	F_F
	ODP	CFS	FCBF	INT	IG	FSNTDJE		
Naive Bayes	2.6	3.7	4.6	5	3.9	1.4	14.69	5.69
C4.5	2.8	3.6	4.5	3.6	5.1	1.4	12.11	3.76

表 3-43　KNN 和 CART 分类器下 6 种算法的统计结果

分类器	平均排序						χ_F^2	F_F
	ODP	CFS	FCBF	INT	IG	FSNTDJE		
KNN	5	2.75	4	4.25	3.75	1.25	10	3
CART	5.5	3.875	4.375	3.75	2.25	1.25	13.25	5.89

3.4.7　小结

为了提高混合不完备信息系统的分类性能，本节提出了一种基于 Lebesgue 测度和熵度量的不完备邻域系统特征选择方法。首先，研究了不完备邻域决策系统中基于 Lebesgue 测度的不确定性度量；其次，同时在代数观点和信息论观点的基础上，给出了基于 Lebesgue 测度的邻域容差依赖联合熵的概念；然后，设计了一种处理混

合不完备系统的基于 Lebesgue 测度和熵度量的邻域粗糙集特征选择算法；最后，在 8 个公共数据集上的实验结果表明，该算法能在混合不完备的信息系统中选择出具有较强分类能力的特征子集。

3.5　基于 Lebesgue 测度和熵度量的邻域多粒度粗糙集特征选择方法

3.5.1　引言

目前，基于粗糙集及其扩展模型的特征选择方法已经有了很大的改进，但随着数据处理技术的发展，现实应用中更多的是大规模复杂数据[75]，而大多数特征选择模型通常只是基于单一的二元关系[76,77]，且单粒度知识近似表达的不确定性度量具有片面性，需根据一定的策略将它们融合成整个决策空间中的多粒度知识不确定性度量。Qian 等扩展了粗糙集理论，提出了多粒度粗糙集模型，其上、下近似概念是通过论域中的多重等价关系来定义的[78]。多粒度粗糙集模型可以从具有不同特征域的信息系统中发现多元的知识关系，且已成为研究热点和处理特征选择的新方向[79,80]，然而，大多数经典多粒度粗糙集模型不适合直接处理含有数值型数据的信息系统，更不能描述不完备邻域信息系统中包含符号型和数值型混合数据的信息系统[77]。因此，将邻域关系引入多粒度粗糙集中，Lin 等为特征约简方法提出了邻域多粒度粗糙集模型的框架[77]。基于此，本节重点研究基于邻域多粒度粗糙集模型的特征选择方法。在实际应用中，由于数据的测量误差、数据提取限制等原因，许多数据集成为了含有缺失值的不完备数据集[81,82]，针对不完备信息系统的特征选择是数据挖掘领域研究的课题之一。当不完备信息系统中含有符号型和数值型的混合数据时，基于容差关系的决策函数构造的特征重要度在大多数情况下不能很好地处理混合不完备数据。

基于文献[46]，本节引入 Lebesgue 测度，同时在代数观点和信息论观点的基础上，针对不完备邻域决策系统，将邻域关系引入多粒度粗糙集模型中，构建邻域多粒度粗糙集模型，并提出一种基于 Lebesgue 测度和熵度量的邻域多粒度粗糙集特征选择算法，避免传统的单方面不确定性度量方法的缺陷，弥补传统粗糙集模型的特征选择方法不能理论分析可数无限集的不足。

3.5.2　邻域多粒度粗糙集

定义 3-37　给定不完备邻域决策系统 INDS = $<U, \text{AT}, D, \delta>$，$A \subseteq \text{AT}$ 且 $A = \{A_1, A_2, \cdots, A_t\}$ 是条件特征集 AT 的 t 个特征子集族，对于任意样本子集 $X \subseteq U$，则 X 关于 $A_1, A_2, \cdots, A_t$ 的乐观邻域多粒度下、上近似集分别定义为

$$\sum_{i=1}^{t} A_i^{O,\delta}(X) = \{x \in U \mid \mathrm{NT}_{A_1}^{\delta}(x) \subseteq X \vee \mathrm{NT}_{A_2}^{\delta}(x) \subseteq X \vee \cdots \vee \mathrm{NT}_{A_t}^{\delta}(x) \subseteq X\} \quad (3\text{-}48)$$

$$\overline{\sum_{i=1}^{t} A_i^{O,\delta}(X)} = \sim \left(\underline{\sum_{i=1}^{t} A_i^{O,\delta}(\sim X)} \right) \quad (3\text{-}49)$$

其中，$\mathrm{NT}_{A_i}^{\delta}(x)$ 是样本 $x \in U$ 关于 A_i 的邻域容差类，$A_i \subseteq A$，$i = 1, 2, \cdots, t$。

基于 Lin 等提出的乐观邻域多粒度粗糙集模型[77]和不完备决策系统中的 OMRS，$\left(\underline{\sum_{i=1}^{t} A_i^{O,\delta}(X)}, \overline{\sum_{i=1}^{t} A_i^{O,\delta}(X)} \right)$ 称为不完备邻域决策系统中的乐观邻域多粒度粗糙集模型 (Optimistic Neighborhood Multi-Granulation Rough Sets, ONMRS)。

定义 3-38　给定不完备邻域决策系统 INDS = <U, AT, D, δ>，$A \subseteq$ AT 且 $A = \{A_1, A_2, \cdots, A_t\}$ 是条件特征集 AT 的 t 个特征子集族，由决策特征 D 导出的划分 $U/D = \{d_1, d_2, \cdots, d_l\}$，则 D 关于 A 的基于 ONMRS 的正域和依赖度分别定义为

$$\mathrm{POS}_A^{O,\delta}(D) = \bigcup_{j=1}^{l} \underline{\sum_{i=1}^{t} A_i^{O,\delta}(d_j)} \quad (3\text{-}50)$$

$$d_A^{O,\delta}(D) = \frac{\mid \mathrm{POS}_A^{O,\delta}(D) \mid}{\mid U \mid} \quad (3\text{-}51)$$

其中，$A_i \subseteq A$，$i = 1, 2, \cdots, t$，$d_j \in U/D$，$j = 1, 2, \cdots, l$。

定义 3-39　给定不完备邻域决策系统 INDS = <U, AT, D, δ>，$A \subseteq$ AT 且 $A = \{A_1, A_2, \cdots, A_t\}$ 是条件特征集 AT 的 t 个特征子集族，对于任意样本子集 $X \subseteq U$，则 X 关于 $A_1, A_2, \cdots, A_t$ 的悲观邻域多粒度下、上近似集分别定义为

$$\sum_{i=1}^{t} A_i^{P,\delta}(X) = \{x \in U \mid \mathrm{NT}_{A_1}^{\delta}(x) \subseteq X \wedge \mathrm{NT}_{A_2}^{\delta}(x) \subseteq X \wedge \cdots \wedge \mathrm{NT}_{A_t}^{\delta}(x) \subseteq X\} \quad (3\text{-}52)$$

$$\overline{\sum_{i=1}^{t} A_i^{P,\delta}(X)} = \sim \left(\underline{\sum_{i=1}^{t} A_i^{P,\delta}(\sim X)} \right) \quad (3\text{-}53)$$

其中，$\mathrm{NT}_{A_i}^{\delta}(x)$ 是样本 $x \in U$ 关于 A_i 的邻域容差类，$A_i \subseteq A$，$i = 1, 2, \cdots, t$。

根据文献[77]和定义 3-39，$\left(\underline{\sum_{i=1}^{t} A_i^{P,\delta}(X)}, \overline{\sum_{i=1}^{t} A_i^{P,\delta}(X)} \right)$ 称为悲观邻域多粒度粗糙集模型 (Pessimistic Neighborhood Multi-Granulation Rough Sets, PNMRS)。

定义 3-40　给定不完备邻域决策系统 INDS = <U, AT, D, δ>，$A \subseteq$ AT 且 $A = \{A_1, A_2, \cdots, A_t\}$ 是条件特征集 AT 的 t 个特征子集族，由决策特征 D 导出的划分 $U/D = \{d_1,$

$d_2, \cdots, d_l\}$，则 D 关于 A 的基于 PNMRS 的正域和依赖度分别定义为

$$\text{POS}_A^{P,\delta}(D) = \bigcup_{j=1}^{l} \overline{\sum_{i=1}^{t} A_i^{P,\delta}(d_j)} \tag{3-54}$$

$$d_A^{P,\delta}(D) = \frac{|\text{POS}_A^{P,\delta}(D)|}{|U|} \tag{3-55}$$

其中，$A_i \subseteq A$，$i = 1, 2, \cdots, t$，$d_j \in U/D$，$j = 1, 2, \cdots, l$。

3.5.3　邻域多粒度粗糙集中基于 Lebesgue 测度的不确定性度量

在决策分析中，"求同存异"主张保留共同的决策，删除不一致的决策，是一种常见的保守决策策略[77,83]，本小节研究邻域多粒度粗糙决策的问题，构造 PNMRS 模型中基于 Lebesgue 测度的邻域多粒度熵的不确定性度量。

假设 INDS = <U, AT, D, δ>是一个包含非空可数无限集 U 的不完备邻域决策系统，其中，AT 为条件特征集，D 为决策特征集且 δ 为邻域半径参数。

定义 3-41　给定不完备邻域决策系统 INDS = <U, AT, D, δ>，$A \subseteq$ AT 且 $A = \{A_1, A_2, \cdots, A_t\}$ 是条件特征集 AT 的 t 个特征子集族，对于任意样本子集 $X \subseteq U$，则 X 关于 $A_1, A_2, \cdots, A_t$ 的基于 Lebesgue 测度的悲观邻域多粒度下、上近似集分别定义为

$$m\left(\underline{\sum_{i=1}^{t} A_i^{P,\delta}}(X)\right) = m(\{x \in U \mid \text{NT}_{A_1}^{\delta}(x) \subseteq X \wedge \text{NT}_{A_2}^{\delta}(x) \subseteq X \wedge \cdots \wedge \text{NT}_{A_t}^{\delta}(x) \subseteq X\}) \tag{3-56}$$

$$m\left(\overline{\sum_{i=1}^{t} A_i^{P,\delta}}(X)\right) = m\left(\sim\left(\underline{\sum_{i=1}^{t} A_i^{P,\delta}}(\sim X)\right)\right) \tag{3-57}$$

其中，$\text{NT}_{A_i}^{\delta}(x)$ 是样本 $x \in U$ 关于 A_i 的邻域容差类，$A_i \subseteq A$，$i = 1, 2, \cdots, t$。

定义 3-42　给定不完备邻域决策系统 INDS = <U, AT, D, δ>，$A \subseteq$ AT 且 $A = \{A_1, A_2, \cdots, A_t\}$ 是条件特征集 AT 的 t 个特征子集族，由决策特征 D 导出的划分 $U/D = \{d_1, d_2, \cdots, d_l, \cdots\}$，则在 PNMRS 模型中，$D$ 关于 A 的基于 Lebesgue 测度的正域和依赖度分别定义为

$$\text{POS}_{A,L}^{P,\delta}(D) = m\left(\bigcup_{j=1}^{\infty} \overline{\sum_{i=1}^{t} A_i^{P,\delta}(d_j)}\right) \tag{3-58}$$

$$d_{A,L}^{P,\delta}(D) = \frac{\text{POS}_{A,L}^{P,\delta}(D)}{m(U)} \tag{3-59}$$

其中，$A_i \subseteq A$，$i = 1, 2, \cdots, t$，$d_j \in U/D$，$j = 1, 2, \cdots, l, \cdots$。

实例 3-6　给定不完备邻域决策系统 INDS = <U, AT, D, δ>，如表 3-44 所示，其中，$U = \{x_1, x_2, x_3, x_4, x_5, x_6\}$，条件特征集 AT = $\{A_1, A_2, A_3\}$ 且 $A_1 = \{a_1, a_2\}$，$A_2 = \{a_3, a_4\}$，$A_3 = \{a_5, a_6\}$，$D = \{d\}$=$\{0, 1, 2\}$，给定邻域参数 $\delta = 0.5$。

在表 3-44 中，论域 U 被决策特征 D 划分为 3 个部分：$U/D = \{d_1, d_2, d_3\}$ 且 $d_1 = \{x_1, x_2\}$，$d_2 = \{x_3, x_4, x_6\}$，$d_3 = \{x_5\}$。

在邻域容差关系中，条件特征集 AT = $\{A_1, A_2, A_3\}$，根据式（3-52），悲观邻域多粒度下近似集被计算为 $\sum\limits_{i=1}^{3} \mathrm{AT}_i^{P,\delta}(d_1) = \varnothing$，$\sum\limits_{i=1}^{3} \mathrm{AT}_i^{P,\delta}(d_2) = \{x_3, x_4\}$，$\sum\limits_{i=1}^{3} \mathrm{AT}_i^{P,\delta}(d_3) = \varnothing$。

在 PNMRS 模型中，D 关于 AT 的基于 Lebesgue 测度的正域和依赖度分别为 $\mathrm{POS}_{\mathrm{AT},L}^{P,\delta}(D) = 2$，$d_{\mathrm{AT},L}^{P,\delta}(D) = 0.33$。

表 3-44　一个不完备邻域决策系统

U	a_1	a_2	a_3	a_4	a_5	a_6	D
x_1	2	0	2	*	2	2	2
x_2	1	*	0	2	1	2	2
x_3	0	0	2	*	0	2	1
x_4	0	0	2	*	2	0	1
x_5	0	1	2	0	0	1	0
x_6	1	*	2	2	0	1	1

定理 3-16　给定不完备邻域决策系统 INDS = <U, AT, D, δ>，对于任意条件特征子集 $R \subseteq S \subseteq \mathrm{AT}$，则 $\mathrm{POS}_{S,L}^{P,\delta}(D) \leqslant \mathrm{POS}_{R,L}^{P,\delta}(D)$ 和 $d_{S,L}^{P,\delta}(D) \leqslant d_{R,L}^{P,\delta}(D)$ 成立。

3.5.4　基于邻域多粒度熵的不确定性度量

定义 3-43　给定不完备邻域决策系统 INDS=<U, AT, D, δ>，对于任意条件特征子集 $A \subseteq \mathrm{AT}$，$\mathrm{NT}_A^{\delta}(x)$ 是样本 $x \in U$ 关于 A 的邻域容差类，则在 PNMRS 模型中，A 的基于 Lebesgue 测度的邻域多粒度熵定义为

$$\mathrm{HML}_{\delta}(A) = -\frac{1}{m(U)} \int_{x \in U} \log_2 \frac{m(\mathrm{NT}_A^{\delta}(x))}{m(U)} \mathrm{d}x \tag{3-60}$$

定义 3-44　给定不完备邻域决策系统 INDS=<U, AT, D, δ>，对于任意条件特征子集 $A \subseteq \mathrm{AT}$，则在 PNMRS 模型中，A 和 D 的基于 Lebesgue 测度的邻域多粒度联合熵定义为

$$\mathrm{HML}_{\delta}(A \cup D) = -\frac{1}{m(U)} \sum_{j=1}^{\infty} \int_{x \in U} \log_2 \frac{m(\mathrm{NT}_A^{\delta}(x) \cap d_j)}{m(U)} \mathrm{d}x \tag{3-61}$$

其中，$\mathrm{NT}_A^{\delta}(x)$ 是 $x \in U$ 关于 A 的邻域容差类，$d_j \in U/D = \{d_1, d_2, \cdots, d_i, \cdots\}$，$j = 1, 2, \cdots, l, \cdots$。

定理 3-17　给定不完备邻域决策系统 INDS=<U, AT, D, δ>，对于任意条件特征子集 $R \subseteq S \subseteq$ AT，则 $\mathrm{HML}_\delta(R \cup D) \leqslant \mathrm{HML}_\delta(S \cup D)$。

定义 3-45　给定不完备邻域决策系统 INDS=<U, AT, D, δ>，条件特征子集 $A \subseteq$ AT，$\mathrm{POS}_{A,L}^{P,\delta}(D)$ 是 D 关于 A 的基于 Lebesgue 测度的正域，则在 PNMRS 模型中，D 和 A 的基于 Lebesgue 测度的悲观邻域多粒度依赖联合熵（Pessimistic Neighborhood Multi-Granulation Dependency Joint Entropy, PDJE）定义为

$$\mathrm{PDJE}_\delta^P(A,D) = -\frac{m(U) - \mathrm{POS}_{A,L}^{P,\delta}(D)}{m(U)^2} \sum_{j=1}^{\infty} \int_{x \in U} \log_2 \frac{m(\mathrm{NT}_A^\delta(x) \cap d_j)}{m(U)} \mathrm{d}x \qquad (3\text{-}62)$$

其中，$\mathrm{NT}_A^\delta(x)$ 是 $x \in U$ 关于 A 的邻域容差类，$d_j \in U/D = \{d_1, d_2, \cdots, d_l, \cdots\}$，$j = 1, 2, \cdots, l, \cdots$。

3.5.5　基于悲观邻域多粒度依赖联合熵的特征选择算法

定理 3-18　给定不完备邻域决策系统 INDS=<U, AT, D, δ>，对于任意条件特征子集 $R \subseteq S \subseteq$ AT，则 $\mathrm{PDJE}_\delta^P(R,D) \leqslant \mathrm{PDJE}_\delta^P(S,D)$。

证明：设条件特征子集 $R \subseteq S \subseteq$ AT，样本 $x \in U$，由定理 3-16 和定理 3-17 可知，$1 - d_{R,L}^{P,\delta}(D) \leqslant 1 - d_{S,L}^{P,\delta}(D)$ 和 $\mathrm{HML}_\delta(R \cup D) \leqslant \mathrm{HML}_\delta(S \cup D)$ 成立。当且仅当 $\mathrm{NT}_R^\delta(x) = \mathrm{NT}_S^\delta(x)$ 时，等号成立。因此，$\mathrm{PDJE}_\delta^P(R,D) \leqslant \mathrm{PDJE}_\delta^P(S,D)$。

定义 3-46　给定不完备邻域决策系统 INDS = <U, AT, D, δ>，$A = \{A_1, A_2, \cdots, A_t\}$ 是条件特征集 AT 的 t 个特征子集族且 $A' \subseteq A \subseteq$ AT，则 A' 是 A 相对于 D 的一个约简，当且仅当：

(1) $\mathrm{PDJE}_\delta^P(A',D) = \mathrm{PDEJ}_\delta^P(A,D)$；

(2) 对于任意特征子集 $A_i \subseteq A'$ $(i = 1, 2, \cdots, t)$，有 $\mathrm{PDJE}_\delta^P(A',D) > \mathrm{PDJE}_\delta^P(A' - A_i, D)$。

定义 3-47　给定不完备邻域决策系统 INDS = <U, AT, D, δ>，$A = \{A_1, A_2, \cdots, A_t\}$ 是条件特征集 AT 的 t 个特征子集族且 $A' \subseteq A \subseteq$ AT，对于任意特征子集 $A_i \subseteq A'$ $(i = 1, 2, \cdots, t)$，则 A_i 在 A' 中相对于 D 的内部特征重要度定义为

$$\mathrm{Sig}^{\mathrm{inner}}(A_i, A', D) = \mathrm{PDJE}_\delta^P(A', D) - \mathrm{PDJE}_\delta^P(A' - A_i, D) \qquad (3\text{-}63)$$

定义 3-48　给定不完备邻域决策系统 INDS = <U, AT, D, δ>，$A = \{A_1, A_2, \cdots, A_t\}$ 是条件特征集 AT 的 t 个特征子集族且 $A' \subseteq A \subseteq$ AT，对于任意特征子集 $A_i \subseteq A - A'$ $(i = 1, 2, \cdots, t)$，则 A_i 相对于 D 的外部特征重要度定义为

$$\mathrm{Sig}^{\mathrm{outer}}(A_i, A', D) = \mathrm{PDJE}_\delta^P(A' \cup A_i, D) - \mathrm{PDJE}_\delta^P(A', D) \qquad (3\text{-}64)$$

类似于前面章节特征选择方法的构造，图 3-12 展示了本节特征选择算法的构造流程，为了实现不完备邻域决策系统中基于 Lebesgue 测度和熵度量的邻域多粒度粗糙集的特征选择，本小节设计一种基于 PDJE 的邻域多粒度粗糙集特征选择算法

（Feature Selection Algorithm based on Pessimistic Neighborhood Multi-Granulation Dependency Joint Entropy, FSPDJE）。

算法 3-7　FSPDJE 算法

输入：一个不完备邻域决策系统 INDS = <U, AT, D, δ>，邻域参数 δ，AT = $\{A_1, A_2, \cdots, A_t\}$。

输出：最优特征子集 B。

步骤 1：初始化 $B = \varnothing$ 和 $R = \varnothing$。

步骤 2：计算 $\text{PDJE}_\delta^P(\text{AT}, D)$。

步骤 3：对于任意 $A_i \subseteq \text{AT}$，计算 $\text{Sig}^{\text{inner}}(A_i, \text{AT}, D)$。若 $\text{Sig}^{\text{inner}}(A_i, \text{AT}, D) > 0$，则 $B = B \bigcup A_i$。

步骤 4：此时，若 $B \neq \varnothing$，计算 $\text{PDJE}_\delta^P(B, D)$。如果 $\text{PDJE}_\delta^P(B, D) = \text{PDJE}_\delta^P(\text{AT}, D)$，则转到步骤 7，否则，执行步骤 5。若 $B = \varnothing$，则执行步骤 5。

步骤 5：令 $R = \text{AT} - B$，并执行如下步骤。

（a）对于每一个 $A_j \in R$，计算 $\text{PDJE}_\delta^P(B \bigcup A_j, D)$；

（b）选择 A_j 使其满足 $\text{PDJE}_\delta^P(B \bigcup A_j, D) = \max\{A_j \in R \mid \text{PDJE}_\delta^P(B \bigcup A_j, D)\}$（如果满足条件的特征有多个，则随机选择一个特征）。

步骤 6：令 $B = B \bigcup A_j$，$R = R - A_j$，计算新的 $\text{PDJE}_\delta^P(B, D)$ 值，判断 $\text{PDJE}_\delta^P(B, D) = \text{PDJE}_\delta^P(\text{AT}, D)$ 是否成立，若成立执行步骤 7；否则，转到步骤 5（a）。

步骤 7：对于任意 $R_k \in B$，计算 $\text{PDJE}_\delta^P(B - R_k, D)$。

步骤 8：如果 $\text{PDJE}_\delta^P(B - R_k, D) \geqslant \text{PDJE}_\delta^P(B, D)$，则 $B = B - R_k$。

步骤 9：返回最优特征子集 B。

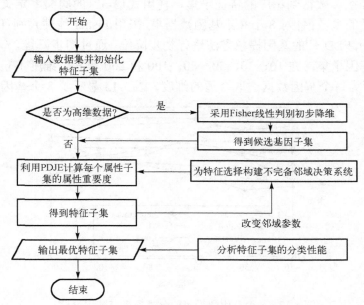

图 3-12　特征选择算法流程图

3.5.6　实验结果与分析

为了说明本节所提特征选择方法的性能，在 8 个基因数据集（Breast、Leukemia、Colon、MLL、Prostate、Lung、DLBCL 和 Brain_Tumor2）上进行仿真实验。表 3-45 是对 8 个数据集的描述。类似于前面小节中的仿真实验分析，选用 4 个分类器（KNN、CART、C4.5 和 SVM）对特征选择进行验证，十次交叉验证结果的平均值是所获得的特征子集的分类结果。

表 3-45　8 个公共数据集的描述

序号	数据集	样本数	特征数	类别数
1	Breast	84	9216	5
2	Leukemia	72	7129	2
3	Colon	62	2000	2
4	MLL	72	12582	3
5	Prostate	136	12600	2
6	Lung	181	12533	2
7	DLBCL	77	5469	2
8	Brain_Tumor2	50	10367	4

类似于前面小节对参数的分析，在特征选择的过程中进行邻域参数的选择，通过设置不同邻域参数得到相应的特征子集，使用式（3-32）的约简率定义，为每个数据集选出合适的参数。针对 8 个高维基因数据集，采用 Fisher 线性判别（Fisher Linear Discrimination, FLD）[5] 的基因提取方法进行初步降维。通过初步降维，f 个基因被选择构成候选基因子集；在 10、30、50、80、100 和 200 等 6 个维度下获得不同的分类精度，从而为每个基因数据选取合适的维度。图 3-13 显示了 8 个基因数据集上所

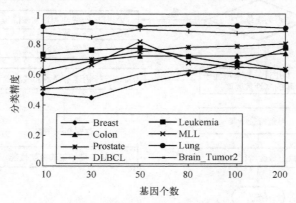

图 3-13　8 个基因数据集的分类精度与基因维度

选择的基因数目和分类精度的变化趋势。根据图 3-13 的结果，Leukemia、Colon、MLL 和 DLBCL 数据集的 f 值设置为 50，Breast 数据集的 f 值设置为 100，Prostate 和 Brain_Tumor2 数据集的 f 值设置为 80，Lung 数据集的 f 值设置为 30。

多粒度粗糙集中一个粒度可能包含多个特征，为了模拟多粒度场景，对于表 3-45 中的数据集，从第一个特征开始，UCI 数据集每两个特征组成一个特征子集，基因数据集每四个特征组成一个特征子集；若条件特征的数量不能被 2 或 4 整除，最后剩余的条件特征构成一个特征子集。为 FSPDJE 算法设置不同的邻域参数，通过交叉验证，获得 8 个数据集上的特征子集，并对 4 个 UCI 数据集和 4 个基因数据集（Breast、Leukemia、Colon 和 MLL）在 KNN 与 CART 分类器下进行性能分析；对于 Prostate、Lung、DLBCL 和 Brain_Tumor2 数据集，在 KNN 与 C4.5 分类器下评估分类性能。8 个数据集的参数变化趋势如图 3-14 所示，其中，横坐标是以 0.05 为间隔且 $\delta \in [0.05, 1]$ 的邻域参数，而左、右纵坐标分别为分类精度和约简率。根据图 3-14 不同参数下分类精度和约简率的变化趋势，为每个数据集选出最佳的邻域参数值，表 3-46 列出了不同邻域参数下 8 个数据集的邻域参数值。

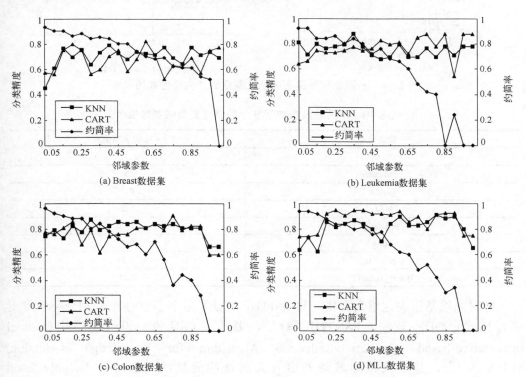

(a) Breast数据集　　　　　　　(b) Leukemia数据集

(c) Colon数据集　　　　　　　(d) MLL数据集

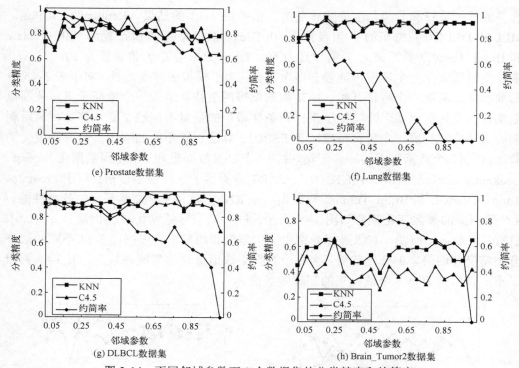

图 3-14　不同邻域参数下 8 个数据集的分类精度和约简率

表 3-46　不同邻域参数下 8 个数据集的邻域参数值

数据集	邻域参数值
Breast	0.15
Leukemia	0.35
Colon	0.2
MLL	0.2
Prostate	0.15
Lung	0.2
DLBCL	0.3
Brain_Tumor2	0.25

　　针对高维基因表达谱数据集，将 FSPDJE 算法与 6 种算法在个数和分类精度上进行比较：ODP 算法、FSNTDJE 算法、基于互信息的知识约简算法 (Mutual Information-based Attribute Reduction Algorithm for Knowledge Reduction, MIBARK)[18]、基于决策邻域熵的启发式属性约简算法 (Decision Neighborhood Entropy-based Attribute Reduction Algorithm, DNEAR)[75]、基于熵增益的基因选择算法 (Entropy Gain-based Gene Selection Algorithm, EGGS)[8]和 EGGS 与 Fisher score 相

结合的属性约简算法(EGGS combined with Fisher Score, EGGS-FS)[8,75]。表 3-47~表 3-52 分别显示了 KNN 和 C4.5 分类器下 7 种算法在 6 个基因数据集(Leukemia、Colon、Prostate、Lung、DLBCL 和 Brain_Tumor2)上的分类结果,其中符号"—"表示使用相应的算法上未能得到结果。如表 3-47~表 3-52 所示,FSPDJE 算法从 Leukemia、Colon、Prostate、Lung、DLBCL 数据集中选择的基因个数相对较少,在 KNN 和 C4.5 分类器下取得的平均分类精度相对较高;且 FSPDJE 算法可以有效地去除以上数据集中的冗余信息,提高分类精度。通过十折交叉验证,在 4 个基因数据集上(Breast、Leukemia、Colon 和 MLL)将 FSPDJE 与 6 种算法(ODP、FSNTDJE、DMRA、FPRA、FRFS 和 IFGAS)进行精度对比。表 3-53 和表 3-54 分别显示了 KNN 和 CART 分类器下 7 种算法在 4 个基因数据集上的分类结果。

表 3-47　Leukemia 数据集上 7 种算法的分类性能

算法	基因数	KNN	C4.5	平均值
ODP	7129	0.734	0.814	0.774
FSNTDJE	7.0	0.833	**0.917**	**0.875**
MIBARK	**4.4**	0.828	0.834	0.831
DNEAR	7.8	0.533	0.671	0.602
EGGS	8.1	0.629	0.733	0.681
EGGS-FS	5.0	0.801	0.813	0.807
FSPDJE	7.6	**0.875**	0.806	0.841

表 3-48　Colon 数据集上 7 种算法的分类性能

算法	基因数	KNN	C4.5	平均值
ODP	2000	0.839	0.82	0.773
FSNTDJE	11.0	0.774	0.807	0.791
MIBARK	5.4	0.770	0.822	0.796
DNEAR	14.5	0.579	0.566	0.573
EGGS	10.8	0.649	0.646	0.648
EGGS-FS	**2.3**	0.702	0.672	0.687
FSPDJE	6.0	**0.854**	**0.887**	**0.871**

表 3-49　Prostate 数据集上 7 种算法的分类性能

算法	基因数	KNN	C4.5	平均值
ODP	12600	0.782	0.640	0.711
FSNTDJE	8.0	0.787	0.772	0.780
MIBARK	4.4	0.512	0.566	0.539
DNEAR	5.1	0.611	0.570	0.591
EGGS	7.7	0.639	0.591	0.615
EGGS-FS	14.0	0.849	0.863	0.856
FSPDJE	**4**	**0.868**	**0.912**	**0.890**

表 3-50　　Lung 数据集上 7 种算法的分类性能

算法	基因数	KNN	C4.5	平均值
ODP	12533	0.931	0.926	0.929
FSNTDJE	9	0.892	0.916	0.904
MIBARK	**5.9**	0.958	0.964	0.961
DNEAR	6	0.82	0.819	0.820
EGGS	11.7	0.859	**0.966**	0.913
EGGS-FS	6.4	**0.979**	0.955	**0.967**
FSPDJE	8	0.941	0.951	0.946

　　根据表 3-53 和表 3-54,除 KNN 分类器下的 Breast 和 MLL 数据集之外,FSPDJE 在大多数数据集上的分类精度优于其他 6 种算法,且在两分类器下的精度平均值最高。从表 3-53 来看,对于 KNN 分类器下的 Leukemia 和 Colon 数据集,FSPDJE 的精度达到最高。同样地,在表 3-54 中,FSPDJE 算法的分类结果总体上优于其余 6 种算法。总体来说,FSPDJE 算法在 KNN 和 CART 分类器下对多数基因数据集表现出较高的稳定性,能够消除冗余基因,对于高维基因表达数据集有较好的分类性能。

表 3-51　　DLBCL 数据集上 7 种算法的分类性能

算法	基因数	KNN	C4.5	平均值
ODP	5469	0.896	0.809	0.853
FSNTDJE	6.4	0.805	0.831	0.818
MIBARK	**2.8**	0.765	0.778	0.772
DNEAR	10	0.698	0.718	0.708
EGGS	19.5	0.854	0.826	0.840
EGGS-FS	3.7	0.870	0.801	0.836
FSPDJE	6	**0.935**	**0.877**	**0.906**

表 3-52　　Brain_Tumor2 数据集上 7 种算法的分类性能

算法	基因数	KNN	C4.5	平均值
ODP	10367	**0.610**	0.560	0.585
FSNTDJE	10	0.580	0.640	0.610
MIBARK	—	—	—	—
DNEAR	**3.1**	0.478	0.464	0.471
EGGS	8.7	0.492	0.492	0.492
EGGS-FS	5.4	0.492	0.392	0.442
FSPDJE	8	0.590	**0.66**	**0.625**

表 3-53　KNN 分类器下 7 种算法的分类精度

数据集	ODP	FSNTDJE	DMRA	FPRA	FRFS	IFGAS	FSPDJE
Breast	0.6909	0.7143	**0.8158**	0.6196	0.7321	0.6725	0.7524
Leukemia	0.7344	0.8327	0.7776	0.7477	0.7619	0.8042	**0.8752**
Colon	0.7258	0.7742	0.7625	0.7958	0.6991	0.6574	**0.8537**
MLL	0.6528	0.9167	0.8859	0.9112	0.8160	**0.9405**	0.8722
平均值	0.7010	0.8095	0.8105	0.7686	0.7523	0.7687	**0.8384**

表 3-54　CART 分类器下 7 种算法的分类精度

数据集	ODP	FSNTDJE	DMRA	FPRA	FRFS	IFGAS	FSPDJE
Breast	0.5714	0.6905	0.7131	0.6104	0.7000	0.7312	**0.7952**
Leukemia	0.5903	0.7222	0.5492	0.5492	0.6800	0.7556	**0.7935**
Colon	0.5967	0.7097	0.7875	0.8125	0.7252	0.7595	**0.8065**
MLL	0.7500	0.8611	0.8018	0.7537	0.8227	0.9112	**0.9500**
平均值	0.6271	0.7459	0.7129	0.6815	0.7320	0.7894	**0.8363**

　　针对表 3-53 和表 3-54 中的分类结果，在 FSNTDJE、DMRA、FPRA、FRFS、IFGAS 和 FSPDJE 算法上进行 Friedman 检验，以验证 6 种算法在分类性能上是否存在显著性差异。KNN 和 CART 分类器下的 6 种算法的排序结果和两个评价指标的值显示在表 3-55 中。在显著性水平为 0.1 时，F 分布 $F(5, 50)$ 的值为 1.975，χ_F^2 分布中 $\chi_F^2(5) = 9.24$；由表 3-55 可知，在 KNN 分类器下的值小于 $\chi_F^2(5)$ 和 $F(5, 50)$，FSPDJE 与 FSNTDJE、FPRA 和 IFGAS 相比没有明显差异，而与 DMRA、FRFS 相比有显著性差异。在 CART 分类器下，所有算法在分类性能上都是等价的，须建立零假设，FSPDJE 与 DMRA 和 IFGAS 相比没有明显的差异，而与其余 3 种算法相比具有显著性差异。

表 3-55　KNN 和 CART 分类器下 6 种算法的统计结果

分类器	平均排序						χ_F^2	F_F
	FSNTDJE	DMRA	FPRA	FRFS	IFGAS	FSPDJE		
KNN	3.45	4	3.63	4.09	3.72	2.09	7.91	1.68
CART	4.45	3.5	4.13	4.18	2.91	1.81	15.17	3.81

　　对表 3-47～表 3-52 中 KNN 和 C4.5 分类器下的 Leukemia、Colon、Prostate、Lung、DLBCL 和 Brain_Tumor2 数据集进行统计分析。计算 KNN 和 C4.5 分类器下 FSNTDJE、MIBARK、DNEAR、EGGS、EGGS-FS 和 FSPDJE 共 6 种算法的统计结果，如表 3-56 所示。

　　当重要度 $\alpha = 0.1$ 时，$\chi_F^2(5) = 9.24$ 且 $F(5, 25) = 2.09$，由表 3-56 可知，所有算

法等价，需建立零假设；在 KNN 分类器下，FSPDJE 与 FSNTDJE 和 EGGS-FS 相比，没有显著性差异；在 C4.5 分类器下，FSPDJE 与 MIBARK 相比有显著性差异，而与其余 4 种算法相比没有显著性差异。总之，在统计上，FSPDJE 算法的分类精度优于其余 5 种算法。

表 3-56　KNN 和 CART 分类器下 6 种算法的统计结果

分类器	平均排序						χ^2_F	F_F
	FSNTDJE	MIBARK	DNEAR	EGGS	EGGS-FS	FSPDJE		
KNN	2.83	4.17	5.67	4.25	2.75	1.33	19.61	9.44
C4.5	2.67	3.83	5.5	3.5	3.5	2	12.08	3.37

3.5.7　小结

针对传统的基于单粒度粗糙集的特征选择方法不能直接处理混合不完备信息系统的多元关系的问题，本节提出了一种基于 Lebesgue 测度和熵度量的邻域多粒度粗糙集特征选择方法。首先，构造了邻域多粒度粗糙集模型，定义了基于 Lebesgue 测度和熵度量的不确定性度量；然后，在不完备邻域决策系统中，提出了一种基于邻域多粒度粗糙集的悲观邻域多粒度依赖联合熵的度量方法，设计了一种不完备邻域决策系统中基于 Lebesgue 和熵度量的邻域多粒度粗糙集特征选择算法；最后，在 8 个公共数据集上的实验结果表明，该方法能够在不完备邻域决策系统中选择具有较强分类能力的特征子集。

3.6　基于模糊邻域条件熵的基因选择方法

3.6.1　引言

目前，针对基因选择问题已有较多的研究方向和解决方法[84,85]。粗糙集理论作为一种知识获取工具被越来越多地应用在基因表达谱数据的分析上，并取得了较好的研究成果。Pawlak 提出的经典粗糙集模型[86]，作为一种工具已被成功应用于特征选择领域[87-90]，但经典粗糙集只能处理离散型数据，所以其面临着在进行特征约简前需将连续型特征离散化从而导致信息丢失的问题。针对该问题，邻域粗糙集和模糊粗糙集作为两个重要模型先后被提出，并得到了不断的深入研究。1997 年，Lin 推广了经典的粗糙集与邻域算子[91]。随后，Yao 等研究了粗糙近似算子和邻域算子之间的关系，并提出了该模型的公理化性质[92]。2008 年，Hu 等构建了基于邻域粗糙集模型的特征约简算法，从代数定义的角度以正域作为启发式信息[93]。邻域关系的使用可完成对连续型特征的处理，克服了经典粗糙集存在的缺点，但当其背景模糊时，无法对样本模糊性进行准确的描述。Dubois 等将粗糙集和模糊集结合，引入了模糊粗糙集的概念[94]。接着，Jensen 等将经典粗糙集中的依赖函数引入模糊粗糙集中，并提出一种用于减少冗余特征的贪心算法[95]。Bhatt 等提出了紧凑计算域的概念，提高了计算效率[96]。Hu 等采用核函数来定义模糊相似关系，构建了一个贪心算法进行降维[97]。针对噪声数据分析，Mieszkowicz 等介绍了可变精度模糊粗糙集的模型来处理噪声数据[98]。然而，在各种模糊粗糙集模型中，通常是通过与最近样本间关系的计算来进行样本描述，因此数据集中存在的噪声会使计算结果的误差风险增大。针对以上不足，本节在数据刻画阶段将采用模糊和邻域概念的结合，使用模糊邻域形式对样本进行刻画，基于决策特征进行模糊决策的构建，在计算过程中尽可能地还原数据的原始信息，并减少数据信息的误判及损失。

在进行特征选择时，特征评估函数的构建对于最终所选特征子集的分类精度起着至关重要的作用，一般来说，有效的特征评价方法可以提高分类精度。现已提出用于测量候选子集质量的方法包含基于正区域、依赖性的方法[99-101]，信息量[102]和信息熵[50,103]等。目前，已有学者将信息熵引入粗糙集中，比如条件熵[50,104]、混合熵[105]等。文献[32]和[106]曾提及，特征重要性的代数定义侧重于特征对论域中确定分类集的影响，其信息论定义着重于特征对论域中不确定分类集的影响，二者具有很强的互补性，因此二者的结合使用会使得度量机制更为全面。Chen 等提出在邻域粗糙集基础上的熵度量，可以处理实值数据，减少了数据噪声带来的影响[107]。Zhang 等针对混合数据集提出了模糊粗糙集信息熵用于特征选择[108]。邻域相似性被用来近似描述决策等价类[11]，模糊关系可较为准确地表达数据的原始信息。在基因表达谱数据分析中，总存在有样本的邻域不完全包含在该样本决策等价类中的这类数据，往往该类数据是提高所选特征基因子集分类精度的关键，但存在着描述困难的问题。故针对该问题，本节结合文献[101]中所研究的模糊邻域关系，将其重新定义并引入条件熵中提出了一个新的模型——模糊邻域条件熵模型（Fuzzy Neighborhood Conditional Entropy, FNCE）。

本节采用特征空间中的模糊相似关系对样本间的关联程度进行参数化，结合样本决策等价类求得样本的模糊决策，并通过邻域半径刻画样本的模糊邻域粒。然后，使用它们的交集来计算对应特征的条件熵。该模型结合了邻域粗糙集和模糊粗糙集的优势，对数据进行更为清楚的描述，在条件熵的计算过程中最大化地使用数据所含信息，使得对数据的不确定性研究更加准确。为了得到较少且分类精确的特征基因子集，本节引入了变精度模型来处理不确定的知识，允许数据中存在少量噪声冗余。最后，基于模糊邻域条件熵的单调性，最终求得所需最优特征基因子集。通过实验对比，结果表明了本模型的有效性。

3.6.2　模糊邻域关系

模糊关系是通过样本关于特征集合上的隶属程度来近似描述的，这种表述较好地实现了清晰和非清晰概念的数学表示。Doubois 等提到了基础的模糊关系[94]。

令论域 $U = \{x_1, x_2, \cdots, x_n\}$，设在论域 U 上，映射为 $S(\cdot):U \to [0,1]$，则 S 为一个模糊集合。对于 $\forall x \in U$，称 $S(x)$ 为 x 关于 S 的隶属度，$F(U)$ 记为论域 U 上的模糊集合。B 为样本的一个特征集合，可以诱导 U 上的模糊二元关系 R_B。

若 $\forall M', N' \in F(U)$ 为两个模糊集合，则其交集、并集和补集分别运算如下：

（1）$(M' \bigcap N')(x) = M'(x) \wedge N'(x) = \min(M'(x), N'(x))$；

（2）$(M' \bigcup N')(x) = M'(x) \vee N'(x) = \max(M'(x), N'(x))$；

（3）$M'^c(x) = 1 - M'(x)$。

若 R_B 满足

（1）自反性：$R_B(x,x) = 1$，$\forall x \in U$；

（2）对称性：$R_B(x,y) = R_B(y,x)$，$\forall x, y \in U$；

则称 R_B 为 U 上的模糊相似关系。对于 $\forall x, y \in U$，x 关于 R_B 的模糊邻域可表示为 $[x]_{R_B}(y) = R_B(x,y)$，是 U 上的一个模糊集。

通过模糊关系可精确刻画出样本间的关系，但样本间关系强弱不一，为减少数据中冗余噪声的影响，设置邻域半径根据需要来过滤掉一些弱相关数据，以提高计算效率。Wang 等提出了模糊邻域的概念[90]。

令 $<U, A, D>$ 为决策信息系统，其中 $U = \{x_1, x_2, \cdots, x_n\}$，$B \subseteq A$，$\forall x, y \in U$，$R_B$ 为 U 上的模糊相似关系，则对于 $\forall b \in B$，x 关于 R_B 的模糊邻域定义为

$$[x]_{R_B}(y) = R_B(x,y) = \min_{b \in B} R_b(x,y) \tag{3-65}$$

其中，$R_B(x,y) = 1 - |x_b - y_b|$，$x_b$ 和 y_b 分别表示对应特征的值。对于 $\forall B \subseteq A$，x 关于 R_B 的模糊邻域粒定义为

$$[x]_{R_B}^{\alpha}(y) = \begin{cases} R_B(x,y), & R_B(x,y) \geq \alpha \\ 0, & R_B(x,y) < \alpha \end{cases} \tag{3-66}$$

其中，α 为模糊邻域半径，当 $\alpha_1 \geq \alpha_2$ 时，$[x]_{R_B}^{\alpha_1}(y) \subseteq [x]_{R_B}^{\alpha_2}(y)$。

3.6.3　模糊邻域粒和模糊决策

在基因表达谱数据处理过程中为了减少原始数据的信息损失，首先在数据刻画阶段，本小节引入参数化的模糊相似关系来描述样本的模糊邻域粒和模糊决策；然后，在信息基因评价阶段，结合条件熵给出了模糊邻域条件熵的定义和其相关定理的证明，提出了模糊邻域条件熵模型；最后，基于模糊邻域条件熵模型设计了一个基因选择算法。

通过模糊相似关系来参数化样本间的关联程度形成一个关系矩阵，该矩阵满足自反性和对称性，每行或每列都代表一个样本与其余样本对应的关联度值，为了避

免数据噪声的影响，需要设置一个参数 α 为邻域半径来描述样本的相似性，且有利于对不同信息粒度下基因分类进行研究。

定义 3-49 令<U, A, D>为一个决策信息系统，$U = \{x_1, x_2, \cdots, x_n\}$，$B \subseteq A$，$a \in A$，$R_A$ 为 U 上的模糊相似关系，对 $\forall x, y \subseteq U$，其模糊相似关系矩阵为 $[x]_a(y) = R_a(x, y)$，则基于 B 的模糊相似矩阵定义为 $[x]_B(y) = \min_{b \in B}([x]_b(y))$，$\forall b \in B$。

定义 3-50[101] 令<U, A, D>为一个决策信息系统，对 $\forall B \subseteq A$，其参数化的模糊邻域粒构造如下

$$\alpha_B(x) = [x]_B^\alpha(y) = \begin{cases} R_B(x, y), & R_B(x, y) \geqslant \alpha \\ 0, & R_B(x, y) < \alpha \end{cases} \tag{3-67}$$

其满足当 $\alpha_1 \leqslant \alpha_2$ 时，对 $\forall x \in U$，$\alpha_{2_B}(x) \subseteq \alpha_{1_B}(x)$。

定义 3-51 令<U, A, D>为一个决策信息系统，$U = \{x_1, x_2, \cdots, x_n\}$，$U/D = \{D_1, D_2, \cdots, D_r\}$，对 $\forall x, y \subseteq U$，其参数化的模糊决策构造如下

$$\text{FD}_j(x) = \frac{\sum [x]_A(d)}{\sum [x]_A(y)} \tag{3-68}$$

其中，$d \in D_j$，$j = 1, 2, \cdots, r$。

$$\text{FD}_j = \{\text{FD}_j(x_1), \text{FD}_j(x_2), \cdots, \text{FD}_j(x_n)\} \tag{3-69}$$

其中，$j = 1, 2, \cdots, r$。

$$\text{FD} = \{\text{FD}_1^T, \text{FD}_2^T, \cdots, \text{FD}_r^T\} \tag{3-70}$$

其中，$\text{FD}_j(x)$ 表示 x 在 FD_j 上的隶属度，FD_j 为决策等价类的模糊集，FD 为样本的模糊决策。

实例 3-7 给定决策表<U, A, D>如表 3-57 所示，其中 $U = \{x_1, x_2, x_3, x_4\}$，$A = \{a_1, a_2, a_3, a_4\}$ 是条件特征集，D 为决策。

表 3-57 决策表

U	a_1	a_2	a_3	a_4	D
x_1	15.5	2.68	4.6	3.22	1
x_2	24	1.84	3.74	2.78	2
x_3	19.5	2.58	2.9	2.81	2
x_4	21.5	0.65	7.65	1.86	3

将表 3-57 中的数值通过公式 $f(x_i) = \dfrac{x_i - x_{\min}}{x_{\max} - x_{\min}}$ 进行归一化，如表 3-58 所示。

表 3-58　归一化数据

U	a_1	a_2	a_3	a_4	D
x_1	0	1	0.3579	1	0
x_2	1	0.5862	0.1768	0.6765	0.5000
x_3	0.4706	0.9507	0	0.6985	0.5000
x_4	0.7059	0	1	0	1

样本 x_i 和 x_j 之间的模糊相似关系 R_{a_k} 相对于特征 a_k 的值计算为

$$R_{a_k} = 1 - |x_{ik} - x_{jk}| \tag{3-71}$$

其中，$a_k \in A$，$k = 1, 2, 3, 4$；$x_i, x_j \in U$，$i = 1, 2, 3, 4$，$j = 1, 2, 3, 4$。

由此可得关于特征 a_k 的模糊相似关系矩阵 $[x]_{a_k}(y)$，结合定义 3-49 可得 $[x]_A(y) = \min_{a_k \in A}([x]_{a_k}(y))$。因模糊相似关系 R_{a_k} 满足自反性，故当 $i = j$ 时令 $R_{a_k} = 1$，得

$$[x]_A(y) = \begin{bmatrix} 1 & 0 & 0.5294 & 0 \\ 0 & 1 & 0.4706 & 0.1768 \\ 0.5294 & 0.4706 & 1 & 0 \\ 0 & 0.1768 & 0 & 1 \end{bmatrix}$$

由表 3-57 可得 $U/D = \{D_1, D_2, D_3\}$，其中 $D_1 = \{x_1\}$，$D_2 = \{x_2, x_3\}$，$D_3 = \{x_4\}$，根据定义 3-51 得

当 $d \in D_1$ 时，$[x]_A(d) = \begin{bmatrix} 1 \\ 0 \\ 0.5294 \\ 0 \end{bmatrix}$，则 $\mathrm{FD}_1 = \{\mathrm{FD}_1(x_1), \mathrm{FD}_1(x_2), \mathrm{FD}_1(x_3), \mathrm{FD}_1(x_4)\}$

$= \{0.6538, 0, 0.2647, 0\}$。

当 $d \in D_2$ 时，$[x]_A(d) = \begin{bmatrix} 0 & 0.5294 \\ 1 & 0.4706 \\ 0.4706 & 1 \\ 0.1768 & 0 \end{bmatrix}$，则 $\mathrm{FD}_2 = \{\mathrm{FD}_2(x_1), \mathrm{FD}_2(x_2), \mathrm{FD}_2(x_3),$

$\mathrm{FD}_2(x_4)\} = \{0.3462, 0.8927, 0.7353, 0.1503\}$。

当 $d \in D_3$ 时，$[x]_A(d) = \begin{bmatrix} 0 \\ 0.1768 \\ 0 \\ 1 \end{bmatrix}$，则 $\mathrm{FD}_3 = \{\mathrm{FD}_3(x_1), \mathrm{FD}_3(x_2), \mathrm{FD}_3(x_3), \mathrm{FD}_3(x_4)\}$

$= \{0, 0.1073, 0, 0.8497\}$。

可得模糊决策 $FD = \{FD_1^T, FD_2^T, FD_3^T\} = \begin{bmatrix} 0.6538 & 0.3462 & 0 \\ 0 & 0.8927 & 0.1073 \\ 0.2647 & 0.7353 & 0 \\ 0 & 0.1503 & 0.8497 \end{bmatrix}$。

3.6.4 模糊邻域条件熵

本小节基于模糊邻域粒和模糊决策，结合条件熵提出了模糊邻域条件熵，并给出了相关定理的证明。

定义 3-52　令 <U, A, D> 为一个模糊邻域决策信息系统，$B \subseteq A$ 为条件特征子集，$\alpha_B(x)$ 为邻域半径为 α 的模糊邻域粒，则关于 B 的模糊邻域粗糙熵定义为

$$E_{fr}(B) = -\frac{1}{|U|}\sum_{i=1}^{|U|} \log_2 \frac{1}{|\alpha_B(x_i)|} \tag{3-72}$$

其中，$|\alpha_B(x_i)|$ 表示对象 x_i 的模糊邻域粒中非零值的个数，$\dfrac{1}{|\alpha_B(x_i)|}$ 表示一个元素在模糊邻域粒 $|\alpha_B(x_i)|$ 中的概率。

定义 3-53　令 M' 和 N' 为 U 上的两个模糊集，$|M'\bigcap N'|$ 定义为其对 M' 的隶属度不大于对 N' 的样本的数量。

实例 3-8　给定集合 $U = \{x_1, x_2, \cdots, x_{10}\}$，$M'$ 和 N' 为在 U 上定义的两个模糊集合，表示样本分别在其上的隶属度，其中

$$M' = \left\{ \frac{0.5}{x_1}, \frac{0.2}{x_2}, \frac{0.7}{x_3}, \frac{0.1}{x_4}, \frac{0.3}{x_5}, \frac{0.2}{x_6}, \frac{0.4}{x_7}, \frac{0.3}{x_8}, \frac{0.1}{x_9}, \frac{0.6}{x_{10}} \right\}$$

$$N' = \left\{ \frac{0.6}{x_1}, \frac{0.2}{x_2}, \frac{0.5}{x_3}, \frac{0.3}{x_4}, \frac{0.4}{x_5}, \frac{0.1}{x_6}, \frac{0.3}{x_7}, \frac{0.8}{x_8}, \frac{0.1}{x_9}, \frac{0.9}{x_{10}} \right\}$$

则可得 $|M'\bigcap N'| = |\{x_1, x_2, x_4, x_5, x_8, x_9, x_{10}\}| = 7$，$|N'\bigcap M'| = |\{x_2, x_3, x_6, x_7, x_9\}| = 5$。

定义 3-54　令 <U, A, D> 为一个模糊邻域决策信息系统，$B \subseteq A$ 为条件特征子集，模糊邻域粒 $\alpha_B(x)$ 为一个模糊集，模糊信息决策 $FD = \{FD_1, FD_2, \cdots, FD_r\}$ 为一个模糊集，则模糊信息决策集 FD 关于特征子集 B 的条件熵定义为

$$E_{fr}(D\,|\,B) = \frac{1}{|U|}\sum_{i=1}^{|U|}\sum_{j=1}^{r} \frac{|\alpha_B(x_i)\bigcap FD_j|}{|\alpha_B(x_i)|} \log_2 \frac{|\alpha_B(x_i)|}{|\alpha_B(x_i)\bigcap FD_j|} \tag{3-73}$$

其中，$|\alpha_B(x_i)|$ 表示对象 x_i 的模糊邻域粒中非零值的个数，$|\alpha_B(x_i)\bigcap FD_j|$ 表示对 $\alpha_B(x_i)$ 的隶属度不大于对 FD_j 的样本的非零值个数 。

定理 3-19（单调性）　令 <U, A, D> 为一个模糊邻域决策信息系统，$\forall P, Q \subseteq A$，

为任意两个条件特征子集，若 $\alpha_P(x) \subseteq \alpha_Q(x)$ ，则 $E_{\mathrm{fr}}(D\,|\,P) \leqslant E_{\mathrm{fr}}(D\,|\,Q)$ ，当且仅当 $\alpha_P(x)=\alpha_Q(x)$ 时等号成立。

推论 3-1 令 $\forall P,Q \subseteq A$ 为任意两个条件特征集，若 $Q \subseteq P$ ，则 $E_{\mathrm{fr}}(D\,|\,P) \leqslant E_{\mathrm{fr}}(D\,|\,Q)$ 。

证明： 根据文献[50]的定义 6 和文献[11]的引理 4.1 可得出。

定理 3-20（非负性） 令<U, A, D>为一个模糊邻域决策信息系统，$B \subseteq A$ 为条件特征子集，其中模糊决策 $\mathrm{FD} = \{\mathrm{FD}_1,\mathrm{FD}_2,\cdots,\mathrm{FD}_r\}$ ，则 $E_{\mathrm{fr}}(D\,|\,B) \geqslant 0$ 。

证明： 假设 $E_{\mathrm{fr}}(D\,|\,B) < 0$ ，则 $\log_2 \dfrac{|\alpha_B(x_i)|}{|\alpha_B(x_i)\bigcap \mathrm{FD}_j|} < 0$ ，可得 $\dfrac{|\alpha_B(x_i)|}{|\alpha_B(x_i)\bigcap \mathrm{FD}_j|} < 1$ ，即 $|\alpha_B(x_i)| < |\alpha_B(x_i)\bigcap \mathrm{FD}_j|$ ，显然不成立。因此 $\dfrac{|\alpha_B(x_i)|}{|\alpha_B(x_i)\bigcap \mathrm{FD}_j|} \geqslant 1$ ，即 $\log_2 \dfrac{|\alpha_B(x_i)|}{|\alpha_B(x_i)\bigcap \mathrm{FD}_j|} \geqslant 0$ ，故 $E_{\mathrm{fr}}(\mathrm{FD}\,|\,B) \geqslant 0$ 。

定理 3-21 令<U, A, D>为一个模糊邻域决策信息系统，$B \subseteq A$ ，$b \in B$ ，若 $E_{\mathrm{fr}}(D\,|\,B-\{b\}) = E_{\mathrm{fr}}(D\,|\,B)$ ，则特征 b 是不必要的。

证明： 假设 $\exists b \in B$ 满足 $E_{\mathrm{fr}}(D\,|\,B-\{b\}) = E_{\mathrm{fr}}(D\,|\,B)$ ，若 b 是必要的，则由定义 3-49 和定义 3-50 可知 $\alpha_{B-\{b\}}(x) \neq \alpha_B(x)$ ，又 $B-\{a\} \subseteq B$ ，根据定理 3-19 和推论 3-1 可知 $E_{\mathrm{fr}}(D\,|\,B-\{b\}) > E_{\mathrm{fr}}(D\,|\,B)$ ，与假设矛盾。故对于 $\forall b \in B$ ，若 $E_{\mathrm{fr}}(\mathrm{FD}\,|\,B-\{b\}) = E_{\mathrm{fr}}(\mathrm{FD}\,|\,B)$ ，则特征 b 是不必要的。

定义 3-55 令<U, A, D>为一个模糊邻域决策信息系统，对 $\forall B \subseteq A$ ，若满足：

（1）$E_{\mathrm{fr}}(\mathrm{FD}\,|\,B) = E_{\mathrm{fr}}(\mathrm{FD}\,|\,A)$ ；

（2）对于 $\forall b \in B$ ，$E_{\mathrm{fr}}(\mathrm{FD}\,|\,B-\{b\}) > E_{\mathrm{fr}}(\mathrm{FD}\,|\,B)$ ；

则称 B 为 A 在决策信息系统中相对于决策 D 的一个约简。

定义 3-56 令<U, A, D>为一个模糊邻域决策信息系统，则对于 $a \in A$ 相对于 D 的特征重要度定义为

$$\mathrm{Sig}(a,A,D) = E_{\mathrm{fr}}(D\,|\,A-\{a\}) - E_{\mathrm{fr}}(D\,|\,A) \tag{3-74}$$

想要得到一个相对约简子集，根据定义 3-55 必须满足两个条件，但因数据集的不一致性及冗余噪声的存在[109, 110]，且寻找最小约简是 NP 完全问题[111]，故需要容忍一定误差的存在。本模型以所得约简子集与原条件特征子集分别相对于决策的条件熵之差不大于参数 β 为约束条件，选取出相对近似约简子集 red，即 red 需满足

$$E_{\mathrm{fr}}(D\,|\,\mathrm{red}) - E_{\mathrm{fr}}(D\,|\,A) \leqslant \beta \tag{3-75}$$

则对于 $r \in A-\mathrm{red}$ 相对于 D 的特征重要度定义为

$$\mathrm{Sig}(r,\mathrm{red},D) = E_{\mathrm{fr}}(D\,|\,\mathrm{red}) - E_{\mathrm{fr}}(D\,|\,\mathrm{red}\bigcup\{r\}) \tag{3-76}$$

3.6.5　基于模糊邻域条件熵的基因选择算法

根据上述定义，本小节构造了一种基于模糊邻域条件熵的特征约简算法。依据模糊邻域条件熵的单调性原理，可用于计算候选特征的重要性。详细的算法流程如算法 3-8 所示，实例 3-9 展示了具体的计算过程。

算法 3-8　基于 FNCE 的基因选择

输入：模糊邻域决策系统$<U, A, D>$，参数 α 和 β，其中 α 为模糊邻域半径，β 控制基因子集的选择。

输出：一个约简子集 red。

步骤 1：初始化 $\text{red} = \varnothing$；

步骤 2：对 $\forall a \in A$，计算模糊相似关系矩阵 R_a；

步骤 3：根据定义 3-51 计算模糊决策 FD；

步骤 4：根据定义 3-50 和定义 3-54 计算决策 D 相对于 A 的模糊邻域条件熵 $E_{\text{fr}}(D \mid A)$；

步骤 5：对 $\forall a \in A$，计算 $\text{Sig}(a, A, D)$，若 a 满足 $\text{Sig}(a, A, D) = \max\{a \mid \text{Sig}(a, A, D)\}$，则 $\text{red} = \text{red} \bigcup \{a\}$；

步骤 6：计算 $E_{\text{fr}}(D \mid \text{red})$，若 $E_{\text{fr}}(D \mid \text{red}) - E_{\text{fr}}(D \mid A) \leqslant \beta$，执行步骤 10，否则执行步骤 7；

步骤 7：令 $B = A - \text{red}$，对 $\forall r \in B$，计算 $\text{Sig}(r, \text{red}, D)$；

步骤 8：选择 r，使其满足 $\text{Sig}(r, \text{red}, D) = \max\{r \mid \text{Sig}(r, \text{red}, D), r \in B\}$；

步骤 9：令 $B = B - \{r\}$，$\text{red} = \text{red} \bigcup \{r\}$，执行步骤 6；

步骤 10：返回约简子集 red。

实例 3-9　引用实例 3-7，针对算法 3-8 举例使用，故模糊邻域半径 α 和参数 β 暂设置为 0（在实际实验中会进行具体的参数讨论）。

根据实例 3-7 已得到模糊相似矩阵 $[x]_a(y)$ 和模糊决策 FD，又设置邻域半径 $\alpha = 0$，则模糊邻域粒 $\alpha_A(x) = [x]_A(y)$，因此可得

$$E_{\text{fr}}(D \mid A) = 0.25，\quad E_{\text{fr}}(D \mid A - \{a_1\}) = 0.2642$$

$$E_{\text{fr}}(D \mid A - \{a_2\}) = 0.25，\quad E_{\text{fr}}(D \mid A - \{a_3\}) = 0.6392，\quad E_{\text{fr}}(D \mid A - \{a_4\}) = 0.25$$

所以对于 $a \in A$ 相对于 D 的特征重要度为

$$\text{Sig}(a_1, A, D) = E_{\text{fr}}(D \mid A - \{a_1\}) - E_{\text{fr}}(D \mid A) = 0.0142$$

$$\text{Sig}(a_2, A, D) = E_{\text{fr}}(D \mid A - \{a_2\}) - E_{\text{fr}}(D \mid A) = 0$$

$$\text{Sig}(a_3, A, D) = E_{\text{fr}}(D \mid A - \{a_3\}) - E_{\text{fr}}(D \mid A) = 0.3892$$

$$\text{Sig}(a_4, A, D) = E_{\text{fr}}(D \mid A - \{a_4\}) - E_{\text{fr}}(D \mid A) = 0$$

由上可得出 $\mathrm{Sig}(a_3,A,D)=\max\{a\,|\,\mathrm{Sig}(a,A,D)\}$，所以 $\mathrm{red}=\{a_3\}$，$B=\{a_1,a_2,a_4\}$。此时可得 $E_{\mathrm{fr}}(D\,|\,\mathrm{red})=0.8412$，显然 $E_{\mathrm{fr}}(D\,|\,\mathrm{red})-E_{\mathrm{fr}}(D\,|\,A)>0$，故需计算

$$E_{\mathrm{fr}}(D\,|\,\mathrm{red}\cup\{a_1\})=0.75，\quad E_{\mathrm{fr}}(D\,|\,\mathrm{red}\cup\{a_2\})=0.2642，\quad E_{\mathrm{fr}}(D\,|\,\mathrm{red}\cup\{a_4\})=0.2642$$

对于 $r\in B$ 相对于 D 的特征重要度为

$$\mathrm{Sig}(a_1,\mathrm{red},D)=E_{\mathrm{fr}}(D\,|\,\mathrm{red})-E_{\mathrm{fr}}(D\,|\,\mathrm{red}\cup\{a_1\})=0.0912$$

$$\mathrm{Sig}(a_2,\mathrm{red},D)=E_{\mathrm{fr}}(D\,|\,\mathrm{red})-E_{\mathrm{fr}}(D\,|\,\mathrm{red}\cup\{a_2\})=0.5771$$

$$\mathrm{Sig}(a_4,\mathrm{red},D)=E_{\mathrm{fr}}(D\,|\,\mathrm{red})-E_{\mathrm{fr}}(D\,|\,\mathrm{red}\cup\{a_4\})=0.5771$$

由上可得到 $\mathrm{Sig}(a_2,A,D)=\mathrm{Sig}(a_4,A,D)=\max\{r\,|\,\mathrm{Sig}(r,\mathrm{red},D)\}$，所以根据顺序优先可得 $\mathrm{red}=\{a_3,a_2\}$，$B=\{a_1,a_4\}$。

故此时 $E_{\mathrm{fr}}(D\,|\,\mathrm{red})=0.2642$，显然 $E_{\mathrm{fr}}(D\,|\,\mathrm{red})-E_{\mathrm{fr}}(D\,|\,A)>0$，所以需要继续计算

$$E_{\mathrm{fr}}(D\,|\,\mathrm{red}\cup\{a_1\})=0.25，\quad E_{\mathrm{fr}}(D\,|\,\mathrm{red}\cup\{a_4\})=0.2642$$

对于 $r\in B$ 相对于 D 的特征重要度为

$$\mathrm{Sig}(a_1,\mathrm{red},D)=E_{\mathrm{fr}}(D\,|\,\mathrm{red})-E_{\mathrm{fr}}(D\,|\,\mathrm{red}\cup\{a_1\})=0.0142$$

$$\mathrm{Sig}(a_4,\mathrm{red},D)=E_{\mathrm{fr}}(D\,|\,\mathrm{red})-E_{\mathrm{fr}}(D\,|\,\mathrm{red}\cup\{a_4\})=0$$

由上可得 $\mathrm{Sig}(a_1,A,D)=\max\{a\,|\,\mathrm{Sig}(a,A,D)\}$，所以 $\mathrm{red}=\{a_3,a_2,a_1\}$，$B=\{a_4\}$。则 $E_{\mathrm{fr}}(D\,|\,\mathrm{red})=0.25$，显然 $E_{\mathrm{fr}}(D\,|\,\mathrm{red})-E_{\mathrm{fr}}(D\,|\,A)=0$，所以最终得到 $\mathrm{red}=\{a_3,a_2,a_1\}$。

3.6.6 实验结果与分析

本小节从公共数据源中选出了 4 个数据集，通过所选特征基因的个数和分类精度来比较 FNCE 算法和已有的相关算法，并针对不同数据集讨论了合适的参数选择。为了确保实验结果的可靠性，实验所用数据集都选自公共数据源，如表 3-59 所示。为了更好地计算数据间的相关性，实验所用数据通过公式 $f(x_i)=\dfrac{x_i-x_{\min}}{x_{\max}-x_{\min}}$ 全部被归一化到[0, 1]区间。

表 3-59 数据集的描述

序号	数据集	样本数	基因数	类别数
1	WPBC	198	32	2
2	WDBC	569	30	2
3	Heart_Cle	303	13	5
4	Colon	62	2000	2

在 FNCE 算法中有两个参数 α 和 β，其中，α 为模糊邻域半径，在计算样本的模糊邻域粒时，为减少样本间相关性较弱的数据带来的噪声和无用计算量，需选取出合适的模糊邻域半径。β 控制基因子集的选择，因为数据集的不一致性及冗余噪声，需允许原条件特征子集与所得约简子集分别相对于决策的条件熵之间存在误差。不同数据集间的关系强弱不同，因此需针对不同数据集选出最合适的参数。设置参数 α 和 β 的值分别从 0～0.5 变化，步长设为 0.05。通过不同参数选出的基因数量，结合其在 Liner-SVM 分类器下的分类精度比较（使用 KNN 分类器的实验结果大致与其一致），如图 3-15 所示，最终确定针对不同数据集的所用参数，如表 3-60 所示。

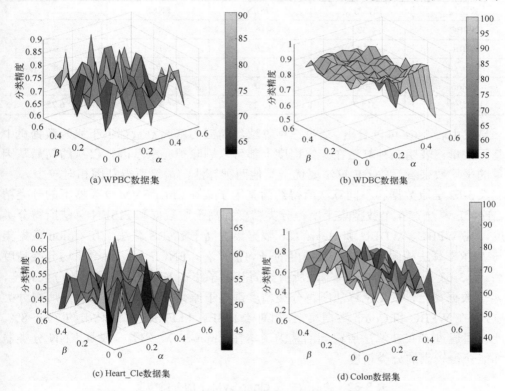

图 3-15　4 个基因表达谱数据集的参数 α 和 β 对应的分类精度

为验证 FNCE 算法的有效性，实验中与现有相关算法进行对比，其中包括基于模糊熵的数据约简算法（FISEN）[112]、基于模糊邻域粗糙集的特征选择算法（FNRS）[101]。由不同算法所选的特征数量如表 3-61 所示。分别使用 Liner-SVM 和 3NN 两种不同的分类学习方法来评价不同算法的性能，为了使分类器所得分类精度更具有代表性，采用了十折交叉验证。最终由不同算法所得分类精度如表 3-62 和表 3-63 所示。

表 3-60　不同数据集的合适参数

序号	数据集	α	β
1	WPBC	0.1	0.1
2	WDBC	0.1	0.05
3	Heart_Cle	0.2	0
4	Colon	0.2	0.5

表 3-61　选择特征基因的个数

数据集	原始数据	FISEN	FNRS	FNCE
WPBC	32	16	8	3
WDBC	30	16	18	6
Heart_Cle	13	11	7	8
Colon	2000	10	5	4
平均值	518.75	13.25	9.5	6.25

　　显然由表 3-61 可以看出，通过三种算法约简后的基因数量都小于原始数据集中的基因数量，表明三种算法在一定程度上都可以剔除掉冗余基因。仅从约简后基因数量的平均数来看，FNCE 算法要优于其他两种算法，最终所得基因相对较少。

　　表 3-62 是原数据和不同算法所得约简基因子集在 Liner-SVM 分类器下的分类精度，FNCE 算法在 4 个数据集上所得分类精度都高于原数据和 FISEN 算法所得分类精度，在 WPBC、WDBC 和 Heart_Cle 数据集上高于 FNRS 算法，在 Colon 数据集上与 FNRS 算法相同。通过分类精度的平均值来看，FNCE 算法所得平均分类精度最高。表 3-63 是原数据和不同算法所得约简基因子集在 KNN 分类器下的分类精度，在 4 个数据集上，FNCE 算法所得分类精度都高于原数据和其他两种算法所得分类精度，且在 WPBC 和 Colon 数据集上，相对于 FISEN 和 FNRS 算法高出约 7%～8%。因此表明通过 FNCE 算法所得到的基因子集在 Liner-SVM 分类器或是 KNN 分类器下都能获得较高的分类精度。

表 3-62　约简数据在 Liner-SVM 下的分类精度

数据集	原始数据	FISEN	FNRS	FNCE
WPBC	0.7424	0.8182	0.825	0.85
WDBC	0.9316	0.9526	0.9737	0.9912
Heart_Cle	0.5941	0.5644	0.6557	0.6885
Colon	0.75	0.8333	0.9231	0.9231
平均值	0.7545	0.7921	0.8444	0.8632

表 3-63　约简数据在 3NN 下的分类精度

数据集	原始数据	FISEN	FNRS	FNCE
WPBC	0.7484	0.7772	0.775	0.85
WDBC	0.97	0.9613	0.9737	0.9825
Heart_Cle	0.5738	0.5842	0.7049	0.7213
Colon	0.7692	0.8462	0.8462	0.9231
平均值	0.7654	0.7922	0.825	0.8692

通过实验对比不难发现，FNCE 算法不仅可以较大程度地剔除冗余基因，并且在此基础上可得到较高的分类精度。尤其在 WPBC 和 WDBC 数据集上，所得基因数量不足 FNRS 算法的一半，且分类精度都高于其他两种算法。在数据刻画阶段，FNCE、FISEN 和 FNRS 算法都计算了样本间的模糊相似关系，故该阶段的时间复杂度大概一致，都不超出 $O(|A||U|^2)$；在基因评估阶段，FNCE 和 FISEN 算法都引入条件熵，时间复杂度近似为 $O(|U|)$，FNRS 算法基于正域进行基因度量，时间复杂度近似为 $O(|D||U|)$，其中 $|D|$ 表示所用数据的类别数，显然可看出 FNCE 算法的时间复杂度与 FISEN 算法基本一致，且低于 FNRS 算法，结合实验结果对比，证明了 FNCE 算法的有效性。

3.6.7　小结

在基因表达谱数据分析中，本节主要针对样本的邻域不完全包含在该样本决策等价类中的这类关键数据，提出了一种基于模糊邻域条件熵的基因选择方法。通过模糊邻域粒和模糊决策更加准确地刻画出原始数据所包含的信息，结合所定义的模糊邻域条件熵模型，利用其单调性，在容忍一些噪声的基础上求得所需最优基因子集，最终以较小的基因数量达到了较高的分类精度，验证了所提方法的有效性。

参 考 文 献

[1] 王蓝莹. 基于邻域粗糙集和 Lebesgue 测度的特征选择方法研究. 新乡: 河南师范大学, 2020.

[2] 张霄雨. 面向肿瘤基因数据的邻域粗糙集特征选择方法研究. 新乡: 河南师范大学, 2019.

[3] Miguel G T, Francisco G V, Belen M B, et al. High dimensional feature selection via feature grouping: a variable neighborhood search approach. Information Sciences, 2016, 326: 102-118.

[4] 梁绍宸. 多粒度视角下的属性约简方法研究. 镇江: 江苏科技大学, 2018.

[5] 李虹欣. 基于条件熵的邻域粗糙集属性约简算法及其应用. 大连: 大连交通大学, 2020.

[6] 陈智勤. 基于邻域粗糙集的加权 KNN 肿瘤基因表达谱分类算法. 计算机系统应用, 2010, 19(12): 86-89, 16.

[7]   Lin Y J, Hu Q H, Liu J H, et al. Multi-label feature selection based on neighborhood mutual information. Applied Soft Computing, 2016, 38: 244-256.

[8]   Chen Y M, Zhang Z J, Zheng J Z, et al. Gene selection for tumor classification using neighborhood rough sets and entropy measures. Journal of Biomedical Informatics, 2017, 67: 59-68.

[9]   Li H X, Zhou X Z, Zhao J B, et al. Non-monotonic attribute reduction in decision-theoretic rough sets. Fundamenta Informaticae, 2013, 126(4): 415-432.

[10] Wang C Z, Hu Q H, Wang X Z, et al. Feature selection based on neighborhood discrimination index. IEEE Transactions on Neural Networks and Learning Systems, 2018, 29(7): 2986-2999.

[11] 杨章显. 基于粗糙集属性约简一些问题的研究. 杭州: 杭州电子科技大学, 2011.

[12] 王国胤. Rough 集理论与知识获取. 西安: 西安交通大学出版社, 2001.

[13] Shusaku T. Accuracy and coverage in rough set rule induction. International Conference on Rough Sets and Current Trends in Computing, 2002: 373-380.

[14] Sun C, Wang P, Yan R Q, et al. Machine health monitoring based on locally linear embedding with kernel sparse representation for neighborhood optimization. Mechanical Systems and Signal Processing, 2019, 114: 25-34.

[15] Xu J C, Mu H Y, Wang Y, et al. Feature genes selection using supervised locally linear embedding and correlation coefficient for microarray classification. Computational and Mathematical Methods in Medicine, 2018: 5490513.

[16] Sam T R, Lawrence K S. Nonlinear dimensionality reduction by locally linear embedding. Science, 2000, 290(5500): 2323-2326.

[17] Yang H J, Liu Y L, Feng C S, et al. Applying the Fisher score to identify Alzheimer's disease-related genes. Genetics and Molecular Research, 2016, 15(2): 15028798.

[18] Xu F F, Miao D Q, Wei L. Fuzzy-rough attribute reduction via mutual information with an application to cancer classification. Computers and Mathematics with Applications, 2009, 57(6): 1010-1017.

[19] Zheng S F, Liu W X. An experimental comparison of gene selection by Lasso and dantzig selector for cancer classification. Computers in Biology and Medicine, 2011, 41(11): 1033-1040.

[20] Sun L, Xu J C, Wang W, et al. Locally linear embedding and neighborhood rough set-based gene selection for gene expression data classification. Genetics and Molecular Research, 2016, 15(3): 15038990.

[21] Zhang W, Chen J J. Relief feature selection and parameter optimization for support vector machine based on mixed kernel function. International Journal of Performability Engineering, 2018, 14(2): 280-289.

[22] Rabia A, Verma C K, Namita S. A fuzzy based feature selection from independent component subspace for machine learning classification of microarray data. Genomics Data, 2016, 8: 4-15.

[23] Javier A, Guillermo L, Enrique A. Two hybrid wrapper-filter feature selection algorithms applied to high-dimensional microarray experiments. Applied Soft Computing, 2016, 38: 922-932.

[24] Noah S, Jerome F, Trevor H, et al. A sparsegroup Lasso. Journal of Computational and Graphical Statistics, 2013, 22(2): 231-245.

[25] Li J T, Dong W P, Meng D Y. Grouped gene selection of cancer via adaptive sparse group lasso based on conditional mutual information. IEEE/ACM Transactions on Computational Biology and Bioinformatics, 2018, 15(6): 2028-2038.

[26] Bolon C V, Sanchez M N, Alonso B A. Distributed feature selection: an application to microarray data classification. Applied Soft Computing, 2015, 30: 136-150.

[27] Lu H J, Chen J Y, Yan K, et al. A hybrid feature selection algorithm for gene expression data classification. Neurocomputing, 2017, 256: 56-62.

[28] 赵婧. 基于帝王蝶优化算法的特征选择方法研究. 新乡: 河南师范大学, 2021.

[29] Ziarko W. Probabilistic decision tables in the variable precision rough set model. Computational Intelligence, 2001, 17(3): 593-603.

[30] 梁美社, 米据生, 赵天娜. 广义优势多粒度直觉模糊粗糙集及规则获取. 智能系统学报, 2017, 12(6): 883-888.

[31] Syau Y, Lin E B, Churn J L. Neighborhood systems and variable precision generalized rough sets. Fundamenta Informaticae, 2017, 153(3): 271-290.

[32] Dai J H, Hu H, Zheng G J, et al. Attribute reduction in interval-valued information systems based on information entropies. Frontiers of Information Technology and Electronic Engineering, 2016, 17(9): 919-928.

[33] Wen L Y, Min F, Wang S Y. A two-stage discretization algorithm based on information entropy. Applied Intelligence, 2017, 47(4): 1169-1185.

[34] 谢玲玲, 雷景生, 徐菲菲. 基于改进的邻域粗糙集与概率神经网络的水电机组振动故障诊断. 上海电力学院学报, 2016, 32(2): 181-187.

[35] Barbary O E, Salama A, Atlam E S. Granular information retrieval using neighborhood systems. Mathematical Methods in the Applied Sciences, 2018, 41(15): 5737-5753.

[36] 董如意. 元启发式优化算法研究与应用. 长春: 吉林大学, 2019.

[37] 杨璐璐. 基于模糊邻域互信息的肿瘤基因选择方法研究. 新乡: 河南师范大学, 2021.

[38] 孙宇航. 粗糙集属性约简方法在医疗诊断中的应用研究. 苏州: 苏州大学, 2015.

[39] 孙林, 黄金旭, 徐久成, 等. 基于自适应鲸鱼优化算法和容错邻域粗糙集的特征选择算法. 模式识别与人工智能, 2022, 35(2): 150-165.

[40] Huang X J, Zhang L, Wang B J, et al. Feature clustering based support vector machine recursive

feature elimination for gene selection. Applied Intelligence, 2018, 48(3): 594-607.

[41] Alok K S, Pradeep S, Manu V. A hybrid gene selection method for microarray recognition. Biocybernetics and Biomedical Engineering, 2018, 38(4): 975-991.

[42] 殷腾宇. 面向多标记学习的邻域粗糙集特征选择方法研究. 新乡: 河南师范大学, 2021.

[43] Ye C C, Pan J L, Jin Q. An improved SSO algorithm for cyber-enabled tumor risk analysis based on gene selection. Future Generation Computer Systems, 2019, 92: 407-418.

[44] Shannon C. A mathematical theory of communication. Bell System Technical Journal, 1948, 5(3): 3-55.

[45] 张宁, 范年柏. 基于邻域近似条件熵的启发式属性约简. 计算机应用研究, 2018, 35(5): 1395-1398.

[46] Halmons P R. Measure Theory. New York: World Publishing Corporation, 2007: 100-152.

[47] Ge H, Yang C J, Li L S. Positive region reduct based on relative discernibility and acceleration strategy. International Journal of Uncertainty Fuzziness and Knowledge Based Systems, 2018, 26(4): 521-551.

[48] Li W W, Huang Z Q, Jia X Y, et al. Neighborhood based decision-theoretic rough set models. International Journal of Approximate Reasoning, 2015, 69: 1-17.

[49] 姚晟, 陈菊, 吴照玉. 一种基于邻域容差信息熵的组合度量方法. 小型微型计算机系统, 2020, 41(1): 46-50.

[50] Sun L, Xu J C, Tian Y. Feature selection using rough entropy-based uncertainty measures in incomplete decision systems. Knowledge-Based Systems, 2012, 36: 206-216.

[51] 孙林, 赵婧, 徐久成, 等. 基于邻域粗糙集和帝王蝶优化的特征选择算法. 计算机应用, 2022, 42(5): 1355-1366.

[52] Hu Q H, Zhang L, Zhang D, et al. Measuring relevance between discrete and continuous features based on neighborhood mutual information. Expert Systems with Applications, 2011, 38(9): 10737-10750.

[53] Chen Y M, Wu K S, Chen X H, et al. An entropy-based uncertainty measurement approach in neighborhood systems. Information Sciences, 2014, 279: 239-250.

[54] Hu Q H, Yu D, Xie Z X, et al. Fuzzy probabilistic approximation spaces and their information measures. IEEE Transactions on Fuzzy Systems, 2006, 14(2): 191-201.

[55] Jensen R, Shen Q. Semantics-preserving dimensionality reduction: rough and fuzzy-rough-based approaches. IEEE Transactions on Knowledge and Data Engineering, 2004, 16(12): 1457-1471.

[56] Sun L, Liu R N, Xu J C, et al. An affinity propagation clustering method using hybrid kernel function with LLE. IEEE Access, 2018, 6: 68892-68909.

[57] 张宁. 基于邻域粗糙集的属性约简算法研究. 长沙: 湖南大学, 2017.

[58] Meng Z Q, Shi Z Z. A fast approach to attribute reduction in incomplete decision systems with tolerance relation-based rough sets. Information Sciences, 2009, 179(16): 2774-2793.

[59] Zhao H, Qin K Y. Mixed feature selection in incomplete decision table. Knowledge-Based Systems, 2014, 57: 181-190.

[60] Chakraborty D, Sankar K P. Neighborhood rough filter and intuitionistic entropy in unsupervised tracking. IEEE Transactions on Fuzzy Systems, 2018, 26: 2188-2200.

[61] Yenny V R. Maximal similarity granular rough sets for mixed and incomplete information systems. Soft Computing, 2019, 23: 4617-4631.

[62] Paul A, Sil J, Mukhopadhyay C D. Gene selection for designing optimal fuzzy rule base classifier by estimating missing value. Applied Soft Computing, 2017, 55: 276-288.

[63] Lee C K, Lee G G. Information gain and divergence based feature selection for machine learning based text categorization. Information Processing and Management, 2006, 42(1): 155-165.

[64] He Q, Wu C X, Chen D G, et al. Fuzzy rough set based attribute reduction for information systems with fuzzy decisions. Knowledge-Based Systems, 2011, 24: 689-696.

[65] Qian W B, Shu W H. Attribute reduction in incomplete ordered information systems with fuzzy decision. Applied Soft Computing, 2018, 73: 242-253.

[66] Qian W B, Shu W H. Mutual information criterion for feature selection from incomplete data. Neurocomputing, 2015, 168: 210-220.

[67] Shao M W, Zhang W X. Dominance relation and rules in an incomplete ordered information system. International Journal of Intelligent Systems, 2005, 20(1): 13-27.

[68] Zhao Z, Liu H. Searching for interacting features in subset selection. Intelligent Data Analysis, 2009, 13(2): 207-228.

[69] Chen D G, Zhang L, Zhao S Y, et al. A novel algorithm for finding reducts with fuzzy rough sets. IEEE Transactions on Fuzzy Systems, 2012, 20(2): 385-389.

[70] Qian Y H, Wang Q, Cheng H H, et al. Fuzzy-rough feature selection accelerator. Fuzzy Sets and Systems, 2015, 258(1): 61-78.

[71] Jensen R, Shen Q. New approaches to fuzzy-rough feature selection. IEEE Transactions on Fuzzy Systems, 2009, 17(4): 824-838.

[72] Tan A H, Wu W Z, Qian Y H, et al. Intuitionistic fuzzy rough set-based granular structures and attribute subset selection. IEEE Transactions on Fuzzy Systems, 2019, 27(3): 527-539.

[73] Friedman M. A comparison of alternative tests of significance for the problem of m rankings. Annals of Mathematical Statistics, 1940, 11(1): 86-92.

[74] Janez D, Dale S. Statistical comparison of classifiers over multiple data sets. Journal of Machine Learning Research, 2006, 7(1): 1-30.

[75] Sun L, Zhang X Y, Qian Y H, et al. Feature selection using neighborhood entropy-based uncertainty measures for gene expression data classification. Information Sciences, 2019, 502: 18-41.

[76] 胡玉文, 徐久成, 张倩倩. 决策演化集的卷积预测. 南京大学学报(自然科学), 2022, 58(1):1-8.

[77] Lin G P, Qian Y H, Li J J. NMGRS: neighborhood-based multi-granulation rough sets. International Journal of Approximate Reasoning, 2012, 53(7): 1080-1093.

[78] Qian Y H, Liang J Y, Yao Y Y, et al. MGRS: a multi-granulation rough set. Information Sciences, 2010, 180: 949-970.

[79] Kong Q Z, Xu W H. The comparative study of covering rough sets and multi-granulation rough sets. Soft Computing, 2019, 23(10): 3237-3251.

[80] Kang Y, Wu S X, Li Y E, et al. A variable precision grey-based multi-granulation rough set model and attribute reduction. Knowledge-Based Systems, 2018, 148: 131-145.

[81] Lin Y J, Li J J, Lin P R, et al. Feature selection via neighborhood multi-granulation fusion. Knowledge-Based Systems, 2014, 67:162-168.

[82] Lang G M, Cai M J, Fujita H, et al. Related families-based attribute reduction of dynamic covering decision information systems. Knowledge-Based Systems, 2018, 162: 161-173.

[83] Qian Y H, Liang J Y, Dang C Y. Incomplete multi-granulation rough set. IEEE Transactions on Systems Man and Cybernetics Part A Systems and Humans, 2010, 40(2): 420-431.

[84] 徐天贺, 马媛媛, 徐久成. 一种基于邻域互信息最大化和粒子群优化的特征基因选择方法. 小型微型计算机系统, 2016, 37(8): 1775-1779.

[85] 王云. 基于模糊邻域的肿瘤特征基因选择方法研究. 新乡: 河南师范大学, 2019.

[86] Pawlak Z. Rough sets. International of Compute and Information Science, 1982, 11(5): 341-356.

[87] Lang G, Li Q, Yang T. An incremental approach to attribute reduction of dynamic set-valued information systems. International Journal of Machine Learning and Cybernetics, 2014, 5(5): 775-788.

[88] Liang J Y, Wang F, Dang C Y, et al. A group incremental approach to feature selection applying rough set technique. IEEE Transaction on Knowledge and Data Engineering, 2014, 26(2): 294-308.

[89] 胡学伟, 蒋芸. 基于邻域关系模糊粗糙集的分类新方法. 计算机应用, 2015, 35(11): 3116-3121.

[90] Wang C Z, Qi Y L, Shao M W, et al. A fitting model for feature selection with fuzzy rough sets. IEEE Transactions on Fuzzy Systems, 2017, 25(4): 741-753.

[91] Lin T Y. Neighborhood systems: application to qualitative fuzzy and rough set//Advances in Machine Intelligence and Soft Computing, 1997: 132-155.

[92] Yao Y Y. Relational interpretations of neighborhood operators and rough set approximation operators. Information Sciences, 1998, 111(1-4): 239-259.

[93] Hu Q H, Yu D, Liu J F, et al. Neighborhood-rough-set based heterogeneous feature subset selection. Information Sciences, 2008, 178(18): 3577-3594.

[94] Dubois D, Prade H. Rough fuzzy sets and fuzzy rough sets. International Journal of General Systems, 1990, 17(2-3): 191-209.

[95] Jensen R, Shen Q. Fuzzy-rough attributes reduction with application to web categorization. Fuzzy Sets and Systems, 2004, 141(3): 469-485.

[96] Bhatt R B, Gopal M. On the compact computational domain of fuzzy rough sets. Pattern Recognition Letters, 2005, 26(11): 1632-1640.

[97] Hu Q, Yu D, Pedrycz W, et al. Kernelized fuzzy rough sets and their applications. IEEE Transactions on Knowledge and Data Engineering, 2011, 23(11): 1649-1667.

[98] Mieszkowicz R A, Rolka L. Variable precision fuzzy rough sets. Transactions on Rough Sets, 2004: 144-160.

[99] Qian Y H, Liang J Y, Pedrycz W, et al. Positive approximation: an accelerator for attribute reduction in rough set theory. Artificial Intelligence, 2010, 174(9): 597-618.

[100] Ma Y Y, Luo X Y, Li X L, et al. Selection of rich model steganalysis features based on decision rough set alpha-positive region reduction. IEEE Transactions on Circuits and Systems for Video Technology, 2019, 29(2): 336-350.

[101] Wang C Z, Shao M W, He Q, et al. Feature subset selection based on fuzzy neighborhood rough sets. Knowledge-Based Systems, 2016, 111: 173-179.

[102] Huang B, Zhou X Z, Zhang R R. Attribute reduction based on information quantity under incomplete information systems. Systems Engineering-Theory and Practice, 2005, 4 (4): 55-60.

[103] Yao D B, Liu X, Zhang X, et al. Type-2 fuzzy cross-entropy and entropy measures and their applications. Journal of Intelligent and Fuzzy Systems, 2016, 30(4): 2169-2180.

[104] Xu J C, Wang Y, Mu H Y, et al. Feature genes selection based on fuzzy neighborhood conditional entropy. Journal of Intelligent and Fuzzy Systems, 2019, 36(2019): 117-126.

[105] 姚晟, 汪杰, 徐风. 不完备邻域粗糙集的不确定性度量和属性约简. 计算机应用, 2018, 38(1): 97-103.

[106] 胡清华, 于达仁, 谢宗霞. 基于邻域粒化和粗糙逼近的数值属性约简. 软件学报, 2008, 19(3): 640-649.

[107] Chen Y, Zhang Z, Zheng J, et al. Gene selection for tumor classification using neighborhood rough sets and entropy measures. Journal of Biomedical Informatics, 2017, 67: 59-68.

[108] Zhang X, Mei C, Chen D, et al. Feature selection in mixed data: a method using a novel fuzzy rough set-based information entropy. Pattern Recognition, 2016, 56(1):1-15.

[109]Slezak D, Wroblewki J. Order based genetic algorithms for the search of approximate entropy reducts//International Conference on Rough Sets, Fuzzy Sets, Data Mining and Granular Computing, 2003: 308-311.

[110]Rashedi E, Nezamabadi-Pour H. Feature subset selection using improved binary gravitational search algorithm. Journal of Intelligent and Fuzzy Systems. 2014, 26(3): 1211-1221.

[111]Wong S, Ziarko W. On optimal decision rules in decision tables. Bulletin of Polish Academy of Science, 1985, 33(11-12): 693-696.

[112]Hu Q H, Yu D, Xie Z X. Information-preserving hybrid data reduction based on fuzzy-rough techniques. Pattern Recognition Letters, 2006, 27(5): 414-423.

第4章 基于邻域互信息的肿瘤基因选择方法

4.1 基于邻域互信息和粒子群优化的肿瘤基因选择方法

4.1.1 引言

癌症基因表达谱数据的显著特点是样本的维数高而规模很小、噪声冗余多而有用信息基因少，通常是几千甚至上万个基因而只有几十个样本[1-4]。近年来，粗糙集理论只能处理符号型数据，在处理数值型数据时要先进行离散化，这需要花费大量的预处理时间并且离散化过程可能会丢失一些重要信息，导致分类精度下降[5-9]。胡清华等[10]利用拓扑空间中球形邻域的概念，构造了基于邻域粗糙集模型的特征选择算法[11]。邻域粗糙集[12-15]是能够直接处理数值型数据的方法，可以直接应用于癌症特征基因选取，从而可以节省大量的数据预处理时间并且避免了一定程度的信息丢失，所选取的特征基因子集能最大限度地保持原数据集的分类能力。由此，本节基于邻域粗糙集理论研究了肿瘤分类基因选择问题。首先提出改进的 Relief 算法，并利用该算法对基因进行排序生成候选特征集合，然后引入能直接处理数值型数据的邻域粗糙集特征约简模型,提出一种基于邻域粗糙集和粒子群优化的特征选择算法。

4.1.2 粒子群优化

粒子群优化算法(Particle Swarm Optimization, PSO)[16,17]是由 Kennedy 和 Eberhart 于 1995 年提出的一种基于迭代的优化方法。与其他优化算法相比，PSO 算法的最大优势在于实现简单且具有更强的全局优化能力。在 PSO 中，每个粒子被看成 d 维搜索空间中的一个没有质量也没有体积的点，以一定的速度在搜索空间中飞行。每个粒子根据个体与群体的飞行经验的综合分析结果来动态调整自己的飞行轨迹，向最优点靠拢。第 i 个粒子的位置表示为 $m_i = (m_{i1}, m_{i2}, \cdots, m_{id})$，飞行速度为 $v_i = (v_{i1}, v_{i2}, \cdots, v_{id})$，它所经历过的最好的位置记为 $p_i = (p_{i1}, p_{i2}, \cdots, p_{id})$。群体中所有粒子经历过的最好的位置以索引号 g 表示，记为 p_g。在每一次的迭代过程中，主要是通过跟踪个体极值 pbest 和全局极值 gbest 来更新各个粒子。粒子 i 在第 j 维子空间中的飞行速度和位置根据以下公式进行调整

$$v_{ij} = w \times v_{ij} + c_1 r_1 (p_{ij} - m_{ij}) + c_2 r_2 (p_g - m_{ij}) \tag{4-1}$$

$$m_{ij} = m_{ij} + v_{ij} \tag{4-2}$$

其中，w 称为惯性权值，c_1 和 c_2 是两个正常数，称为加速因子，r_1 和 r_2 是两个在[0, 1]变化的随机数。此外，v_{ij} 常被一个最大速度 $V_{\max}$ 所限制，$V_{\max}$ 是常数，这些参数值需要根据具体问题设定。

4.1.3　邻域互信息

定义 4-1[18]　设实数空间上的非空有限集合 $U=\{x_1,\ x_2,\ \cdots,\ x_n\}$，对于 U 上的任意对象 x_i，$\delta \geqslant 0$，定义其 δ 邻域为

$$\delta(x_i) = \{x \mid x \in U, \Delta(x, x_i) \leqslant \delta\} \tag{4-3}$$

定义 4-2[18]　设 $S \subseteq F$ 是基因子集，样本 x_i 的 δ 邻域记为 $\delta_s(x_i)$，$\delta \geqslant 0$，则 x_i 的 δ 邻域不确定性定义为

$$\mathrm{NH}_{\delta}^{x_i}(S) = -\log \frac{\| \delta_S(x_i) \|}{n} \tag{4-4}$$

其中，$\|X\|$ 是集合 X 的基。

实例 4-1　如表 4-1 所示，样本由 $x_1,\ x_2,\ \cdots,\ x_n$ 组成，A_1、A_2 是连续型特征，C 是样本的分类标签。假设 $\delta=0.2$，则 $\delta(x_1)=\{x_1, x_3, x_5, x_9, x_{10}\}$，$\mathrm{NH}_{\delta}^{x_i}(S) = -\log\left(\frac{5}{10}\right)=1$，其中 $S=\{A_1, A_2\}$。

表 4-1　连续型特征举例

样本	A_1	A_2	C
1	0.52	0.36	1
2	0.28	0.00	1
3	0.50	0.24	1
4	0.18	0.73	1
5	0.42	0.48	2
6	0.01	0.58	2
7	0.30	0.71	2
8	0.49	0.04	2
9	0.34	0.36	3
10	0.64	0.35	3

定义 4-3[18]　设 $S \subseteq F$ 是基因子集，样本 x_i 的 δ 邻域记为 $\delta_s(x_i)$，$\delta \geqslant 0$，则样本 x_i 的 δ 邻域的平均不确定性定义为

$$\mathrm{NH}_\delta(S) = -\frac{1}{n}\sum_{i=1}^{n}\log\frac{\|\delta_S(x_i)\|}{n} \tag{4-5}$$

定义 4-4[18]　给定实数空间上的非空有限集合 $U=\{x_1, x_2, \cdots, x_n\}$，$F$ 是 U 上的特征集，$R, S \subseteq F$，$\delta \geq 0$，则 R 关于 S 的 δ 邻域条件熵定义为

$$\mathrm{NH}_\delta(R\,|\,S) = -\frac{1}{n}\sum_{i=1}^{n}\log\frac{\|\delta_S(x_i)\|}{n\|\delta_{R\cup S}(x_i)\|} \tag{4-6}$$

其中，$\delta_s(x_i)$ 是 x_i 在特征集合 S 上的 δ 邻域，$\delta_{R\cup S}(x_i)$ 是 x_i 在特征集合 $R\cup S$ 上的邻域。

定义 4-5[18]　给定实数空间上的非空有限集合 $U=\{x_1, x_2, \cdots, x_n\}$，$F$ 是 U 上的特征集，$R, S \subseteq F$，$\delta \geq 0$，则 R 与 S 的 δ 邻域互信息定义为

$$\mathrm{NMI}_\delta(R;S) = -\frac{1}{n}\sum_{i=1}^{n}\log\frac{\|\delta_R(x_i)\|\cdot\|\delta_S(x_i)\|}{n\|\delta_{R\cup S}(x_i)\|} \tag{4-7}$$

4.1.4　基于邻域互信息的 Relief 算法

Relief 算法作为一种特征重要性排序的机器学习算法在特征选取中得到了广泛应用[19]。其思想是给特征集中的每一个特征赋予一定的权重，利用权值更新公式进行调整，使得与聚类相关性较强的特征具有较大的权值[20]。文献[2]中提出的 RFE_Relief 算法首先对当前特征集 F 中的特征利用 Relief 算法进行特征分类权重的计算，然后去掉具有最小权重的那个特征后，重新采用 Relief 算法计算剩余特征的分类权重，再排除这些特征中具有最小权重的特征，如此循环下去，就使得噪声特征的影响逐步减小。随着噪声特征影响的不断下降，对特征分类能力的评价就越接近真实[7]。但是该算法使用的距离度量并未考虑到样本各个特征之间的关系，这使得距离的计算不精确，从而影响分类的精度。由于不同特征与类别的相关度不同，对分类所起的作用也有所不同。本小节对 RFE_Relief 算法进行改进，提出一种改进的 Relief 算法（NRFE_Relief 算法）进行样本分类特征基因的选取。该算法用邻域互信息度量样本各个特征之间的相关度，能够很好地处理基因数据，并且考虑到了特征之间的关系。

算法 4-1　NRFE_Relief 算法

输入：$X = \{x_1, x_2, \cdots, x_M\}$ 为样本集，$G = \{g_1, g_2, \cdots, g_{|G|}\}$ 为基因集。

输出：基因子集 C，C 为选取的候选特征基因子集。

步骤 1：设置权重向量 W，令向量 W 中第 i 个元素对应于特征集 F 中第 i 个特征的分类权重；

步骤 2：对任意的样本 $x_i(i = 1, 2, \cdots, M$，M 为样本个数)，搜索它的 K 个最近命中样本和 K 个最近命失样本；

步骤 3：对任意的基因 $g_j(j = 1, 2, \cdots, |G|$，$|G|$为基因个数)，计算它的权重：$W(g_j) = W(g_j) -$

$\dfrac{\text{diff}(g_i, x_i, H)}{K} + \dfrac{\text{diff}(g_i, x_i, M)}{K}$ ，其中，H 为与样本 x_i 具有相同类别的最近邻居，M 为与样本 x_i 具有不同类别的最近邻居，函数 $\text{diff}(g_j, x_i, x_n) = \left| \text{NMI}_\delta(g_j; x_i) - \text{NMI}_\delta(g_j; x_n) \right|$ 用于计算基因 g_j 在样本 x_i 和 x_n 中的差异；

步骤 4：根据 $c = \arg \min W$ 找到具有最小权重特征的位置；

步骤 5：$C = G - \{g_c\}$；//从特征集合中去除该特征；

步骤 6：输出基因子集 C；

步骤 7：结束。

该算法每次去掉一个特征，但实际运行中，为了便于加快算法的运行，采取每次去掉当前特征集合总数的 10%，并取近邻数 $K = 15$。该算法不仅能够有效地减小噪声特征的影响，而且考虑到样本各个特征之间的关系，用邻域互信息度量各特征之间的相关性，能够有效地处理基因数据。

4.1.5　基于邻域粗糙集和粒子群优化的基因选择算法

定义 4-6　给定一个邻域决策表 $\text{NDS} = (U, A, V, f)$，$B \subseteq A$ 是条件特征集合。对于任意特征 $a \in C\text{-}B$ 的重要度 $\text{SGF}(a, B, D)$ 定义为

$$\begin{aligned} \text{SGF}(a, B, D) &= \text{NMI}_\delta(B\{a\}; D) - \text{NMI}_\delta(B; D) \\ &= \text{NH}_\delta(D \mid B) - \text{NH}_\delta(D \mid B\{a\}) \end{aligned} \tag{4-8}$$

在定义 4-6 中，若 $B = \varnothing$，则 $\text{SGF}(a, B, D) = \text{NH}_\delta(D) - \text{NH}_\delta(D|\{a\}) = \text{NMI}_\delta(\{a\}; D)$ 为条件特征 a 与决策 D 的邻域互信息。$\text{SGF}(a, B, D)$ 的值越大，说明在已知条件特征集 B 的条件下，特征 a 对于决策 D 就越重要。

适应度函数是用来评价粒子质量的函数。粒子的适应度越高，其质量就越好。对于特征选择问题，其目标是使最终得到的特征子集的特征数越少越好，同时产生的特征子集不会降低样本的分类精度。考虑到各个特征之间的相关度，定义了一个新的适应度函数。

定义 4-7　给定 C 是条件特征集，$\text{NMI}(m_i; D)$ 表示粒子 x_i 与决策 D 的邻域互信息，n 表示条件特征的个数。适应度函数定义为

$$\text{Fitness} = \frac{1}{n} \sum_{m_i \in C} \text{NMI}_\delta(m_i; D) \tag{4-9}$$

在定义 4-6 和定义 4-7 的基础上，提出一种基于邻域粗糙集和粒子群优化算法的基因选择算法。为了避免癌症无关基因以及噪声的影响，首先采用 NRFE_Relief 算法排序基因并选出初始的基因子集；然后利用邻域粗糙集对初始基因子集进行特征约简；最后采用粒子群优化算法选择最优基因子集。

算法 4-2　基于邻域粗糙集和粒子群的基因选择算法(NMINR-PSO)

输入：$X = \{x_1, x_2, \cdots, x_M\}$ 为样本集，$G = \{g_1, g_2, \cdots, g_{|G|}\}$ 为基因集，$D = \{d\}$ 为决策。

输出：基因子集 B。

步骤 1：利用 NRFE_Relief 算法对基因表达谱数据进行基因初选，选出评分靠前的 N 个基因组成条件基因子集 $C = \{c_1, c_2, \cdots, c_n\}$；

步骤 2：计算条件特征 C 与决策 D 的邻域互信息 $\mathrm{NMI}(C; D)$；

步骤 3：令 $B = \varnothing$；

步骤 4：对任意 $a_i \in C - B$，计算其特征重要性 $\mathrm{SGF}(a_i, B, D)$；

步骤 5：选择 a_k，使其满足 $\mathrm{SGF}(a_k, B, D) = \max\limits_i \mathrm{SGF}(a_i, B, D)$；

步骤 6：如果 $\mathrm{SGF}(a_i, B, D) > 0$，那么 $B = B \bigcup \{a_k\}$；

步骤 7：在搜索空间中，生成一群随机位置的粒子，该粒子群对应已经标识的特征子集，其中每个粒子对应一个特征；

步骤 8：根据式(4-9)计算每个粒子的适应值；

步骤 9：对每个粒子，如果其适应值优于 pbest，则将其作为当前的个体极值 pbest，而所有粒子中最好的 pbest 被选择为全局极值 gbest；

步骤 10：粒子的位置与速度依照式(4-1)和式(4-2)进行更新，直到获得最优子集或者算法执行到某一指定次数时，输出最优基因子集；

步骤 11：结束。

4.1.6　实验结果与分析

为了验证本小节所提基因选择算法的有效性，采用了 4 个 UCI 数据库中常用的标准数据集作为实验数据集，如表 4-2 所示，并设计了一个类比实验，用于比较 NMINR-PSO 算法与基于粗糙集的特征约简(RS)算法、基于邻域粗糙集的特征约简 (NRS)算法以及基于 PSO 算法在基因选择方面的效果。Breast 是乳腺癌数据集，该数据集有 84 个样本和 9216 个基因表达数据[21]。Leukemia1 是 Golub 等公布的急性白血病数据集，该数据集共有 72 个样本和 7129 个基因表达数据[22]。Leukemia2 是急性白血病的另一个样本[23]。小圆蓝细胞瘤 SRBCT 数据集共有 88 个样本和 2308 个基因表达数据[24]。在粒子群优化过程中，粒子更新自己的速度和位置时，加速因子设置为 $c_1 = c_2 = 2.0$，最大速度限制设置为 $V_{max} = 4.0$。惯性权值 w 采用文献[25]中的线性递减惯性权值。为了比较所选特征基因的分类能力，引入 LSVM 和 CART 分类学习算法，以十折交叉验证的分类精度来评价所选特征的质量。

表 4-3 描述的是基于 RS 的特征选择算法选择的特征基因数量和分类精度。表 4-4 描述的是基于 NRS 的特征选择算法选择的特征基因数量和分类精度，其中邻域直径为 0.25。从表 4-3 和表 4-4 可以看出，基于 NRS 的特征选择算法所选特征基因的分类精度明显高于基于 RS 的特征选择算法所选特征基因的分类精度。表 4-5 是基于 NMINR-PSO 特征选择算法选择的特征基因的数量和分类精度。通过比较，

可以发现这几种算法都能有效地降低基因的数量，并能够保持整个基因数据集的分类能力，其中基于 NMINR-PSO 的特征选择算法取得了最少的特征基因数目，同时其分类精度在所有算法中最高。

表 4-2　基因表达谱数据集

数据集	基因数	类别数	样本数
Breast	9216	5	84
Leukemia1	7129	3	72
Leukemia2	12582	3	72
SRBCT	2308	5	88

表 4-3　基于 RS 特征选择算法选择的特征数量和分类精度

数据集	LSVM		CART	
	n	分类精度/%	n	分类精度/%
Breast	12	68.1±5.3	6	69.5±8.9
Leukemia1	9	75.3±6.8	5	76.2±12.3
Leukemia2	9	78.4±8.2	5	80.3±5.6
SRBCT	6	72.6±9.7	4	70.4±15.6
Average	9	73.6	5	74.1

表 4-4　基于 NRS 特征选择算法选择的特征数量和分类精度

数据集	LSVM		CART	
	n	分类精度/%	n	分类精度/%
Breast	12	77.5±8.7	6	77.5±14.2
Leukemia1	9	83.7±8.9	5	88.5±15.4
Leukemia2	9	90.3±12.8	5	94.1±10.4
SRBCT	6	82.1±24.9	4	80.3±25.0
Average	9	83.4	5	85.1

实验结果表明，无论是粗糙集还是邻域粗糙集选取的基因子集都能够保持整个基因数据集的分类能力。由于邻域粗糙集可以避免数据离散化过程导致的一些重要信息的丢失，从而邻域粗糙集选取的基因子集分类精度优于粗糙集方法选取的基因子集[5]。NMINR-PSO 是一种有效的基因选择算法，该算法结合了邻域粗糙集和粒子群优化算法的优点，能够得到更优的适应值，并且能够更快地收敛到最优值。

表 4-5　基于 NMINR-PSO 特征选择算法选择的特征数量和分类精度

数据集	LSVM		CART	
	n	分类精度/%	n	分类精度/%
Breast	9	98.8±5.0	5	94.6±10.6
Leukemia1	6	98.6±4.5	4	93.5±8.7
Leukemia2	6	97.8±2.8	3	87.8±16.5
SRBCT	3	85.6±26.8	3	85.7±16.9
Average	6	95.2	4	90.4

4.1.7　小结

基因表达数据具有高维度、低样本和数值型等特点，为了能够直接处理基因表达数据并取得较好的分类精度，本节首先提出 NRFE_Relief 算法，并在此基础上结合邻域粗糙集和粒子群优化算法的优点，提出了基于邻域粗糙集和粒子群的肿瘤分类基因选择算法，利用该算法在成千上万个基因中选取分类能力较强的少数基因。实验结果表明，本节所提出的基因选择算法不仅能够有效地选择出最优基因子集，而且具有较高的分类精度。

4.2　基于邻域互信息和自组织映射的基因选择方法

4.2.1　引言

肿瘤基因表达谱数据的高维度、低样本的特点是肿瘤基因数据分类所面临的严峻问题[9,26-28]。因此如何在基因表达谱的成千上万个基因中有效地选择出样本的分类特征，降低基因表达谱数据的维度，一直是肿瘤基因表达谱分析中的难点所在[29]。

聚类分析是数据挖掘中的一个主要研究方向，其在机器学习、模式识别、图像分析和生物信息学等领域都有广泛的应用[30]。聚类分析能够检测具有相似表达谱的基因群，并将功能相关的基因按表达谱的相似程度归纳成类，有助于对未知功能的基因进行研究，是目前基因表达谱分析研究的主要技术之一[31]。常用的传统聚类算法有 K-means 算法、Bayesian 聚类算法，以及各种层次聚类算法。K-means 是使用最广泛的划分聚类算法，它是一种无监督的聚类算法，具有简单、健壮的特点。然而 K-means 算法必须事先确定聚类的个数，但一般情况下并不知道理想的基因聚类个数[32]。Bayesian 聚类分析是一种高度结构化的方法，适合于事先能够分配的数据集[33]。层次聚类分析适合于具有真正分级下传的数据结构，不适合于基因表达谱这样可能相似的复杂数据[34]。而自组织映射 (Self-Organizing Maps, SOM) 聚类算法是常用于聚类分析的一种神经网络模型,它可以通过自身训练自动对输入模式进行聚类,将高维度的信息数据以有序方式映射到低维空间,并尽可能保持原始输入模式的拓扑结构。为了能够更好地处理基因数据,本节改进了自组织映射算法并将其应用于基因表达谱数据分析。

在本节中,为了避免肿瘤无关基因以及噪声的影响,首先利用 NRFE_Relief 算法对基因进行排序,选出初始的基因子集;其次,为了能够很好地处理基因数据,利用能够直接处理基因数据的邻域互信息代替欧氏距离来测量基因之间的相关性,改进了自组织映射算法,并用该算法进行基因聚类;然后,从每一类簇中选取代表基因形成最优基因子集;最后在 3 个常见的基因表达谱数据集上进行实验分析。

4.2.2　自组织映射

自组织映射[34,35]是一种基于竞争学习的非监督神经网络,不需要预先确定聚类数目,网络通过自身训练,能够自动对输入模式进行分类[35,36]。它可以把输入空间的多维数据映射到低维(一维或二维)离散网络上,并能保证相同特征的输入数据映射到低维空间时保持拓扑一致性[35]。SOM 由输入层和竞争层(输出层)组成,输入层中每一个神经元通过权与输出层中的每一个神经元相连。输入层由 N 个神经元构成,用于接收外部输入模式。竞争层通常排列成一个一维或二维的平面阵列,由 M 个神经元构成,用于将输入层的节点映射到竞争层节点上[36]。输入层的所有节点和竞争层的所有节点用权值 $w_{ij}(i = 1, 2, \cdots, N, j = 1, 2, \cdots, M)$ 进行连接,且连接权值在网络训练中动态更新。在 SOM 算法中需要初始化输入层和竞争层之间的权值 w_{ij},使用欧氏距离计算竞争层的每一个神经元的权值向量和输入向量之间的距离。通过计算,得到一个具有最小距离的神经元,将其称为获胜神经元,调整获胜神经元的权值及位于获胜神经元邻域范围内的神经元的权值,以便描述输入数据的概率分布。

算法 4-3　SOM 算法

步骤 1:确定 SOM 网络拓扑结构、输入层及竞争层神经元个数;

步骤 2:设置 $t = 0$,随机初始化输入层和竞争层之间的权值 $w_{ij}(i = 1, 2, \cdots, N, j = 1, 2, \cdots, M)$,$N$ 为输入层的神经元个数,M 为竞争层神经元个数;

步骤 3:把输入向量 $X = [x_1, x_2, \cdots, x_N]^T$ 输入给输入层;

步骤 4:计算竞争层的每一个神经元的权值向量和输入向量之间的欧氏距离,并选择距离最小的神经元为获胜神经元

$$C = \arg\min \| X - w_j \| = \sqrt{\sum_{i=1}^{N} (x_i(t) - w_{ij}(t))^2}$$

其中,w_{ij} 为输入层的 i 神经元和竞争层的 j 神经元之间的权值;

步骤 5:调整获胜神经元及其邻域范围内神经元的权值向量为

$$w_j(t+1) = w_j(t) + \eta(t)[X(t) - w_j(t)]$$

其中，$\eta(t)$ 是学习率参数，且 $0 < \eta(t) < 1$；

步骤 6：选择另一个输入向量，转至步骤 3，直到所有的输入向量全部提供给网络；

步骤 7：直到各连接权的调整量变得很小或到达最大迭代次数，算法结束，否则返回步骤 2；

步骤 8：结束。

4.2.3 获胜神经元

定义 4-8 给定 $X = [x_1, x_2, \cdots, x_l]^T$ 代表时间 t 时的输入向量，w_j 为权值向量，则获胜神经元 C

$$C = \arg\max \frac{\mathrm{NMI}_\delta(X; w_j)}{\mathrm{NH}_\delta(X, w_j)} \tag{4-10}$$

其中，$j = 1, 2, \cdots, M$，M 是竞争神经元个数，$\mathrm{NH}_\delta(X; w_j)$ 是输入向量 X 与权值向量 w_j 的邻域互信息，$\mathrm{NH}_\delta(X, w_j)$ 是输入向量 X 与权值向量 w_j 的联合邻域熵。

4.2.4 特征重要性系数

定义 4-9 给定 C 是条件特征集，$a_i, a_j \subseteq C$，$\mathrm{NMI}(a_i; a_j)$ 是特征 a_i 与 a_j 的邻域互信息，p 表示条件特征的个数。特征 a_i 的重要性系数定义为

$$f = \sum_{j=1}^{p} \mathrm{NMI}_\delta(a_i; a_j) \tag{4-11}$$

4.2.5 基于邻域互信息和自组织映射的基因选择算法

本小节提出了一种基于邻域互信息和自组织映射的基因选择算法。为了避免癌症无关基因以及噪声的影响，先采用 NRFE_Relief 算法对基因进行排序并选出初始基因子集；然后使用邻域互信息代替欧氏距离计算所有神经元的权向量之间的距离，对自组织映射算法进行改进，并用改进的自组织映射算法对基因数据进行聚类；最后依据特征重要性系数从每一类簇中挑选出一个代表基因组成最优基因子集。

算法 4-4 基于邻域互信息和自组织映射的基因选择算法（NMI-SOM）

输入：$X = \{x_1, x_2, \cdots, x_M\}$ 为样本集，$G = \{g_1, g_2, \cdots, g_{|G|}\}$ 为基因集，$D = \{d\}$ 为决策特征。

输出：约简基因子集 B。

步骤 1：利用 NRFE_Relief 算法对基因表达谱数据进行基因初选，得到基因子集 B；

步骤 2：确定 SOM 的网络拓扑结构，把基因子集 B 作为一个输入向量，提供给网络输入层；

步骤 3：对不同的权值向量 w_j 赋予 [0, 1] 区间内的随机值，设置时间计数 $t = 0$；

步骤 4：按照式 (4-10) 计算输入向量与竞争层神经元之间的相似性，选择相似性值最大的神经元为获胜神经元 C；

步骤 5：调整获胜神经元及其邻域范围内神经元的权值向量

$$w_j(t+1) = w_j(t) + \eta(t)[X(t) - w_j(t)]$$

其中，$\eta(t)$ 是学习率参数，且 $0 < \eta(t) < 1$；

步骤 6：重复步骤 4 和步骤 5，直到疾病的特征映射变化非常小或到达最大迭代次数；

步骤 7：按照式（4-11）分别对每个类簇中的基因计算重要性系数，挑选出每簇中重要性系数值最大的基因作为该簇的代表基因，并放入基因子集 B 中；

步骤 8：输出约简基因子集 B；

步骤 9：结束。

4.2.6　实验结果与分析

为了验证 NMI-SOM 算法的有效性，采用 UCI 数据库中 3 个常用的标准数据集作为实验数据，如表 4-6 所示，并设计了一个类比实验，用于比较 NMI-SOM 算法与 K-means 算法、层次聚类算法（Hierarchical）和 SOM 算法在基因选择方面的效果。

表 4-6　基因表达数据集

数据集	基因数	样本数	类别数
Breast	9216	84	5
Leukemia1	7129	72	3
Colon	2000	62	2

为了比较所选特征基因的分类能力，引入 LSVM 和 CART 分类学习算法，以十折交叉验证的分类精度来评价所选特征的质量。在计算各样本的邻域时，所有数值型特征被标准化到[0, 1]，以减少因各特征量纲不一致对结果产生的影响。同时，设置 $\delta = 0.125$，即邻域的直径为 0.25。在实验过程中，输入和输出的数据集都归一化到[−1, 1]。在 SOM 算法的训练阶段，最大迭代时间设置为 5000，最初的学习率为 0.3。实验结果如表 4-7 所示。

表 4-7　各种算法的分类精度（单位：%）

数据集	K-means	Hierarchical	SOM	NMI-SOM
Breast	67.8	65.2	70.3	84.1
Leukemia1	65.3	59.8	67.1	80.9
Colon	69.4	67.4	73.1	86.7

根据表 4-7 可以发现，SOM 算法和 NMI-SOM 算法得到的基因子集的分类精度较高，其中 NMI-SOM 算法得到的基因子集的分类精度最高。这是因为 SOM 算法对初始化参数的设定不敏感，它通过自组织方式调整更新网络权值，网络输出层不但能判别输入模式所属的类别，还能够得到整个数据区域的大体分布情况[37]。

NMI-SOM 算法是一种改进的 SOM 算法，它不仅具有传统 SOM 算法的优点，而且避免了无关基因和冗余基因的影响，能够很好地处理数值型的基因数据。因此，NMI-SOM 算法得到的基因子集的分类精度明显优于 SOM 算法。

　　表 4-8 描述的是 4 种算法的时间复杂度，可以发现 Hierarchical 算法的时间复杂度最高，K-means 算法的时间复杂度最低，NMI-SOM 算法的时间复杂度略高于 SOM 算法。但是相对而言，在保持较高分类精度的情况下，NMI-SOM 算法还是比较有效的。

表 4-8　各种算法的时间复杂度

数据集	K-means	Hierarchical	SOM	NMI-SOM
Breast	56.7	143.1	69.0	73.2
Leukemia1	49.2	120.7	60.8	64.3
Colon	45.6	98.9	56.6	60.5

4.2.7　小结

　　基因选择是分析基因表达数据的必要步骤，具有至关重要的作用。为了能够直接处理基因表达数据并取得较好的分类精度，本节结合 NRFE_Relief 算法、邻域互信息和自组织映射算法的优点，提出基于邻域互信息和自组织映射的基因选择算法，并利用该算法对基因表达数据进行基因的选取。实验结果表明，本节所提的基因选择算法能够有效地降低基因数据的维数，并保持较好的分类精度。

4.3　基于邻域互信息和模糊 C 均值聚类的基因选择方法

4.3.1　引言

　　传统的聚类算法属于硬划分[38]，不同类别之间是没有交叉的，以聚行(基因)为例，同一个基因不能同时出现在多个聚类结果当中，这使得对于识别基因的多功能受到了很大的限制[39-41]。基于模糊等价关系的模糊聚类分析由于扩展了隶属度的取值范围，有着更好的聚类效果与数据表达能力。模糊 C 均值(Fuzzy C-Means, FCM)聚类算法是目前应用最广泛的一种模糊聚类算法。FCM 算法把样本划分为若干个类簇，并使用欧氏距离计算出每个特征到聚类中心的距离，使得目标函数达到最小[39,42]。由于基因数据是数值型的数据，为了能够较好地处理基因数据，本节采用邻域互信息测量特征之间的相似性。为克服 K-means 算法存在硬划分的不足和弥补模糊 C 均值聚类算法容易导致局部收敛和聚类效果不佳的缺陷，首先利用 NRFE_Relief 算法对基因进行排序生成候选特征集合，减小噪声特征的影响；然后基于邻域关系和邻域互信息定义了特征的内聚度与特征间的邻域耦合度，提出一种新的初始聚类中心选择算法，有效地解决了 FCM 算法的性能依赖于初始聚类中心的选取，以及聚类的效果受初始值的影响较大的问题；再利用邻域互信息测量样本各个特征之间的相关度并计算其特征间的重要性系数，分别对每个类簇中的基因计算其特征间的重要性系数，挑选出每簇中特征重要性系数值最大的基因作为该簇的代表基因，进而基于邻域粗糙集和模糊 C 均值聚类算法提出了一种新的基因选择算法，该算法能够有效地选取最优基因子集。

4.3.2　模糊 C 均值聚类

模糊 C 均值聚类算法是由 Dunn[43]提出，经由 Bezdek[44]发展起来的一种模糊聚类算法。FCM 算法把 n 个样本 $x_i(i = 1, 2, \cdots, n)$ 分为 $c(2 \leqslant c \leqslant n)$ 个类簇，并计算出每类的聚类中心 $W = (w_1, w_2, \cdots, w_c)$，使得目标函数达到最小。FCM 算法用模糊划分使每个给定数据点用值在[0, 1]的隶属度来确定其属于各个类簇的程度[45]。令 u_{ij} 表示第 j 个样本点属于第 i 类的隶属度，则 u_{ij} 满足如下条件

$$\sum_{i=1}^{c} u_{ij} = 1, \quad j = 1, \cdots, n \tag{4-12}$$

FCM 算法的目标函数的一般化形式为

$$\min J_m(U,W) = \sum_{i=1}^{c} J_i = \sum_{i=1}^{c} \sum_{j}^{n} u_{ij}^m d_{ij}^2 \tag{4-13}$$

其中，u_{ij} 介于[0, 1]，w_i 为模糊数组 i 的聚类中心，$d_{ij} = \|w_i - x_j\|$ 为第 i 个聚类中心与第 j 个数据点间的欧氏距离，且 $m \in [1, \infty)$ 为加权指数，通常取 $m = 2$。模糊 C 均值聚类算法的思想就是迭代调整 (U,W) 使得目标函数最小[46]。使式(4-13)达到最小值的必要条件为

$$w_i = \frac{\sum_{j=1}^{n} u_{ij}^m x_j}{\sum_{j=1}^{n} u_{ij}^m} \tag{4-14}$$

$$u_{ij} = \left(\sum_{k=1}^{c} \left(\frac{d_{ij}}{d_{kj}} \right)^{2/(m-1)} \right)^{-1} \tag{4-15}$$

通过对式(4-14)和式(4-15)进行迭代计算，调整 w_i 和 u_{ij} 直到 J_m 的变化小于阈值 ε 或者达到最大迭代次数 t。在本小节后面内容中设定 $\varepsilon = 0.001$，$t = 100$。

4.3.3　基于邻域互信息的特征内聚度和特征间的邻域耦合度

本小节基于邻域粗糙集中的邻域关系和邻域互信息定义了特征的内聚度与特征间的邻域耦合度。

定义 4-10　给定一个邻域决策表 NDS $= (U, A, V, f)$，$B \subseteq A$ 是条件特征集合。对于任意特征 $x_i, x_j \in U$，特征间的平均关联度定义为

$$\bar{x} = \frac{2}{|U|(|U|-1)} \sum_{i=1}^{|U|-1} \sum_{j=i+1}^{|U|} \mathrm{NMI}_\delta(x_i; x_j) \tag{4-16}$$

其中，$\mathrm{NMI}_\delta(x_i; x_j)$ 是特征 x_i 与 x_j 之间的邻域互信息。

$\bar{x}$ 的值越大，特征之间的分布越疏散。因此，在本小节中，利用 $\bar{x}$ 来表示特征的邻域大小，即 $\varepsilon = \bar{x}$。

定义 4-11　给定一个邻域决策表 NDS $= (U, A, V, f)$，$B \subseteq A$ 是条件特征集，$X \in U$，则 X 关于特征集 B 的下近似、上近似集分别定义如下

$$\underline{B}X = \{x_i \mid \delta_B(x_i) \subseteq X, x_i \in U\} \tag{4-17}$$

$$\overline{B}X = \{x_i \mid \delta_B(x_i) \bigcap X \neq \varnothing, x_i \in U\} \tag{4-18}$$

显然，$\underline{B}X \subseteq X \subseteq \overline{B}X$，则 X 关于特征集 B 的边界域定义为

$$\mathrm{BN}X = \overline{B}X - \underline{B}X \tag{4-19}$$

定义 4-12　给定一个邻域决策表 NDS $= (U, A, V, f)$，$B \subseteq A$ 是条件特征集合。对于任意特征 $x_i \in U$，则 $\delta_B(x_i)$ 关于特征集 B 的内聚度定义为

$$\mathrm{Cohesion}(\delta_B(x_i)) = \frac{\left| \underline{B}(\delta_B(x_i)) \right|}{\left| \overline{B}(\delta_B(x_i)) \right|} \tag{4-20}$$

其中，$0 < \mathrm{Cohesion}(\delta_B(x_i)) \leqslant 1$。

$\mathrm{Cohesion}(\delta_B(x_i))$ 的值越大，特征 x 的邻域边界域越小，即特征 x 是它邻域中的一个很好的聚类中心。因此，x 可以被选取作为 U 中的一个初始聚类中心。

定义 4-13　给定一个邻域决策表 NDS $= (U, A, V, f)$，$B \subseteq A$ 是条件特征集合。对于任意特征 $x_i \in U$，则 $\delta_B(x_i)$ 和 $\delta_B(x_j)$ 的耦合度定义为

$$\mathrm{Coupling}(\delta_B(x_i), \delta_B(x_j)) = \frac{\left| \delta_B(x_i) \bigcap \delta_B(x_j) \right|}{\left| \delta_B(x_i) \bigcup \delta_B(x_j) \right|} \tag{4-21}$$

其中，$0 < \mathrm{Coupling}(\delta_B(x_i), \delta_B(x_j)) \leqslant 1$。

$\mathrm{Coupling}(\delta_B(x_i), \delta_B(x_j))$ 的值越大，特征 x_i 和 x_j 属于同一个聚类的可能性越大。如果 $\mathrm{Coupling}(\delta_B(x_i), \delta_B(x_j)) > \varepsilon$，就认为特征 x_i 和 x_j 属于同一个聚类；否则，特征 x_i 和 x_j 均可以作为一个聚类中心。

4.3.4　FCM 聚类中心初始化算法

内聚度和耦合度分别反映集群内相似性和集群间的相似性。在这一部分中，基于对象关于特征集的内聚度和对象之间的耦合度，一个新的 FCM 算法的聚类中心初始化方法被提出。

算法 4-5　FCM 算法的聚类中心初始化算法

输入：$S = (U, A, V, f)$ 和聚类个数 K。

输出：初始聚类中心 Centers。

步骤 1：设定聚类个数 K 和模糊指数 m；令迭代次数 $k=0$；初始化 Centers$=\varnothing$，Tempcohesion$=\varnothing$；

步骤 2：计算 ε 的值；

步骤 3：对任意 $x \in U$，计算 $\delta_B(x)$ 关于特征集 B 的内聚度 Cohesion$(\delta_B(x))$；

步骤 4：选择 x_i，使其满足：Cohesion$(\delta_B(x_i))=\max_{i=1}^{|U|}\{$Cohesion$(\delta_B(x_i))\}$，则

$$\text{Centers} = \text{Centers} \bigcup \{x_i\}, \quad \text{Tempcohesion} = \text{Tempcohesion} \bigcup \{x_i\}$$

步骤 5：选择下一个 x_i，其满足

$$\text{Cohesion}(\delta_B(x_i))=\max\{\text{Cohesion}(\delta_B(x_i)) \mid x_i \in U - \text{Tempcohesion}\}$$

步骤 6：对任意的 $x' \in$ Centers，如果 Coupling$(\delta_B(x'), \delta_B(x)) < \varepsilon$，那么 Centers $=$ Centers $- \{x'\}$；

步骤 7：如果 |Centers| $< k$，那么转步骤 5，否则转步骤 8；

步骤 8：结束。

4.3.5　基于邻域互信息和模糊 C 均值聚类的基因选择算法

本小节提出了一种基于邻域互信息和模糊 C 均值聚类的基因选择算法。

算法 4-6　基于邻域互信息和模糊 C 均值聚类的基因选择算法（NMINR-FCM）

输入：$X = \{x_1, x_2, \cdots, x_M\}$ 为样本集，$G = \{g_1, g_2, \cdots, g_{|G|}\}$ 为基因集。

输出：约简基因子集 D。

步骤 1：利用提出的 NRFE_Relief 算法对基因表达谱数据进行基因初选，选出评分靠前的 N 个基因组成条件基因子集 $C = \{c_1, c_2, \cdots, c_n\}$；

步骤 2：初始化模糊指数 $m = 2$，迭代次数 $k = 0$，$D = \varnothing$；

步骤 3：计算出 FCM 聚类的聚类中心；

步骤 4：根据式 (4-13) 计算目标函数 $\min J_m(U, W)$；

步骤 5：如果 $\| J_m^k - J_m^{k-1} \| \leqslant \varepsilon$，那么转到步骤 6，否则转到步骤 2；

步骤 6：依据邻域粗糙集特征约简算法对每个类簇中的基因数据进行特征约简，再计算类簇 C 中的任意两个特征间的相关度，挑选出每簇中特征重要性系数值最大的基因作为该簇的代表基因，并放入基因子集 D 中；

步骤 7：输出最优基因子集 D；

步骤 8：结束。

在本小节中，聚类个数 K 是提前指定的。为了选择较优的 K，可以计算类簇中各特征与每个类簇中的代表特征之间的邻域互信息之和 $\sum\limits_{r=1}^{k}\sum\limits_{A_i \in C_r} \mathrm{NMI}_\delta(A_i; \eta(C_r))$，用来评估聚类效果，即 $K = \arg \max\limits_{k \in \{2, \cdots, p\}} \sum\limits_{r=1}^{k}\sum\limits_{A_i \in C_r} \mathrm{NMI}_\delta(A_i; \eta(C_r))$，但本小节中没有涉及。

4.3.6 实验结果与分析

为了验证 NMINR-FCM 算法的有效性，本小节采用了 UCI 数据库中 5 个常用的标准基因表达谱数据集作为实验数据，如表 4-9 所示。并将该算法与 ReliefF 算法[47]、CFS 算法[48]、邻域粗糙集特征约简算法（NRS）[49] 和 NMI-EmRMR 算法[18]进行比较。为了比较所选特征基因的分类能力，引入 LSVM、CART 和 KNN 分类学习算法，以十折交叉验证的分类精度来评价所选特征的质量。表 4-10 给出了不同的特征选择方法所选择的特征基因的个数，RAW 代表原始数据集。可以看出，基因选择方法可以有效地选取少数特征基因子集。表 4-11～表 4-13 分别给出了不同的特征选择方法所选择的特征基因在 LSVM、CART 和 KNN 分类学习算法下的分类精度。可以看出，ReliefF 算法和 CFS 算法所选择的特征基因子集在 LSVM 和 KNN 分类学习算法下可以得到较好的分类精度。然而，在 CART 分类学习算法下的分类精度却不高；NRS 算法所选择的基因子集的分类精度不如 ReliefF 算法和 CFS 算法。同时可以看出，经过特征选择算法处理后的基因子集的分类精度明显高于原始数据集。

表 4-9 基因表达谱数据集

数据集	基因数	类别数	样本数
Breast	9216	5	84
Leukemia1	7129	3	72
Leukemia2	12582	3	72
SRBCT	2308	5	88
Colon	2000	2	62

表 4-10 不同的特征选择算法选择的基因个数

数据集	RAW	ReliefF	CFS	NRS
Breast	9216	20	192	5
Leukemia1	7129	9	102	3
Leukemia2	12582	15	150	3
SRBCT	2308	7	70	2
Colon	2000	6	46	2

表 4-11　　不同的特征选择算法所选基因的 LSVM 分类精度（单位：%）

数据集	RAW	ReliefF	CFS	NRS
Breast	95.4±8.4	84.5±5.7	98.0±2.1	67.5±8.7
Leukemia1	94.5±6.5	98.6±7.4	96.3±5.3	83.7±8.9
Leukemia2	94.6±3.2	96.1±6.9	95.6±5.8	90.3±6.8
SRBCT	82.4±8.3	79.9±8.3	86.0±9.6	67.0±7.9
Colon	84.6±6.4	76.4±9.8	82.6±6.9	70.5±5.3
平均值	90.3	87.1	91.7	75.8

表 4-12　　不同的特征选择算法所选基因的 CART 分类精度（单位：%）

数据集	RAW	ReliefF	CFS	NRS
Breast	65.8±4.7	76.3±7.8	70.8±7.5	77.5±4.2
Leukemia1	78.8±2.6	93.6±8.9	76.5±6.3	88.5±5.4
Leukemia2	90.3±9.8	93.4±8.6	88.5±9.6	94.1±9.8
SRBCT	65.7±6.3	72.1±3.5	74.2±6.3	65.6±9.0
Colon	63.9±5.6	70.6±7.4	74.0±8.6	62.3±6.7
平均值	72.9	81.2	76.8	77.6

表 4-13　　不同的特征选择算法所选基因的 KNN 分类精度（单位：%）

数据集	RAW	ReliefF	CFS	NRS
Breast	68.7±2.6	81.7±3.6	97.5±5.3	81.3±6.2
Leukemia1	82.8±5.6	96.6±6.5	97.5±5.3	86.1±2.7
Leukemia2	86.7±2.3	94.3±6.5	98.0±4.3	93.2±1.3
SRBCT	66.4±9.8	79.0±7.8	80.2±9.8	66.5±6.1
Colon	65.9±6.2	75.9±9.2	78.8±8.9	69.9±8.5
平均值	74.1	85.5	90.4	79.4

　　表 4-14 给出了基于 NMI-EmRMR 特征选择算法选择的特征基因数量和分类精度。比较表 4-14 和表 4-10，可以看到，NMI-EmRMR 算法选择的基因数量高于 NRS 算法，低于 ReliefF 算法和 CFS 算法。通过表 4-11～表 4-14 可以发现 NMI-EmRMR 算法选择的基因子集的分类精度高于 ReliefF 算法、CFS 算法和 NRS 算法。结果表明，NMI-EmRMR 算法是有效的。

　　基于 NMINR-FCM 算法选择的基因数量和分类精度如表 4-15 所示。通过比较表 4-14 和表 4-15，可以发现，该算法比 NMI-EmRMR 算法获得较高的分类精度。另外可以发现，该算法获得的分类精度最高。例如，在 Leukemia1 数据集中，NMINR-FCM 算法选择的基因在 LSVM 分类精度值为 98.8%，比 NMI-EmRMR 算法高出 0.2%，比 ReliefF 算法高 0.2%，比 CFS 算法高 2.5%，比 NRS 算法高 15.1%。

表 4-14　基于 NMI-EmRMR 算法选择的基因数量和分类精度

数据集	LSVM		CART		KNN	
	n	分类精度/%	n	分类精度/%	n	分类精度/%
Breast	18	100.0±0.0	5	80.8±10.4	15	98.8±4.0
Leukemia1	11	98.6±4.5	2	94.3±6.8	16	98.6±4.5
Leukemia2	15	100.0±0.0	17	96.5±5.9	15	98.6±4.5
SRBCT	9	84.0±22.3	4	75.6±3.7	14	82.3±22.1
Colon	7	82.9±5.3	2	73.3±8.4	10	80.2±9.2
平均值	12	93.1	6	84.1	14	91.7

基于 LSVM 分类器，NMINR-FCM 算法的平均分类精度比 ReliefF 算法高出 8.1%，比 CFS 算法高出 3.5%，比 NRS 算法高出 19.4%，比 NMI-EmRMR 算法高出 2.1%。

表 4-15　基于 NMINR-FCM 算法选择的基因数量和分类精度

数据集	LSVM		CART		KNN	
	n	分类精度/%	n	分类精度/%	n	分类精度/%
Breast	16	100.0±0.0	4	84.7±9.1	15	99.4±3.5
Leukemia1	10	98.8±3.2	2	95.8±8.6	12	99.2±2.2
Leukemia2	12	99.6±5.8	14	97.2±7.8	13	98.6±4.3
SRBCT	8	89.0±9.6	3	83.2±6.2	10	85.4±11.8
Colon	6	88.6±11.9	2	80.1±5.3	5	84.9±8.9
平均值	10.4	95.2	5	88.2	11	93.5

以 Leukemia1 数据集和 SRBCT 数据集为例，可以观察到 NMINR-FCM 算法优于 NMI-EmRMR 算法。从以上实验结果可以得出结论，NMINR-FCM 算法能够较有效地处理基因数据并获得较高的分类精度。

4.3.7　小结

由于基因表达数据集有成千上万的基因却只有很少的样本，所以特征选择是进行肿瘤分类的一个重要步骤。聚类和分类是基因识别的关键任务。由于基因表达数据是数值型的，经典的粗糙集方法不能很好地直接处理这些数据，而邻域粗糙集可以直接处理基因表达数据。在本节中，首先利用提出的 NRFE_Relief 算法对基因进行排序生成候选特征集合，减小噪声特征的影响；然后，基于邻域关系和邻域互信息定义了特征的内聚度与特征间的邻域耦合度，提出了一种新的聚类中心初始化算法，并基于此算法改进了模糊 C 均值聚类算法对基因数据进行聚类；最后，采用基于邻域互信息的特征重要性系数，挑选出每簇中重要性系数值最大的基因作为该簇的代表基因，进而提出了一种基于邻域粗糙集和模糊 C 均值聚类的基因选择算法。

通过对 5 个 UCI 数据集的测试实验结果表明，本节所提出的基因选择方法能够很好地处理基因数据并获得较高的分类精度。

4.4　基于邻域条件互信息的肿瘤基因选择方法

4.4.1　引言

自 1999 年 Golub 等利用肿瘤基因表达谱分类肿瘤亚型[50]以来，大量肿瘤信息基因选择方法相继提出[5,12,51-56]。邓林等根据统计学中的秩和检验方法，提出了秩和基因选取方法[57]。关于基因选择算法，有两个问题特别引起研究者的关注。一是需要一种有效度量去计算连续特征之间的相关性。近年来，互信息这种度量常被用来计算基因对肿瘤分类的重要性，但是互信息只能够计算离散变量之间的相关度，而基因表达谱数据是连续型，不能直接使用互信息去度量。对于连续特征，现有文献多使用离散化方法[58]，然而，离散化方法容易导致信息丢失[12,59-61]。Kwak 引入 Parzen window 方法度量连续特征的信息量[62]，而研究发现样本总是稀疏地分布在高维空间中，计算特征的概率及特征间的联合概率是相当复杂的。Li 等引入 Pearson 相关性系数去度量基因的相关度，但是这种系数只能处理线性相关的特征，而基因的相关性是否为线性相关，现在还不清楚。Hu 等提出邻域互信息，结合最小冗余、最大相关方法[58]选择出最小特征子集，但是该算法样本邻域的计算量过大，并且目标函数中阈值的设定也相当困难。二是现有基因选择算法的时间复杂度过高，难以应对海量基因数据，本小节提出邻域条件互信息，将基因与肿瘤分类之间的相关度、基因之间的依赖度进行统一计算，结合顺序前向搜索策略，构建了基于邻域条件互信息的快速肿瘤基因选择算法。

4.4.2　邻域条件互信息

使用邻域互信息计算连续型特征与分类之间的相关度，所选择的信息基因存在大量冗余，所以 Hu 等结合最小冗余度、最大相关度方法去除冗余，选择出最小特征子集，但这种方法存在时间复杂度高、参数难以确定等问题。针对上述问题，提出邻域条件互信息用于基因选择。

定义 4-14　给定实数空间上的非空有限集合 $U=\{x_1, x_2, \cdots, x_n\}$，$F$ 是 U 上的特征集，$R, S, T \subseteq F$，则在给定 S 的条件下，R 与 T 邻域条件互信息定义为

$$\text{NCMI}(R;T \mid S) = -\frac{1}{n}\sum_{i=1}^{n}\log\frac{\|\delta_{R \cup T}(x_i)\| \cdot \|\delta_{S \cup T}(x_i)\|}{\|\delta_S(x_i)\| \cdot \|\delta_{R \cup S \cup T}(x_i)\|} \tag{4-22}$$

邻域条件互信息 $\text{NCMI}(R;T|S)$ 用于度量在已选特征 S 的情况下，新加入的特征

T 对于降低 R 不确定性程度的贡献。

性质 4-1　给定实数空间上的非空有限集合 U，F 是 U 上的特征集，$R, S, T \subseteq F$，在给定 S 的条件下，$\mathrm{NCMI}_\delta(R;T\,|\,S)=\mathrm{NCMI}_\delta(T;R\,|\,S)$。

当特征 S 给定以后，从特征 T 获得特征 R 的信息量与从特征 R 获得特征 T 的信息量是相等的。

性质 4-2　给定实数空间上的非空有限集合 U，F 是 U 上的特征集，$R, S, T \subseteq F$，在给定 S 的条件下，如果 R 与 T 条件独立，则 $\mathrm{NCMI}_\delta(R;T|S)=0$。

证明：依据定义 4-14，如果特征 R 与 T 条件独立，很容易计算得到 $\mathrm{NCMI}_\delta(R;T|S)=0$。

定理 4-1　给定实数空间上的非空有限集合 U，F 是 U 上的特征集，$R, S, T \subseteq F$，在给定 S 的条件下，如果分类在 T 上是 δ 邻域一致的，则 $\mathrm{NCMI}_\delta(R;T|S)=\mathrm{NH}_\delta(T|S)$。

在给定 S 的条件下，如果对于基因集 R 分类是一致的，则 R 与 T 的邻域互信息和决策分类的不确定程度相等，或者说在给定 S 的条件下，如果 T 给出，则分类就是确定的。

4.4.3　基于邻域互信息的基因选择

基于邻域互信息的基因提取算法逐个度量基因对分类的重要度，按其值将基因排序，得到了与分类相关的基因子集。

算法 4-7　基于邻域互信息的基因提取

输入：待选特征集 $F=\{f_1, f_2, \cdots, f_n\}$，已选特征子集 S，分类特征集 C，$k \in [100, 200]$。
输出：最优特征子集 S。
步骤 1：$S=\varnothing$；
步骤 2：分别计算各个特征 f_i 与 C 的邻域互信息 $\mathrm{NMI}_\delta(C;f_i)$，其中 $i=1, 2, \cdots, n$；
步骤 3：将步骤 2 得到的值排序，选择前 k 个特征 $S=\{f_{i1}, f_{i2}, \cdots, f_{ik}\}$，其中 $i=1, 2, \cdots, n$；
步骤 4：输出 S。

算法 4-7 的优点是算法时间复杂度低，但是没有考虑特征间的相关性，容易造成大量冗余，当选择了 f_1 以后，再选择 f_2 对降低 C 的不确定程度没有任何新的贡献。按照算法 4-7 选入 f_2 就会造成冗余。

4.4.4　基于邻域条件互信息的基因选择

邻域条件互信息能够度量在已经选定特征子集的情况下，新加入的特征对于降低目标不确定程度的贡献。容易看出在选择了 f_1 以后，$\mathrm{NCMI}_\delta(f_2; y|f_1)=0$。虽然 f_3 与 y 的邻域互信息较小，但它仍能减少 y 的不确定程度。因此，在选择了 f_1 的前提下，将优先选择 f_3，所以说邻域条件互信息能更加有效地度量连续型特征间的相关度。

假设已经选择了 k 个特征 $S_k=\{f_1,f_2,\cdots,f_k\}$，当考虑特征 f_{k+1} 时，计算邻域条件互信息 $\mathrm{NCMI}_\delta(y;f_{k+1}|S_k)$ 需要计算 k^2 次邻域，这对于处理高维度、低样本的基因表达谱数据是不利的。所以使用一种近似策略，逐个计算单个特征对 $\mathrm{NMI}_\delta(y;f_{k+1})$ 的影响，选取对其影响最大的作为这组特征的代表。也就是说，计算 $\mathrm{NMI}_\delta(y;f_{k+1})-\mathrm{NCMI}_\delta(y;f_{k+1}|f_j)$ 的值，选取结果最大的 f_j 作为 S_k 的代表，即选取了最小 $\mathrm{NCMI}_\delta(y;f_{k+1}|f_j)$ 作为 $\mathrm{NCMI}_\delta(y;f_{k+1}|f_1,f_2,\cdots,f_k)$ 的近似度量。于是，样本邻域的计算量将减少，有利于实际的计算。该近似度量的公式为

$$\mathrm{NCMI}_\delta(y;f_{k+1}\mid S_k)=\min_{f'\in s_n-s_k}\mathrm{NCMI}_\delta(y;f_{k+1}\mid f') \tag{4-23}$$

算法 4-8　基于邻域条件互信息的基因选择算法（NCMISFS）

输入：算法 4-7 得到的特征子集 $S=\{f_{i1},f_{i2},\cdots,f_{ik}\}$，已选特征子集 G，分类特征集 C。

输出：最优特征子集 G。

步骤 1：$G=\{f_{i1}\}$；

步骤 2：顺序扫描 S，找出使得 $\mathrm{NCMI}_\delta(C;f_{ij}|G)$ 最大的特征（参照式（4-23）），并把该特征加入 G 中，其中 $1\leqslant l,j\leqslant k$；

步骤 3：更新 G，直至 $\mathrm{NCMI}(y;f_{ij}|G)=0$，其中 $1\leqslant l\leqslant k$。否则转回步骤 2；

步骤 4：输出 G。

4.4.5　实验结果与分析

肿瘤基因数据规模巨大，通常仅有少数基因对肿瘤分类起作用，因此选择合适的特征基因对于肿瘤识别来说非常重要。为验证本小节算法的有效性，对 6 个常见的肿瘤分类数据集进行处理。首先采用文献[63]算法使用全部原始数据进行测试，再分别用文献[64]的离散化算法以及 NCMISFS 算法进行基因选择，最后使用 LSVM、KNN 和 CART 三种分类器对所选特征基因进行实验，并使用四折交叉检验，不同邻域大小对基因选择影响不同，这里依据经验设置邻域参数 $\delta=0.2$。表 4-16 给出 6 个基因表达数据集的详细描述，表 4-17 分别给出直接处理原始数据、离散化处理以及使用 NCMISFS 算法后的分类精度。

表 4-16　基因表达数据集

数据集	基因数	类别数	样本数
Breast	8732	5	74
DLBCL	3652	6	79
Leukemial1	6348	3	67
Leukemial2	10435	3	67
Lung	6921	3	89
SRBCT	2216	5	79

表 4-17　三种算法的分类精度（单位：%）

方法	分类器	Breast	DLBCL	Leukemial1	Leukemial2	Lung	SRBCT
原始数据处理	LSVM	95.4	97.3	94.8	94.6	82.6	82.1
	KNN	66.7	94.0	77.4	89.9	78.3	58.5
	CART	65.8	77.8	78.5	86.5	65.1	65.3
离散化方法	LSVM	96.3	97.3	98.6	99.0	80.2	79.9
	KNN	95.0	99.0	97.5	100.0	87.4	76.6
	CART	80.8	88.9	95.0	93.3	82.8	77.5
NCMISFS	LSVM	100.0	98.2	98.7	100.0	85.6	87.3
	KNN	98.9	99.2	99.1	99.1	90.2	84.1
	CART	80.9	91.4	95.3	97.2	82.4	77.3

可以看出，与原始数据的处理结果相比，经过选择后的基因分类精度明显提高，这说明原始数据集虽然信息量大但不适合直接用于分类，需要进一步处理。而NCMISFS 算法与离散化方法选择的基因个数大致相等，而且 NCMISFS 算法的分类精度高于离散化方法，这表明 NCMISFS 算法对于处理连续型特征具有很好的适用性。

4.4.6　小结

本节提出邻域条件互信息并将其用于基因选择，直接处理连续型数据，计算基因对分类的重要性，从而避免由离散化所导致的信息丢失，去除了冗余基因。同时，采取近似策略度量邻域条件互信息，降低了算法时间复杂度，并结合前向搜索策略，构建了基于邻域条件互信息的肿瘤分类基因选择算法，通过对六个 UCI 数据集的测试，实验结果显示使用邻域条件互信息选择的基因子集，与直接处理原始数据以及离散化方法相比，具有更高的分类精度。

参 考 文 献

[1] 明利特, 蒋芸, 王勇, 等. 基于邻域粗糙集和概率神经网络集成的基因表达谱分类方法. 计算机应用研究, 2011, 28(12): 4440-4444.

[2] 李颖新, 李建更, 阮晓钢. 癌症基因表达谱分类特征基因选取问题及分析方法研究. 计算机学报, 2006, 29(2): 324-330.

[3] 张灵均. 基于邻域的扩展粗糙集模型及其在特征基因选择中的应用研究. 新乡: 河南师范大学, 2012.

[4] Sun L, Xu J C, Ren J Y, et al. Granularity partition-based feature selection and its application in decision systems. Journal of Information and Computational Science, 2012, 9(12): 3487-3500.

[5] 徐天贺. 基于邻域互信息的特征基因选择方法研究. 新乡: 河南师范大学, 2014.

[6] 徐菲菲, 苗夺谦, 魏莱. 基于模糊粗糙集的肿瘤分类特征基因选取. 计算机科学, 2009, 36(3):196-200.

[7] 徐久成, 徐天贺, 孙林, 等. 基于邻域粗糙集和粒子群优化的肿瘤分类特征基因选取. 小型微型计算机系统, 2014, 35(11): 2528-2532.

[8] 徐久成, 徐天贺, 孙林, 等. 基于邻域互信息和自组织映射的特征基因选取. 河南师范大学学报(自然科学版), 2014, 42(1): 145-150.

[9] 张灵均, 徐久成, 李双群, 等. 相斥邻域的覆盖粗糙集实值属性约简. 山东大学学报(自然科学版), 2012, 47(1): 77-82.

[10] 胡清华, 于达仁. 基于邻域粒化和粗糙逼近的数值属性约简. 软件学报, 2008, 19(3): 640-649.

[11] 高云鹏. 基于邻域互信息的肿瘤基因选择研究. 新乡: 河南师范大学, 2013.

[12] 李颖新, 李建更, 阮晓钢. 肿瘤基因表达谱分类特征基因选取问题及分析方法研究. 计算机学报, 2006, (2): 324-330.

[13] 谢娟英, 李楠, 乔子芮. 基于邻域粗糙集的不完整决策系统特征选择算法. 南京大学学报(自然科学版), 2011, 47(4): 383-390.

[14] 徐菲菲, 魏莱, 杜海洲, 等. 一种基于互信息的模糊粗糙分类特征基因快速选取方法. 计算机科学, 2013, 40(7): 216-221, 235.

[15] Li Z J, Rao F. Outlier detection using the information entropy of neighborhood rough sets. Journal of Information and Computational Science, 2012, 9(12): 3339-3350.

[16] Kennedy J, Eberhart R, Particle swarm optimization//Proceeding of IEEE International Conference on Neural Networks, Perth, 1995: 1942-1947.

[17] Kennedy J, Eberhart R. A new optimizer using particle swarm theory//Proceedings of the 6th International Symposium on Micro Machine and Human Science, 1995: 39-43.

[18] 于达仁, 胡清华, 鲍文. 融合粗糙集和模糊聚类的连续数据知识发现. 中国电机工程学报, 2004, 24(6): 205-210.

[19] 李智广, 付枫, 孙鑫, 等. 基于联盟博弈的 Filter 特征选择算法. 计算机工程, 2013, 39(4): 230-233.

[20] 范文兵, 王全全, 雷天友, 等. 基于 Q-relief 的图像特征选择算法. 计算机应用, 2011, 31(3): 724-728.

[21] Perou C M, Sorlie T, Eisen M B, et al. Molecular portraits of human breast tumors. Nature, 2000, 406: 747-752.

[22] Golub T. Molecular classification of cancer: class discovery and class prediction by gene expression monitoring. Science, 1999, 286: 531-537.

[23] Armstrong S A. MLL translocations specify a distinct gene expression profile that distinguishes a

unique leukemia. Nature Genetics, 2000, 30: 41-47.

[24] Han J K, Weil J S, Ringne M, et al. Classification and diagnostic prediction of cancers using gene expression profiling and artificial neural networks. Nature Medicine, 2001, 7: 673-679.

[25] Shi Y H, Eberhart R C. Parameter selection in particle swarm optimization//Evolutionary Programming VII: Proceedings of the Seventh Annual Conference on Evolutionary Programming, 1998: 591-600.

[26] 朱建杰. 基于多源信息融合的基因表达数据聚类分析. 天津: 天津大学, 2008.

[27] 张丽娟, 李舟军. 微阵列数据癌症分类问题中的基因选择. 计算机研究与发展, 2009, 46(5): 794-802.

[28] 陆媛. 基于聚类算法的基因微阵列数据分析. 江南: 江南大学, 2008.

[29] 周昉, 何洁月. 生物信息学中基因芯片的特征选择技术综述. 计算机科学, 2007, 34(12): 143-150.

[30] Domay E. Cluster analysis of gene expression data. Statistical Physics, 2003, 110: 1117-1139.

[31] 曹晖, 席斌, 米红. 一种新聚类算法在基因表达数据分析中的应用. 计算机工程与应用, 2007, 43(18): 234-238.

[32] 张慧哲, 王坚. 基于初始聚类中心选取的改进 FCM 聚类算法. 计算机科学, 2009, 36(6): 206-209.

[33] 涂晓芝, 颜学峰, 钱锋. 基于 SOM 网络的基因表达谱聚类研究. 华东理工大学学报, 2006, 32(8): 992-995.

[34] 刘晓春, 张翠芳. 基于 SOM 和 PSO 的聚类组合算法. 通信技术, 2010, 43(1): 208-212.

[35] 解翔宇. 布谷鸟搜索及其在双聚类分析的应用研究. 成都: 电子科技大学, 2014.

[36] 李杰, 唐降龙, 王亚东, 等. 基因表达谱聚类/分类技术研究及展望. 生物工程学报, 2005, 21: 667-673.

[37] 谭维, 杨燕. 基于自组织特征映射的聚类集成算法. 计算机工程与设计, 2010, 31(22): 4885-4888.

[38] 曹忠波. 改进的双聚类算法在癌症基因芯片数据中的应用. 长春: 吉林大学, 2009.

[39] 王纵虎. 聚类分析优化关键技术研究. 西安: 西安电子科技大学, 2012.

[40] 徐雪松, 刘凤玉. 一种基于距离的再聚类的离群数据发现算法. 计算机应用, 2006, 26(10): 2398-2400.

[41] 刘岚. 肿瘤基因组数据特征选择问题研究. 兰州: 兰州交通大学, 2020.

[42] Xu M, Xu C S, He X J, et al. Hierarchical affective content analysis in arousal and valence dimensions. Signal Processing, 2013, 93: 2140-2150.

[43] Dunn J C. A fuzzy relative of the ISODATA process and its use in detecting compact well-separated clusters. Journal of Cybernetics, 1973, 3: 32-57.

[44] Bezdek J C. Pattern Recognition with Fuzzy Objective Function Algorithms. New York: Plenum Press, 1981.

[45] 王纵虎, 刘志镜, 陈东辉. 基于粒子群优化的模糊 C-均值聚类算法研究. 计算机科学, 2012, 39(9): 166-169.

[46] 廖松有, 张继福, 刘爱琴. 利用模糊熵约束的模糊 C 均值聚类算法. 小型微型计算机系统, 2014, 35(2): 379-383.

[47] Robnik-Sikonja M, Kononenko I. Theoretical and empirical analysis of ReliefF and RReliefF. Machine Learning, 2003, 53: 23-69.

[48] Hall M A. Correlation-based feature selection for discrete and numeric class machine learning//Proceedings of 17th International Conference Machine Learning, 2000: 359-366.

[49] Hu Q H, Yu D R, Liu J F, et al. Neighborhood rough set based heterogeneous feature subset selection. Information Sciences, 2008, 178: 3577-3594.

[50] Golub T R, Slonim D K, Tamayo P. Molecular classification of cancer: class discovery and class prediction by gene expression monitoring. Science, 1999, 286: 531-537.

[51] 王明怡, 吴平, 王德林. 基于相关性分析的基因选择算法. 浙江大学学报(工学版), 2004, 38(10): 1289-1292.

[52] Zhou X, David P T. MSVM-RFE: extensions of SVM-RFE for multiclass gene selection on DNA microarray data. Bioinformatics, 2007, 23(9): 1106-1114.

[53] Qian Y H, Liang L Y, Li D Y. Approximation reduction inconsistent incomplete decision tables. Knowledge-Based Systems, 2010, 23: 427-433.

[54] Xu J C, Sun L. A new knowledge reduction algorithm based on decision power in rough set//Transactions on Rough Sets XII, Lecture Notes in Computer Science, 2010, 6190: 76-89.

[55] Chmielewski M R, Grzymala-Busse J W. Global discretization of continuous attributes as preprocessing for machine learning. International Journal of Approximate Reasoning, 1996, 15: 319-331.

[56] 黄德双. 基因表达谱数据挖掘方法研究. 北京: 科学出版社, 2009.

[57] 邓林, 马尽文, 裴健. 秩和基因选取方法及其在肿瘤诊断中的应用. 科学通报, 2004, 49: 1311-1316.

[58] Hu Q H, Pan W. An efficient gene selection technique for cancer recognition based on neighborhood mutual information. International Journal of Machine Learning and Cybernetics, 2010, 1(14): 63-74.

[59] 杨明. 一种基于一致性准则的属性约简算法. 计算机学报, 2010, 33(2): 231-239.

[60] 冯林. 连续属性决策表中的可变精度粗糙集模型及属性约简. 计算机科学, 2010, 37(9): 205-208.

[61] Hu Q H, Yu D F, Xie Z X. Neighborhood classifiers. Expert Systems with Applications, 2008, 34(2): 866-876.

[62] Kwak N, Choi C H. Input feature selection for classification problems. IEEE Transactions on Neural Networks, 2002, 13(1): 143-159.

[63] Zhang S W, Huang D S, Wang S L. A method of tumor classification based on wavelet packet transforms and neighborhood rough set. Computer in Biology and Medicine, 2010, 40: 430-437.

[64] Chuang L, Yang C H, Wu K C. A hybrid feature selection method for DNA microarray data. Computers in Biology and Medicine, 2011, 41(4): 28-37.

第 5 章 基于监督学习和粒计算的肿瘤基因选择方法

5.1 基于 Fisher 线性判别和邻域依赖度的基因选择方法

5.1.1 引言

降维作为模式识别、机器学习和数据挖掘的重要一步，已经成为各个领域的研究热点。许多学者对基因选择方法进行了研究，并取得了大量研究成果[1-5]。叶小泉等针对基因表达谱数据高维小样本的特点，将支持向量机递归特征消除和特征聚类算法相结合，提出了一种基于支持向量机递归特征消除和特征聚类的致癌基因选择方法[6]。陈涛等提出了一种优化的邻域粗糙集的混合基因选择算法[7]。张婧等提出了一种基于迭代 Lasso 的信息基因选择方法[8]。虽然这些混合式特征选择方法在一定程度上提高了分类精度，但依然存在算法稳定性较差、特征子集规模较大、计算耗时等问题[9]。自 20 世纪 80 年代初 Pawlak 提出粗糙集理论以来，它已被广泛应用于各个领域。一些学者采用粗糙集算法对基因表达数据集进行特征约简，但由于经典粗糙集理论仅适用于离散值信息系统，不适用于连续型数据集，造成得到的约简结果不理想。为了克服这一缺点，Dai 等提出了一种基于模糊粗糙集和模糊增益比的基因选择方法[10]。胡清华等提出了一种邻域粗糙集模型，该模型以 δ 邻域参数处理离散型数据集和连续型数据集，能够保留对数据集分类有益的丰富信息[11]。此外，常规的邻域粗糙集通常采用前向优化贪心算法，这使它在处理条件特征个数远多于样本数据的情况时效果并不理想[12]。Fisher 于 1936 年为系统分类首次提出了 Fisher 线性判别法（Fisher Linear Discriminant, FLD）的模式识别技术，通过选择具有分类信息的特征，消除冗余特征，实现基因数据的降维操作[13]。为了进一步提高微阵列数据的分类性能，有效去除冗余基因，降低基因选择算法的计算时间复杂度，本节首先将 Fisher 线性判别方法用于肿瘤基因表达数据集的初步降维，以降低后续算法的计算复杂度，得到候选肿瘤基因子集；然后，在邻域决策系统中，定义邻域粗糙度，并将邻域粗糙度引入依赖度中构造邻域依赖度，以度量邻域系统的不确定性，并给出新的邻域依赖度和特征重要度定义，提出一种基于 FLD 和邻域依赖度的基因选择算法，剔除候选基因子集中的冗余基因，获得最佳基因子集。最后，在 4 个公开的肿瘤基因数据集上进行大量的仿真实验，并根据实验结果确定最佳参数，在支持向量机分类器上验证所选的基因子集可以获得较高的分类精度[14]。

5.1.2　Fisher 线性判别

Fisher 线性判别模型的基本思想是：通过对样本的变换，将样本投影到一条直线上，使样本的投影能够分得最好，也就是说变换后的样本类别间离散度达到最高，类别内离散度达到最低，从而提高各个类别之间的区分能力。因此，采用 Fisher 线性判别可选取出具有分类信息的特征，剔除冗余特征，实现对基因表达谱数据的降维处理，该方法是一种有效的有监督降维技术。下面描述 Fisher 线性判别的相关概念[15]。

设样本矩阵 $X \in \mathbf{R}^{d \times n}$ 中有 c 个类别，其中属于第 i 类 ω_i 的样本有 n_i 个，$\sum_{i=1}^{c} n_i = n$。各类别样本的中心点为 $\mu_i = \frac{1}{n} \sum_{x \in \omega_i} x$，所有样本的中心点为 $\mu = \frac{1}{n} \sum_{j=1}^{n} x_j$，其中 x_j 为第 j 个样本。类间散布矩阵 S_B 与类内散布矩阵 S_W 可表示为

$$S_B = \sum_{i=1}^{c} n_i (\mu_i - \mu)(\mu_i - \mu)^{\mathrm{T}} \tag{5-1}$$

$$S_W = \sum_{i=1}^{c} \sum_{i \in \omega_i} (x - \mu_i)(x - \mu_i)^{\mathrm{T}} \tag{5-2}$$

在式(5-1)和式(5-2)的基础上得到投影后的样本的类间离散度 J_B 和类内离散度 J_W 分别为

$$J_B = \frac{1}{n} W^{\mathrm{T}} S_B W \tag{5-3}$$

$$J_W = \frac{1}{n} W^{\mathrm{T}} S_W W \tag{5-4}$$

由 Fisher 判别准则建立的目标函数为

$$\max \frac{J_B}{J_W} \tag{5-5}$$

如果考虑 W 的第 k 列 w_k，则目标函数可转化为

$$\max w_k w_k^{\mathrm{T}} S_B w_k \tag{5-6}$$

建立拉格朗日方程为

$$L(w_k, \lambda) = (1 - w_k^{\mathrm{T}} S_W w_k) \tag{5-7}$$

对 w_k 求导并令导数等于 0，得到

$$S_W^{-1} S_B = \lambda w_k \tag{5-8}$$

为了使 $\dfrac{J_B}{J_W}$ 取值最大化，只需取 $S_W^{-1}S_B$ 前 k 个最大特征值对应的特征向量构成投影矩阵 W 即可。

5.1.3 邻域依赖度

给定一个邻域决策系统 $\mathrm{NDS} = (U, C, D, \delta)$，条件特征子集 $B \subseteq C$，决策特征集 D 对论域的划分记为 $U / D = \{X_1, X_2, X_3, \cdots, X_N\}$，则决策特征集 D 相对于 B 的上、下近似集分别定义为

$$\overline{N}_B D = \bigcup_{i=1}^{n} \overline{N}_B X_i = \{x_j \,|\, \delta(x_j) \bigcap X_i \neq \varnothing, x_j \in U, 1 \leqslant j \leqslant |U|\} \tag{5-9}$$

$$\underline{N}_B D = \bigcup_{i=1}^{n} \underline{N}_B X_i = \{x_j \,|\, \delta(x_j) \subseteq X_i, x_j \in U, 1 \leqslant j \leqslant |U|\} \tag{5-10}$$

决策特征集 D 的边界域可定义为

$$\mathrm{BN}(D) = \overline{N}_B D - \underline{N}_B D \tag{5-11}$$

其中，$\mathrm{POS}_B(D) = \underline{N}_B D$ 表示 D 的 B 正域，$\mathrm{Neg}_B(D) = U - \overline{N}_B D$ 表示 D 的 B 负域。

定义 5-1　给定一个邻域决策系统 $\mathrm{NDS} = (U, C, D, \delta)$，决策 D 对论域的划分记为 $U / D = \{X_1, X_2, X_3, \cdots, X_N\}$，对于任意条件特征子集 $B \subseteq C$，U / D 相对于 B 的邻域精确度和邻域粗糙度分别表示为

$$\rho_B(D) = \frac{|\underline{N}_B D|}{|\overline{N}_B D|} \tag{5-12}$$

$$r_B(D) = 1 - \rho_B(D) = 1 - \frac{|\underline{N}_B D|}{|\overline{N}_B D|} = \frac{|BN(D)|}{|\overline{N}_B D|} \tag{5-13}$$

定义 5-2　给定一个邻域决策系统 $\mathrm{NDS} = (U, C, D, \delta)$，如果任意条件特征子集 $B \subseteq C$，那么决策 D 对 B 的邻域依赖度定义为

$$K(B, D) = r_B(D) \frac{|\mathrm{POS}_B(D)|}{|U|} \tag{5-14}$$

5.1.4 基于 FLD 和邻域依赖度的肿瘤基因选择算法

定义 5-3　给定一个邻域决策系统 $\mathrm{NDS} = (U, C, D, \delta)$，任意条件特征子集 $B \subseteq C$，$\forall a \in B$，则特征 a 对 B 的内部重要性定义为

$$\mathrm{Sig}^{\mathrm{inner}}(a, B, D) = K(B, D) - K(B - \{a\}, D) \tag{5-15}$$

定义 5-4　给定一个邻域决策系统 $NDS = (U,C,D,\delta)$ ，任意条件特征子集 $B \subseteq C$ ，$\forall a \in C - B$ ，则特征 a 相对于 D 的外部重要性定义为

$$Sig^{outer}(a,B,D) = K(B \bigcup \{a\},D) - K(B,D) \tag{5-16}$$

定义 5-5　给定一个邻域决策系统 $NDS = (U,C,D,\delta)$ ，任意条件特征子集 $B \subseteq C$ ，$\forall a \in B$ ，如果满足下列条件：

（1）$K(B,D) = K(C,D)$ ；

（2）$K(B,D) > K(B - \{a\},D)$ ；

则称 B 是 C 的一个特征约简，其中 $K(B,D)$ 是决策 D 对条件特征子集 B 的依赖度。

结合 FLD 的降维技术，基于定义 5-5 的邻域决策系统特征约简，设计基于 FLD 和邻域依赖度的基因选择算法（Fisher Linear Discriminant-Neighborhood Dependence Gene Selection, FLD-NDGS），其具体步骤如算法 5-1 所示，图 5-1 给出了算法的具体流程图。

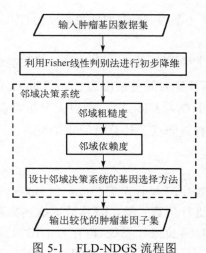

图 5-1　FLD-NDGS 流程图

算法 5-1　FLD-NDGS 算法

输入：一个邻域决策系统 $NDS = (U,C,D,\delta)$ 。

输出：一个基因子集 red。

步骤 1：对基因集 C 计算各类样本的中心点 μ_i 和所有样本的中心点 μ ；

步骤 2：根据式（5-3）和式（5-4）计算各样本类内散布矩阵 S_W 和类间散布矩阵 S_B ；

步骤 3：对式（5-8）得到的 $S_W^{-1}S_B$ 作特征值分解，将特征值按降序排列；

步骤 4：取前 k 个特征值所对应的特征向量组成投影矩阵 W ；

步骤 5：计算 $X' = W^{\mathrm{T}}X$ 且 $X' \in \mathbf{R}^{d' \times n}$ ，得到降维后的基因子集 S ；

步骤 6：将 S 代替邻域决策系统中的集合 C ；

步骤 7：$\varnothing \to \mathrm{red}$，$B = S$；

步骤 8：对任意基因 $a \in S$ 且 $a \notin \mathrm{red}$，根据式(5-15)计算 $\mathrm{Sig}^{\mathrm{inner}}(a, B, D) > 0$，得到不可缺少的基因 θ，$\mathrm{red} = \mathrm{red} \cup \{\theta\}$；

步骤 9：对任意基因 $a_k \in S - \mathrm{red}$，计算 $\mathrm{Sig}^{\mathrm{outer}}(a_k, B, D)$，根据大小排序得到重要度最大的特征 a_k，将其加入基因子集 $\mathrm{red} = \mathrm{red} \cup \{a_k\}$；

步骤 10：根据式(5-14)计算 $K(\mathrm{red}, D)$ 和 $K(S, D)$；

步骤 11：若 $K(\mathrm{red}, D) \neq K(S, D)$，更新集合 $S = S - \{a_k\}$，执行步骤 9；

步骤 12：输出基因子集 red；

步骤 13：结束。

选择一组肿瘤基因表达谱数据，假定样本为 K 个，特征为 T 个，经过 FLD 算法降维后，得到 M 个基因；由于平均选择一个基因要向正域集合中添加 $\dfrac{K}{M}$ 个样本，则该基因数据集的邻域计算时间复杂度为 $O(K \log K)$；由于第 1 个基因确定正域的计算时间复杂度为 $TK \log K$，第 2 个基因的计算时间复杂度为 $(T-1)\left(K - \dfrac{K}{M}\right)\log\left(K - \dfrac{K}{M}\right)$，那么第 M 个基因的计算时间复杂度为 $(T - M + 1)\dfrac{K}{M}\log\dfrac{K}{M}$。经过上述计算，可以得到 FLD-NDGS 算法的最坏计算时间复杂度为 $O(MTK \log K)$，因为 $M \ll T$，所以该算法的计算时间复杂度小于 $O(T^2 K \log K)$。由以上分析可以看出，该算法通过 FLD 降维方法剔除冗余基因，有效降低了计算时间复杂度。

5.1.5 实验结果与分析

为验证提出算法的有效性，本小节在 Colon、Leukemia、Lung 和 Prostate 4 个公开的肿瘤基因数据集上进行仿真实验，具体数据描述如表 5-1 所示。实验中使用的计算机系统为 Windows7、64 位操作系统、内存为 4GB、处理器为 Intel(R) Core(TM) i5-3470 CPU @ 3.20GHz。所有仿真实验在 MATLAB R2012b 中实现。

表 5-1 实验数据集描述

序号	数据集	基因数	样本数(正类/负类)	类别数
1	Colon	2000	62(40/20)	2
2	Leukemia	7129	72(25/47)	2
3	Lung	12533	181(31/150)	2
4	Prostate	12600	136(77/59)	2

对表 5-1 分析可以看出，4 个数据集均有两个类别，即都属于二分类问题。以 Colon 数据集为例，共有 62 个样本和 2000 个基因，具有高维度、小样本的特点，其中正类样本数是 40，负类样本数是 20。由于基因数据的外在表现为数值型矩阵形

式，本节所述模型需要将基因表达谱数据集全部命名为高维数据矩阵，再进行降维和特征约简，为了保证基因数据不丢失其特征，为每个基因数据做出标记，即数据集中基因的数目与标记的个数逐一对应。需要说明的是，Lung 和 Prostate 这两个数据集中部分基因列的值全为零，需要删除。Lung 数据集和 Prostate 数据集中分别可以剔除 121 列和 394 列噪声基因数据，因而，Lung 数据集中的基因数量为 12412 个，Prostate 数据集中的基因数量为 12206 个。

FLD-NDGS 算法首先运用 Fisher 线性判别对基因数据进行初步降维，对降维后的候选基因子集采用邻域粗糙集算法进行特征约简，降维效果明显，该模型能很好地剔除原始数据集中的冗余数据。对每个数据设置邻域半径参数 λ，重要度下限为 0.00001。在表 5-1 的 4 个基因表达数据集上分别进行特征约简，得到基因子集的结果如表 5-2 所示。

表 5-2　FLD-NDGS 算法在 4 个数据集上约简后的基因子集

数据集	约简后的基因子集
Colon	{249, 493, 1772, 765, 1582, 822, 513, 66, 1325}
Leukemia	{3252, 6041, 6855, 1745, 2288, 1882, 2121}
Lung	{3334, 7249, 8537, 12114, 5301, 3333, 9474, 2039, 9863, 4336}
Prostate	{11200, 11052, 6534, 734, 2191, 5314}

为了验证 FLD-NDGS 算法在选择具有较强分类基因子集上的有效性，对约简后的基因子集在支持向量机上进行分类精度验证。将 FLD-NDGS 算法与另外三种相关算法在 4 个肿瘤基因表达数据集上进行对比实验，其中 ODP（Original Data Processing）算法是直接对原数据集进行分类，Lasso 算法[8]是通过系数压缩估计进行特征选择，邻域粗糙集（Neighborhood Rough Set, NRS）算法[16]是仅采用邻域粗糙集进行特征选择。实验结果如表 5-3 所示，其中 m 表示选出的基因数。

表 5-3　4 种算法在 4 个数据集上选择的基因个数和分类性能比较

数据集	ODP		Lasso		NRS		FLD-NDGS	
	m	分类精度/%	m	分类精度/%	m	分类精度/%	m	分类精度/%
Colon	2000	81.1	5	88.7	4	61.1	9	100
Leukemia	7129	94.4	23	98.6	5	64.5	7	82.8
Lung	12412	90.3	8	99.5	3	64.1	10	91.7
Prostate	12206	61.9	63	96.1	4	64.7	6	80.0
时间复杂度	—		$O(PT^3)$		$O(T^2K\log K)$		$O(MTK\log K)$	

由表 5-3 的实验结果可知，ODP 算法在 Leukemia 数据集上的分类精度达到了

94%，但由于是对原始数据直接进行分类，其基因子集的规模过大；NRS 算法虽获得了规模较小的基因子集，有效去除了无关基因，但同时也删除了一些具有较强分类能力的基因，导致所选基因子集的分类精度不高，如 Leukemia 数据集在 NRS 算法中的分类精度降到了 64.5%。在特征选择的过程中，不仅要考虑基因子集的规模也要注重分类精度，本节提出的 FLD-NDGS 算法选择了较小规模的基因子集，同时分类精度也得到了明显提高。在 Colon 数据集上，本节算法选出的基因数较多，且分类精度均高于其他两种算法。在 Leukemia 数据集上，虽然精度相比于 ODP 算法和 Lasso 算法有所下降，但选出的基因子集的规模远远小于 ODP 算法和 Lasso 算法，并且在基因子集规模相差比较小时，本节算法的分类精度相比于 NRS 算法是提高的，证明了本节算法在基因选择上的有效性。通过分析时间复杂度可知，虽然 Lasso 算法选出的基因子集的分类精度较高，但因为原始数据中的基因数 T 通常远远大于选出的基因子集中的基因数 M，导致 Lasso 算法的运行时间明显高于其他两种算法，降低了基因选择效率。FLD-NDGS 算法能够解决基因表达数据高维度、高冗余的问题，选出的基因子集规模均保持在 10 以内，降维效果明显。从基因数、分类精度和时间复杂度三个指标的整体情况分析，FLD-NDGS 算法是优于其他三种算法的。因此，FLD-NDGS 算法能较好地完成降维处理并且选出具有较强的分类能力的基因子集。

5.1.6　小结

如何从成千上万的基因表达数据中提取出具有重要分类信息的基因，是生物信息学领域研究的重要问题之一。本节针对目前基因选择算法稳定性较差、特征子集规模较大、计算耗时等问题，提出了一种基于 Fisher 线性判别和邻域依赖度的特征选择方法。首先，将 Fisher 线性判别法应用于基因数据的初步降维，以获得候选特征子集；然后，提出了新的邻域粗糙集特征约简算法对降维后的数据进行特征寻优，选出了具有较强分类能力的基因子集；最后，设计了基于 FLD 和邻域依赖度的肿瘤基因选择算法。实验结果表明，该算法能够选出具有规模较小且分类能力较强的基因子集，相对于 Lasso 算法，FLD-NDGS 算法有较低的时间复杂度，相对于常规的邻域粗糙集约简算法，FLD-NDGS 算法在分类精度上具有明显的优势。因此，本节提出的 FLD-NDGS 算法对今后的肿瘤基因选择研究具有重要的实践意义。

5.2　基于信噪比与邻域粗糙集的基因选择方法

5.2.1　引言

肿瘤基因表达谱数据的高维少样本、多冗余噪声的特点，对传统的肿瘤基因选择方法提出了挑战。比如利用基因选择方法进行样本预测时，会导致大量的时间消耗以及较低的样本分类精度[17-19]。因此，如何构建鲁棒性强的基因选择方法，发现具有鉴别意义的特征基因是目前生物信息学的研究热点[20, 21]。在获取最终的特征基因子集之前通常需要对原始基因数据进行初选，初选过程不仅能达到降维的目的，而且能在一定程度上减少后续特征子集寻优的时间消耗。初选的方法很多，其中基因排序法按照一定的信息基因计分准则来衡量基因的重要度，重要度的大小直接决定基因样本分类能力的强弱[22, 23]。目前常用的信息基因计分准则主要包括信噪比指标（Signal-Noise Ratio, SNR）、Wilcoxon 秩和检验、误分类阈值（Threshold Number of Misclassification Score, TNM）、Kruskal-Wallis 秩和检验等，其中应用最为广泛的是信噪比指标。基因排序法本质上属于过滤法，虽然基因排序法具有高效快速的特点，但采用这种准则所选的基因之间仍存在较高的冗余性，与此同时，初选基因的数量也存在不确定性[24-26]。因此，为了进一步剔除基因子集中的冗余基因，有必要采用某种策略对候选的基因子集进行精选。缠绕法融合分类器凭借其预测准确度来衡量基因子集的分类能力，一定程度上保证了特征子集的鉴别信息，但该方法易造成泛化能力差的问题[21]。信噪比方法通过计算基因对样本的重要度，根据实验的需求设定一定的阈值过滤掉噪声基因，可避免基因子集中的无关基因对分类结果的负影响。邻域粗糙集可直接处理连续型数据，在一定程度上减少了因离散化导致的信息丢失。因此，邻域粗糙集模型受到很多学者的关注，并逐渐被应用到肿瘤基因选择方法中，也取得了一些较好的结果[27]。为了有效地去除肿瘤基因表达谱数据中的无关基因和冗余基因，国内外学者提出了一些研究思路，如 Chen 将遗传算法应用到基因选择过程中，并结合支持向量机的强鲁棒性，利用支持向量机中的距离函数来评估信息基因的鉴别能力[28]；Ramon 等利用随机森林训练速度快和并行化的特点，明显提高了基因选择的效率及样本分类的准确度[29]；Ma 等将聚类方法 K-means 和 Lasso 方法进行融合，选择出具有识别能力的基因子集，并构建预测模型进行分析验证，取得较好的效果[30]。虽然上述混合基因选择方法在一定程度上改善了算法的分类精度，但基因子集中的基因数量依然较多，且算法的稳定性也较差，如何在分类能力、信息基因数量和时间复杂度等多目标下求得最优解是肿瘤基因表达谱数据研究的关键问题[31]。鉴于肿瘤基因表达谱数据本身的特点，为了保证采用尽可能少的信息基因获得尽可能高的样本分类率，同时降低算法复杂度，本节提出一种基于信噪比与邻域粗糙集的基因选择方法。首先选取信噪比值较大的基因作为预选基因子集；然后利用邻域粗糙集约简算法对预选特征子集进行寻优；最后通过仿真实验验证该方法的有效性和可靠性。

5.2.2　信噪比

信噪比排序法具有简单高效的特点，适合应用在信息基因初选阶段[22]。在初选阶段，首先要计算出原始基因数据中所有基因的信噪比值，根据实验需求设定合适

的阈值，将小于设定阈值的基因删除，把剩余与类别特征相关性较高的基因作为候选信息基因子集。为此，本节将信噪比定义为

$$\mathrm{SNR}(g_i) = \frac{\left| u_+(g_i) - u_-(g_i) \right|}{\delta_+(g_i) + \delta_-(g_i)} \tag{5-17}$$

其中，$\mu_+(g_i)$ 表示第 i 个基因 g_i 在正类样本中的均值，$\mu_-(g_i)$ 表示第 i 个基因 g_i 在负类样本中的均值，而 $\delta_+(g_i)$ 和 $\delta_-(g_i)$ 分别表示第 i 个基因 g_i 在正负两类样本中的标准差。$\mathrm{SNR}(g_i)$ 的值越大，表明该基因在样本分类中的重要性越强。

5.2.3　信噪比值区间划分

信噪比在一定程度上能处理基因数据中的噪声，同时该方法具有简单高效的特点。为此，本节在基因表达数据中采用信噪比过滤掉无关基因，计算全部基因的信噪比值并将它们进行降序排列，将排好的基因变量以 0.2 为单位划分到 5 个区间，分别为 (0,0.2]、(0.2,0.4]、(0.4,0.6]、(0.6,0.8] 和 (0.8,1]。因此，通过信噪比初选将原始数据集划分为 5 个基因子集，每个基因子集均可作为下一步精选过程的候选基因子集。

为了尽可能地减少基因数据集中的噪声和提高特征基因的分类能力，根据信噪比值越大表明该基因重要性越强的特点，本节只选取最大区间中的基因作为下一步精选过程的候选基因子集。由式 (5-17) 计算每个基因的信噪比可知，四个数据集信噪比值在区间 (0.8,1] 的基因数目为零。为了保持算法的客观性与整体性，分别选取四个数据集在区间 (0.6,0.8] 的基因作为候选基因子集。但是，候选基因子集中通常存在大量的冗余基因，冗余基因不仅会增加算法的时间复杂度，而且会降低样本分类准确度。因此，本节在精选过程中采用邻域粗糙集对冗余基因进行剔除，将最后获得的基因子集作为最优的基因子集，并在不同的分类器上验证分析选取基因的分类性能。

5.2.4　基于信噪比与邻域粗糙集的基因选择算法

胡清华对经典粗糙集进行扩展得到邻域粗糙集模型[32]，它可直接处理连续型数据，避免了因数据离散化导致的信息丢失。为了更好地理解和表达邻域粗糙集模型的数学含义，本节给出了邻域粗糙集模型的定义和概念[16, 29, 33]。

定义 5-6　假设 $U = \{u_1, u_2, \cdots, u_n\}$ 表示样本集，C 表示条件特征集，D 表示决策特征集，条件特征集 C 产生的邻域关系称为 N，称 $<U, C \cup D, N>$ 为邻域决策系统。

定义 5-7　在邻域决策系统 $<U, C \cup D, N>$ 中，D 将 U 划分成等价类 $X_1, X_2, X_3, \cdots, X_N$，$\forall B \subseteq C$ 生成 U 上的邻域关系 N_B，则决策 D 关于条件特征子集 B 的邻域下近似、上近似集分别定义为

$$\underline{N_B}D = \{\underline{N_B}X_1, \underline{N_B}X_2, \cdots, \underline{N_B}X_N\} \tag{5-18}$$

$$\overline{N_B}D = \{\overline{N_B}X_1, \overline{N_B}X_2, \cdots, \overline{N_B}X_N\} \tag{5-19}$$

其中，$\underline{N_B}D = \{x_i \,|\, \delta_B(x_i) \subseteq X, x_i \in U\}$，$\overline{N_B}D = \{x_i \,|\, \delta_B(x_i) \bigcap X \neq \varnothing, x_i \in U\}$，而决策边界则形式化为 $\mathrm{BN}(D) = \overline{N_B}D - \underline{N_B}D$。

定义 5-8　在邻域决策系统 $<U, C \bigcup D, N>$ 中，决策 D 对条件特征 $B \subseteq C$ 的依赖度定义为 $\gamma_B(D) = \dfrac{\mathrm{Card}(\underline{N_B}D)}{\mathrm{Card}(U)}$。

定义 5-9　在邻域决策系统 $<U, C \bigcup D, N>$ 中，$\forall a \in B \subseteq C$，若 $\gamma_B(D) \leqslant \gamma_{B-a}(D)$，$a$ 在 B 中相对决策 D 是不必要的；若 $\gamma_B(D) > \gamma_{B-a}(D)$，称 a 在 B 中相对决策 D 是必要的。

定义 5-10　在邻域决策系统 $<U, C \bigcup D, N>$ 中，若 $B \subseteq C$，且满足 $\gamma_B(D) = \gamma_C(D)$ 和 $\forall a \in B$，$\gamma_{B-a}(D) < \gamma_B(D)$ 两个条件，则称 B 是 C 的一个相对约简。

定义 5-11　在邻域决策系统 $<U, C \bigcup D, N>$ 中，若 $B \subseteq C$，$a \in C - B$，则 a 关于特征子集 B 的重要度定义为 $\mathrm{Sig}(a, D, B) = \gamma_{B \cup a}(D) - \gamma_B(D)$。

本节将邻域粗糙集模型应用到基因精选的过程中，既能保持原始数据的分类信息，也能进一步剔除掉候选基因子集中的冗余信息[34]。下面给出邻域粗糙集模型中距离度量的有关定义[35]。

定义 5-12　假设 Ω 是 N 维实数空间，$\mathbf{R}$ 为实数集，$\mathbf{R}^N$ 为 N 维实数向量空间，则称 $\Delta = \mathbf{R}^N \times \mathbf{R}^N \to R$ 为 $\mathbf{R}^N$ 上的一个度量，其中 Δ 同时满足以下三个条件：

（1）若 $\forall x_1, x_2 \in \mathbf{R}^N$，有 $\Delta(x_1, x_2) \geqslant 0$，其中当且仅当 $x_1 = x_2$ 时等号成立；

（2）若 $\forall x_1, x_2 \in \mathbf{R}^N$，有 $\Delta(x_1, x_2) = \Delta(x_2, x_1)$；

（3）若 $\forall x_1, x_2, x_3 \in \mathbf{R}^N$，有 $\Delta(x_1, x_3) \leqslant \Delta(x_1, x_2) + \Delta(x_2, x_3)$。

在度量空间 (Ω, Δ) 中，$\Delta(x_i, x_j)$ 表示元素 x_i 和元素 x_j 之间的距离，称 $\Delta(x_i, x_j)$ 为距离函数。常用的距离计算函数包括欧氏距离和曼哈顿距离。由于欧氏距离能提高算法模型的泛化能力，在一定程度上避免算法的过拟合现象。为此，本节采用欧氏距离对基因特征进行选择。

若一个基因数据集含有 K 个样本和 T 个基因，由于基因的数量 K 远大于样本的数量，利用邻域粗糙集直接对原始基因数据进行特征约简会造成很大的时间消耗，经计算其时间复杂度为 $O(T^2 \times K \log K)$ [32]。在邻域粗糙集的邻域半径确定的情况下，样本的误判率会随着信息基因子集中基因数量的增加而增加，因而导致较低的样本分类精度。综合以上分析可知，在利用邻域粗糙集剔除冗余基因之前，有必要进行信息基因的预选，本节首先采用信噪比预选以去除大量的无关基因，可减少基因精选过程的时空消耗，同时也减少分类器的训练时间。

算法 5-2　基于信噪比与邻域粗糙集的基因选择算法
（Signal noise ration and the Neighborhood Rough Set, SNRS）

输入：基因数据集 Set $= (x_1, x_2, \cdots, y)$，邻域决策系统 NDS $= < U, C \cup D, N >$，计算特征邻域半径的参数 r 及特征重要度的下限参数 λ。

输出：约简基因集合 S。

步骤 1：对 Set 每个特征列进行标准化处理；

步骤 2：根据式 (5-17) 计算每个基因变量的信噪比值；

步骤 3：根据信噪比的大小对 G_{list} 进行升序排序；

步骤 4：将信噪比值在区间 [0.6, 0.8] 的标准化基因数据生成新的矩阵 $A_{l \times t}$；

步骤 5：利用 Relief 算法过滤掉各区间权重较小的基因；

步骤 6：将矩阵 $A_{l \times t}$ 中所有基因列组成基因集合 S_A；

步骤 7：初始化约简集合 red $\subset \varnothing$；

步骤 8：对 S_A 中的 $a_i \in S_A - \text{red}$；// a_i 表示基因集合 S_A 的特征列，其中 $i = 1, 2, \cdots, t$，计算 a_i 的正域 $\text{pos}_{\text{red}+a_i}^U(D)$ 及其重要度 Sig；若某基因的重要度 Sig 为零，说明该基因为冗余基因；

步骤 9：获取特征 a_i 的最大的正域 $\text{pos}_k(D)$；通过最大的正域 $\text{pos}_k(D)$ 计算特征重要度；

步骤 10：判断重要度 Sig 是否大于设定的下限 λ；

步骤 11：若 Sig $\leqslant \lambda$，记录 k 值，red = red $+ a_k$，$S = S - \text{pos}_k$，返回步骤 8；

步骤 12：若 Sig $> \lambda$，输出约简结果 red；

步骤 13：根据 red 对应的特征列，获取较优的特征基因集合 S；

步骤 14：结束。

SNRS 算法的时间复杂度小于 $O(T^2 K \log K)$。由以上分析可知，该算法通过约简过滤掉信噪比值小的基因，从而减小了时间复杂度。

5.2.5　实验结果与分析

为了更好地评价 SNRS 算法的有效性，算法采用 4 个常用的基因表达谱数据集进行实验，具体数据集描述如表 5-4 所示。所有实验仿真均在编程软件 MATLAB R2010a 和 WEKA 3.6.11 中实现，并在朴素贝叶斯（Naive Bayesian）、LibSVM 和决策树 C4.5 三种分类模型上进行分析验证。其中，LibSVM 选用的线性核函数，C4.5 用于修剪的置信因子设置为 0.25。所有分类实验均采用十折交叉验证。

表 5-4　实验数据集描述

序号	数据集	基因量	样本量（正类/负类）	类别数
1	Colon	2000	62 (40/22)	2
2	Lung	2880	39 (15/24)	2
3	Prostate	12600	102 (52/50)	2
4	Leukemia	7129	72 (25/47)	2

在基因精选过程，采用邻域粗糙集对候选信息基因子集中存在的冗余基因进行剔除。为了选取最佳的邻域半径参数 r 和基因重要度下限λ，经多次实验比较知，r 的取值范围设为[3.5,4.5]较好，本节将 r 设定 4；由邻域粗糙集模型可知，其重要度下限λ越小越好，为此将λ设定为 0.001。在学习分类算法中，朴素贝叶斯算法的训练速度较快；支持向量机(LibSVM)鲁棒性强且在一定程度上能避免"维数灾难"；而 C4.5 可处理不完整的数据集，其分类规则解释性更强。

从表 5-5 可知，虽然 SNRS 算法获得信息基因的数目与 NRS 算法获得信息基因的数量仅差1～3 个基因，但在四个数据集上 SNRS 算法均获得最高分类精度。如在 Prostate 数据集上，通过 SNRS 算法可获得 5 个基因，在基因数量上，SNRS 算法比 NRS 算法中的基因数量多一个；在特征子集分类精度方面，SNRS 算法已高达 91.18%分类精度。由表 5-6 可知，Lasso 算法在四个数据集上均能有效地提高样本的分类精度，但该算法的时间复杂度高达 $O(PT^3)$；NRS 算法虽在基因子集规模上略占优势，即减少了基因的数量，但该算法的样本分类精度却大幅下降；MRMR 算法在样本分类精度方面表现较优，但该算法的基因数量依然较多，且算法的时间开销也较高。由以上分析可知，SNRS 算法与其他 3 个经典基因选择算法相比，在样本分类精度与特征基因数目上均取得较好的结果，且时间复杂度也较低，说明该算法综合性能较强。如在 Leukemia 数据集上，SNRS 算法获得 4 个基因均不大于其余 3 种方法，虽其分类精度略低于 Lasso 方法的98.61%，但也高达 97.36%。

表 5-5　不同算法在四种数据集上的基因个数和最优分类性能的实验对比

数据集	ODP		NRS		SNR		SNRS	
	n	分类精度/%	n	分类精度/%	n	分类精度/%	n	分类精度/%
Leukemia	7129	94.44	4	61.11	26	83.33	4	97.36
Colon	2000	81.10	5	64.52	10	82.26	6	82.26
Lung	2880	84.62	3	64.10	10	74.36	6	85.44
Prostate	12600	61.90	4	64.71	49	88.24	5	91.18

表 5-6　不同基因选择方法最优分类性能和时间复杂度的实验对比

数据集	Lasso		NRS		MRMR		本节方法	
	n	分类精度/%	n	分类精度/%	n	分类精度/%	n	分类精度/%
Leukemia	23	98.61	4	61.11	28	89.06	4	97.36
Colon	5	88.71	5	64.52	54	79.86	6	82.26
Lung	8	99.45	3	64.10	36	84.61	6	85.44
Prostate	63	96.08	4	64.71	79	92.15	5	91.18
时间复杂度	$O(PT^3)$		$O(T^2 K \log K)$		$O(T^2)$		$O(MTK \log K)$	

由实验分析可知，基于信噪比与邻域粗糙集的算法能获取较少的信息基因，通过该方法获取的基因数目均不高于 6 个基因，最少的只达到 4 个基因。在信息基因子集规模如此小的情况下，本节算法在整体性能上均高于其他 3 种基因选择算法，从而证明基于信噪比与邻域粗糙集的算法能选择出高信息含量的基因，同时也能减少了选择基因子集的冗余性。总之，本节算法能选出基因数量较少且分类能力较强的基因子集，解决了基因表达谱数据高维数、高冗余问题，提高了分类模型的精度和泛化能力。

5.2.6　小结

针对基因选择算法普遍存在分类精度低和时间复杂度高的问题，本节提出了一种基于信噪比与邻域粗糙集的基因选择算法。该算法主要分为基因初选与基因精选两个过程，在基因初选过程中采用信噪比值度量基因对分类的影响；在基因精选过程中引用邻域粗糙集模型剔除冗余基因。实验结果表明，在没有增加时间复杂度的情况下，本节算法在基因子集规模和分类精度方面均得到一定程度的改善。

5.3　基于统计特性的邻域粗糙集肿瘤基因选择方法

5.3.1　引言

随着数据挖掘技术与机器学习方法的广泛应用，构建高效基因选择算法是分析肿瘤基因表达谱分的关键，也是发现肿瘤基因标记物的重要手段[36-40]。基因选择可获取与分类紧密关联的基因，进而构建简洁、高效的分类系统，降低机器学习的时空复杂度，同时提高分类精度[41-43]。目前国内外研究者对特征选择方法进行了探讨，如谢娟英等提出了基于统计相关性与 K-means 的区分基因子集选择算法，且获得了较好结果[44]；宋源等提出了基于统计特性随机森林算法的特征选择，该算法可有效保留重要特征，提高了识别精度[45]；Ma 等将 K-means 无监督方法应用到基因表达谱数据特征选择中，并结合 Lasso 方法构建预测模型，有效地提高了样本的分类精度[30]。通常肿瘤基因选择方法需将连续型数据转化为离散型数据，这必然导致原始数据信息的丢失。而邻域粗糙集具有直接处理连续型数据的特点，基于此，很多学者将邻域粗糙集结合数据挖掘、机器学习方法进行基因表达谱数据的研究，并取得了较好的研究成果[46-48]。现有的肿瘤基因选择方法多考虑单独基因对分类样本的影响，将分类性能高的单独基因组成候选基因子集，缺少探讨基因之间的相关性对于分类的影响，未充分考虑基因之间的联合作用对于样本分类的贡献。因此，降低了所选特征的可读性及分类性能。鉴于肿瘤基因表达谱数据本身的特点，为充分考虑基因之间的相关性，改善基因选择算法的性能，本节提出一种基于统计特性的邻域粗糙集肿瘤基因选择算法。首先采用新的评价准则过滤掉对分类影响较小的基因；然后通过特征相关性模型计算每个预选基因子集对分类样本的联合贡献度；最后利用邻域粗糙集对预选基因子集进行寻优，通过实验验证该方法的有效性和可靠性。

5.3.2　信息基因重要度

定义 5-13　在特定的样本中，集合 $G = \{g_1, g_2, \cdots, g_N\}$ 包含该样本所有的基因，其中 g_i 表示一个基因，且 $1 \leqslant i \leqslant N$，$|G| = N$ 表示所有基因的个数。样本集合 $S = \{s_1, s_2, \cdots, s_M\}$ 由实验样本构成，其中样本数量 $|S| = M$，每个样本 s_i 为某种条件下基因的表达值，其中 $1 \leqslant i \leqslant M$，则 s_i 是一个 N 维的空间向量，即 $s_i \in \mathbf{R}^N$。

定义 5-14　令 $\mathbf{R}^n$ 为原始特征空间，W^m 是 $\mathbf{R}^n$ 的一个 m 维子集空间，W^m 含 m 个线性无关的矢量 $\beta = \{\beta_1, \beta_2, \cdots, \beta_m\}$，其中 $m < n$。假设 $\beta_i (i = 1, 2, \cdots, m)$ 之间是正交的，W^m 中对象的新特征可通过样本矢量 x 在 β 上的投影 $b_i = x^{\mathrm{T}} \beta_i$ 给出，则称 $\hat{x}$ 为原始空间 $\mathbf{R}^n$ 中 x 的一个近似，从 n 维原始空间中选择出 m 个特征 $\{x_1, x_2, \cdots, x_m\}$，则需满足

$$\hat{x} = \sum_{i=1}^{m} b_i \beta_i \tag{5-20}$$

$$\rho(x_1, x_2, \cdots, x_m) = \max_i [\rho(x_{i1}, x_{i2}, \cdots, x_{im})] \tag{5-21}$$

因此，特征选择方法可形式化为 $x = w(y)$，使新的特征空间 x 的维数要远低于原始特征空间 y，并将 x 的评估准则函数记为 $\mathrm{ACC}(x)$，此时 $\max_w (\mathrm{ACC}(w(y)))$ 表示选择能获得最大评估值的特征变换。

针对传统基因选择算法未充分考虑组合基因对分类的影响，本节同时从数据和算法两方面出发，提出一种基于统计特性的邻域粗糙集肿瘤基因选择算法，主要包括过滤无关基因和剔除冗余基因两个阶段。

在分析基因含有分类信息问题上，李颖欣等从方差角度入手，考虑基因方差对分类样本的贡献，使得该方法分析基因的信息量更具客观性[49]。为此，将特征记分准则修订为

$$F(g_i) = \frac{1}{2} \left(\left| \frac{\mu_i^{+2} - \mu_i^{-2}}{\sigma_i^{+2} + \sigma_i^{-2}} \right| + \ln \frac{\sigma_i^{+2} + \sigma_i^{-2}}{2\sigma_i^{+} \sigma_i^{-}} \right) \tag{5-22}$$

其中，μ_i^{+} 表示第 i 个基因 g_i 在正类样本的均值，μ_i^{-} 表示第 i 个基因 g_i 在负类样本的均值，而 σ_i^{+} 和 σ_i^{-} 分别表示第 i 个基因 g_i 在正负两类中的标准差。为了提高判别两类样本之间的分类能力，本节将式 (5-22) 与式 (5-23) 进行融合，式 (5-22) 考虑到方

差不同对样本的贡献，且兼顾无关基因的表达值差异度很小的缺点，而式(5-23)可避免因特征存在相同的均值而导致判别度降低的问题，本节引入相对信息熵，能进一步客观地衡量信息基因的重要度。

$$H(g_i) = \frac{1}{2}\left(\frac{\sigma_i^{+2}}{\sigma_i^{-2}} + \frac{\sigma_i^{-2}}{\sigma_i^{+2}} - 2\right) + \frac{1}{2}(\mu_i^+ - \mu_i^-)^2\left(\frac{1}{\sigma_i^{+2}} + \frac{1}{\sigma_i^{-2}}\right) \tag{5-23}$$

$$\mathrm{INF}(g_i) = \sqrt{H(g_i)^2 + F(g_i)^2} \tag{5-24}$$

其中，$H(g_i)$ 为每个信息基因的相对信息熵系数，即使信息基因存在相同的均值，且方差分布存在较大的差异，式(5-24)仍可获得较大的信息指数，从模式分类的角度看，信息基因重要度越大，利用该基因对样本的可分性就越好。因此，式(5-24)可更客观地评价基因含有的分类信息量。

5.3.3　基因相关性度量函数

为了充分考虑特征间相关性，Mark 和 Lloyd 提出的 CFS(Correlation based Feature Selector)特征选择方法构建了计算特征间相关性的模型，以此分析特征相关性与类标签的关系[50]。但是 CFS 计算特征相关性的方法仍有以下缺点：该方法只能处理离散数据，而非离散的数据需要进行离散化预处理；该方法只考虑特征两两之间的相关性，缺少分析验证多特征而对分类的联合贡献。SVM_FRE 使用 SVM 算法中的权重$\|w\|^2$对所有特征排序，并评估每个特征对分类的影响，然而排序在前的单个基因，并不能保证分类器获得最佳识别性能[51]。为了有效地提高分类准确率，本小节在 SVM_FRE 算法中增加多个特征相关性度量准则，衡量特征之间的相关性对于分类的影响。首先给出 SVM_FRE 算法中权重排序的计算公式，即式(5-25)可衡量每个特征对分类的影响。

$$F_c = \frac{1}{2}\left|\|w\|^2 - \|w_{-g}\|^2\right| \tag{5-25}$$

$$\|w\|^2 = \sum_{i,j=1}^N \alpha_i^* \alpha_j^* y_i y_j k(x_i, x_j) \tag{5-26}$$

$$\|w_{-g}\|^2 = \sum_{i,j=1}^N \alpha_i^{*(-g)} \alpha_j^{*(-g)} y_i y_j k(x_i^{-g}, x_j^{-g}) \tag{5-27}$$

其中，$\|w\|^2$ 表示在所有信息基因情况下的权重，而$\|w_{-g}\|^2$ 表示剔除信息基因 g 后的权重，F_c 越小，则表明该基因 g 对分类影响越小。

将式(5-26)和式(5-27)代入式(5-25)可得

$$
\begin{aligned}
F_c &= \frac{1}{2}\left|\,\|w\|^2 - \|w_{-g}\|^2\,\right| \\
&= \frac{1}{2}\left|\sum_{i,j=1}^{N}\alpha_i^*\alpha_j^* y_i y_j k(x_i,x_j) - \sum_{i,j=1}^{N}\alpha_i^{*(-g)}\alpha_j^{*(-g)} y_i y_j k(x_i^{-g},x_j^{-g})\right|
\end{aligned} \tag{5-28}
$$

其中，i、j 表示循环变量，y 表示类标签，N 表示样本数目，x_i^{-g} 表示为移除第 g 个特征的特征向量，$k(x_i,x_j)$ 表示核函数。根据特定的排序准则，每次去除一个与分类器关系最小的特征，通过迭代直到全集只剩下最后一个特征，最终保留优化的特征子集。

由 SVM 对偶优化问题可计算 α_i^* 和 $\alpha_i^{*(-g)}$

$$
\min_{w,b}\frac{1}{2}\|w\|^2 \tag{5-29}
$$
$$
\text{s.t. } y_i(w\cdot x_i + b)-1\geqslant 0,\quad i=1,2,\cdots,N
$$

首先构建拉格朗日函数，对式(5-29)引入拉格朗日算子 $\alpha_i\geqslant 0$，$i=1,2,\cdots,N$，可得拉格朗日函数

$$
L(w,b,\alpha)=\frac{1}{2}\|w\|^2-\sum_{i=1}^{N}\alpha_i y_i(w\cdot x_i + b)+\sum_{i=1}^{N}\alpha_i \tag{5-30}
$$

$L(w,b,\alpha)$ 分别对 w、b 求偏导并令其等于 0，即

$$
\frac{\partial L}{\partial w}=w-\sum_{i=1}^{N}\alpha_i y_i x_i = 0 \tag{5-31}
$$

$$
\frac{\partial L}{\partial b}=\sum_{i=1}^{N}\alpha_i y_i = 0 \tag{5-32}
$$

然后将式(5-31)和式(5-32)代入式(5-30)得

$$
\begin{aligned}
L(w,b,\alpha)&=\frac{1}{2}\sum_{i=1}^{N}\sum_{j=1}^{N}\alpha_i\alpha_j y_i y_j(x_i\cdot x_j)-\sum_{i=1}^{N}\alpha_i y_i\left(\left(\sum_{j=1}^{N}\alpha_j y_j x_j\right)\cdot x_i + b\right)+\sum_{i=1}^{N}\alpha_i \\
&=-\frac{1}{2}\sum_{i=1}^{N}\sum_{j=1}^{N}\alpha_i\alpha_j y_i y_j(x_i\cdot x_j)+\sum_{i=1}^{N}\alpha_i
\end{aligned} \tag{5-33}
$$

再将式(5-33)转化为与之等价的对偶最优化问题，即

$$
\min_{\alpha}\frac{1}{2}\sum_{i=1}^{N}\sum_{j=1}^{N}\alpha_i\alpha_j y_i y_j(x_i\cdot x_j)-\sum_{i=1}^{N}\alpha_i \tag{5-34}
$$
$$
\text{s.t. }\sum_{i=1}^{N}\alpha_i y_i = 0,\alpha_i\geqslant 0,\quad i=1,2,\cdots,N
$$

最后，得到 α 的解 $\alpha^* = (\alpha_1^*, \alpha_2^*, \cdots, \alpha_N^*)^{\mathrm{T}}$，同理可求 $\alpha^{*(-g)}$。将 α_i^* 和 $\alpha_i^{*(-g)}$ 代入式 (5-28) 计算 F_c。

经上述推导，可得排序后的候选基因子集 $G = \{g_1, g_2, \cdots, g_m\}$。为更好地引入特征相关性度量准则，有效地将获得的优秀基因进行组合，在此给出优秀基因组合的数学描述。

定义 5-15　设 m 维实空间 $\mathbf{R}^m$，正类和负类的样本数分别为 n_0 和 n_1，且 $n_0 + n_1 = n$，S' 为 SVM_FRE 所得预选基因子集，令 $S_1 = \varnothing$，$S_{k+1} = S_k \bigcup \{g_{k+1}\}$，其中 $k = 1, 2, \cdots, m-1$，若排序后的基因子集为 $G = \{g_1, g_2, \cdots, g_m\}$，且 $g_1 \in S_{n1}$，$\{g_1\} \bigcup \{g_2\} \in S_{n2}$，经递推得一般式为 $\bigcup\limits_{k=1}^{m} g_k \in S_{nm}$，则 $S_{n1}, S_{n2}, \cdots, S_{nm}$ 可用矩阵形式描述为 $A_{n1}, A_{n2}, \cdots, A_{nm}$，其中 $A_{n1} = \begin{bmatrix} a_{11} \\ a_{21} \\ \vdots \\ a_{n1} \end{bmatrix}$，$A_{n2} = \begin{bmatrix} a_{11} & a_{12} \\ a_{21} & a_{22} \\ \vdots & \vdots \\ a_{n1} & a_{n2} \end{bmatrix}$，$\cdots$，$A_{nm} = \begin{bmatrix} a_{11} & a_{12} & \cdots & a_{1m} \\ a_{21} & a_{22} & & a_{2m} \\ \vdots & \vdots & & \vdots \\ a_{n1} & a_{n2} & & a_{nm} \end{bmatrix}$。

$$J(s_j) = \left\| \overline{x_j^+} - \overline{x_j} \right\|^2 + \left\| \overline{x_j^-} - \overline{x_j} \right\|^2 \tag{5-35}$$

$$B(s_j) = \frac{1}{n_0 - 1} \sum_{t=1}^{n_0} \left\| x_{t,j}^+ - \overline{x^+} \right\|^2 + \frac{1}{n_1 - 1} \sum_{t=1}^{n_1} \left\| x_{t,j}^- - \overline{x^-} \right\|^2 \tag{5-36}$$

$$\mathrm{Calculate}(j) = \frac{J(s_j)}{B(s_j)}, \quad j = 1, 2, \cdots, k+1 \tag{5-37}$$

由式 (5-35) 和式 (5-36) 分别计算上述定义 5-15 中每一个基因子集 A_{nm}，可得 $J(S_j)$ 和 $B(S_j)$，因而，式 (5-37) 即是所构建的基因相关性度量函数。其中，$\|X - Y\|$ 表示向量 X 与向量 Y 之间的距离；$\overline{x_j}$ 表示 j 个特征在整个数据集上的均值向量，$\overline{x_j^+}$ 表示 j 个特征在正类数据集的均值向量，$\overline{x_j^-}$ 表示 j 个特征在负类数据集上的均值向量；$x_{t,j}^+$ 为正类第 t 个样本点的第 j 个特征的值向量；$x_{t,j}^-$ 为负类第 t 个样本点的第 j 个特征的值向量。

Calculate(j) 值表示前 j 个特征的特征子集的类间区分度，Calculate(j) 值越大，表明该特征子集的类别辩识能力越强。当原始特征间存在高度相关的特征组且这一特征组共同对目标有重要贡献时，所选择的特征子集需包含这些强相关的特征组。而强相关的特征组可加深对数据的理解，并且增强特征子集的可读性。

5.3.4　基于统计特性的邻域粗糙集肿瘤基因选择算法

胡清华等在经典粗糙集基础上提出了邻域粗糙集模型，该模型能够直接处理连续型数据，在一定程度上解决了因数据离散化造成的信息丢失问题。针对肿瘤基因分类问题，下面给出了邻域粗糙集模型的相关概念和性质[52-54]。

定义 5-16　假设 NDT $=< S, A = G \cup D, V_a, F >$ 为一个邻域决策表，其中 $S \neq \varnothing$ 且 $G \neq \varnothing$。将样本空间与基因子集分别形式化为 $S = \{s_1, s_2, \cdots, s_m\}$ 和 $G = \{g_1, g_2, \cdots, g_n\}$，其中 G 中的元素称为条件属性。决策 $D = \{L\}$ 是一个输出特征变量，L 表示样本的类标签。V_a 表示属性 $a \in G \cup D$ 的值域，信息函数 F 表示为 $S \times (G \cup D) \to V$，其中 $V = \bigcup_{a \in G \cup D} V_a$。

定义 5-17　若 $\forall s_i \in S$ 且 $B \subseteq G$，样本 s_i 在子基因空间 B 中的邻域记为 $\delta_B(s_i)$，则 $\delta_B(s_i) = \{s_j \mid s_j \in S, \Delta B(s_i, s_j) \leqslant \delta\}$，其中 δ 是一个预设的阈值。而函数 $\Delta B(s_i, s_j)$ 是 B 中的一个度量函数。设 s_1 和 s_2 为 n 维基因空间 $G = \{g_1, g_2, \cdots, g_n\}$ 中的两个样本，$F(s, g_i)$ 表示样本 s 在第 i 维基因 g_i 的值，则距离函数定义为

$$\Delta_p(s_1, s_2) = \left(\sum_{i=1}^{n} \left| f(s_1, g_i) - f(s_2, g_i) \right|^p \right)^{\frac{1}{p}} \tag{5-38}$$

若 $p = 1$，则称为曼哈顿距离；当 $p = 2$，则称为欧氏距离。

定义 5-18　在邻域决策表 NDT 中，决策类别值 1 到 c 的样本子集记为 $X_1, X_2, \cdots, X_c$，则 $X_i \bigcap X_j \neq \varnothing$，其中 $i, j \in [1, c]$，$i \neq j$，$\bigcup_{i=1}^{c} X_i = S$，所以称 $X_1, X_2, \cdots, X_c$ 为 S 的一个划分，$\delta_B(x_i)$ 表示由基因子集 $B \subset G$ 产生的包括样本 x_i 的邻域信息粒度，则决策 D 关于基因子集 B 的下近似集和上近似集可分别定义为

$$\mathrm{Lower}(D, B) = \bigcup_{i=1}^{c} \mathrm{Lower}(X_i, B) \tag{5-39}$$

$$\mathrm{Upper}(D, B) = \bigcup_{i=1}^{c} \mathrm{Upper}(X_i, B) \tag{5-40}$$

性质 5-1　若 $B \subseteq C$，且 B 是 C 的一个相对约简，则 $\gamma_B(D) = \gamma_C(D)$，$\gamma_{B-a}(D) < \gamma_B(D)$；当 $a \in B$ 时，则 $\mathrm{Sig}(a, D, B) = \gamma(D, B) - \gamma(D, B - a)$。

为了更好地保留原始数据集的分类能力，本节将邻域粗糙集直接应用于基因的提取，并将特征相关性度量函数融入到邻域粗糙集属性约简算法中。由此得到基于统计特性的邻域粗糙集肿瘤基因选择算法。

算法 5-3　基于统计特性的邻域粗糙集肿瘤基因选择算法
（Rough Neighborhood Set with Statistical Properties, RNSSP）

输入：基因数据集 Set $= (x_1, x_2, \cdots, x_n)$，邻域决策系统 NDS $=<U, C \cup D, N>$，计算信息基因邻域半径的参数 r，衡量信息基因的重要度下限参数 λ。

输出：约简基因集合 S_F。

步骤 1：采用均值代替原始数据的缺失数值；

步骤 2：根据式 (5-24) 计算每个基因 g_i 的信息指数，并与设定的阈值 ω 比较；

步骤 3：Rank(g_i)，采用 SVM_FRE 算法将筛选后的基因子集 S' 进行排序；

步骤 4：while　$S \neq \varnothing$ do

    begin

      $S_1 = \varnothing$；

      for each　$g_{k+1} \in S'$　do

      begin

      $S_{k+1} = S_k \cup g_{k+1}$；

      根据式 (5-37) 计算 Calculate(j)；

      end

    end

步骤 5：由步骤 4 得 $S_V = \{S_{V1}, S_{V2}, \cdots, S_{Vm}\}$；

步骤 6：将每个标准化基因数据 S_k 生成新的矩阵 $A_{l \times t}$；

步骤 7：初始化约简集合 red $= \varnothing$；

步骤 8：对 S_A 中的 $a_i \in S_A -$ red；计算 a_i 的正域 $\text{pos}_{\text{red}+a_i}^U(D)$ 及其重要度 Sig；

步骤 9：获取特征 a_i 的最大的正域 $\text{pos}_w(D)$；

步骤 10：判断重要度 Sig 是否大于设定的下限 λ；

步骤 11：若 Sig $< \lambda$，记录 w 值，red $=$ red $+ a_w$，$S = S - \text{pos}_w(D)$，返回步骤 8；

步骤 12：若 Sig $> \lambda$，输出约简结果 red；

步骤 13：根据 red 对应的属性列，获取较优的约简基因集合 S；

步骤 14：构建朴素贝叶斯、logistic 和 C4.5 三种分类模型对测试集进行分类；

步骤 15：结束。

假设原始数据集样本数为 p，特征数为 q，最终获得基因子集的特征数为 m，计算每个基因的信息指数的时间复杂度为 $O(pq)$；而利用 SVM_FRE 算法将筛选后的基因子集进行排序的时间复杂度为 $O(t^2 \log_2 t)^{[55]}$，其中 t 为初步筛选后的特征数；计算基因相关性的时间复杂度为 $O(pt)$；平均选择一个基因要向正域集合中添加 $\dfrac{p}{m}$ 个样本，则计算该数据集邻域时间复杂度为 $O(p \log p)$，由文献 [47] 可知，第 m 个基因的时间复杂度为 $(t - m + 1) \times \left(\dfrac{p}{m}\right) \log \dfrac{p}{m}$，经计算得到邻域粗糙集算法的时间复杂度为 $O(mtp \log p)$。由以上时间复杂度分析可知，RNSSP 算法的复杂度为

$O(pq + t^2 \log_2 t + pt + mtp \log p)$，因为 $q >> t > p > m$，由渐进时间复杂度理论[56]得知 $O(pq + t^2 \log_2 t + pt + mtp \log p)$ 与 $O(pq + t^2 \log_2 t)$ 同阶，因此 RNSSP 算法的时间复杂度为 $O(pq + t^2 \log_2 t)$。

5.3.5　实验结果与分析

为了更好地评价 RNSSP 算法的有效性，本节采用 4 个常用的基因表达谱数据集进行实验，具体实验数据集描述如表 5-4 所示。实验中所用的计算机配置为 Core i5-3470、3.20GHz、4GB 内存，所有仿真都在 MATLAB R2010a 中实现。为了保证实验结果的客观性，采用朴素贝叶斯、logistic 和 C4.5 三种分类模型进行验证，并将决策树 C4.5 分类器的修剪置信因子设置为 0.25。所有实验均采用十折交叉验证方法。利用本节新的评价准则分别衡量 4 种数据集中的基因重要度。根据过滤法的计分准则可知，基因分值越大，表明分类能力越强；基因分值越小，表明分类能力越弱。因此，将分值较大的基因作为预选基因。

由表 5-7 可知，RNSSP 算法与 DFS（Discernibility of Feature Subsets）算法对比，在选择基因数和分类精度两方面均取得较好的结果，但该算法含有多次迭代和循环过程，因此时间复杂度较高。如在 Lung 数据集中，选择出特征数为 5 个，且分类精度达到 84.62%；RNSSP 算法与 SNR 算法相比，虽然分类精度稍低，但明显缩小了基因子集的规模；在 Prostate 数据集中，选取的 10 个基因，明显少于 SNR 算法中的 49 个特征基因。从表 5-8 可看出，RNSSP 算法在较小的基因子集规模条件下，可获得较高的分类精度。例如，在 Leukemia 数据集上，相对其他方法获得最少 21 个基因，且分类精度也高达 87.50%。由以上分析可知，RNSSP 算法在基因子集规模与分类精度上均取得较好的结果，综合性能较强。

表 5-7　三种算法选择的基因数和分类正确率实验对比

数据集	原始特征	选择的基因数			测试集分类精度%		
		DFS	SNR	RNSSP	DFS	SNR	RNSSP
Colon	2000	12	10	8	74.19	82.26	79.03
Lung	2880	18	10	5	69.23	74.36	84.62
Prostate	12600	15	49	10	83.33	88.24	85.29
Leukemia	7129	28	26	21	81.94	83.33	87.50

表 5-8　不同基因选择方法分类性能和时间复杂度的实验对比

数据集	原始特征	Lasso		MRMR		SNR		RNSSP	
		特征数	分类精度/%	特征数	分类精度/%	特征数	分类精度/%	特征数	分类精度/%
Colon	2000	5	88.71	54	79.86	10	82.26	8	79.03

续表

数据集	原始特征	Lasso		MRMR		SNR		RNSSP	
		特征数	分类精度/%	特征数	分类精度/%	特征数	分类精度/%	特征数	分类精度/%
Lung	2880	8	99.45	36	84.61	10	74.36	5	84.62
Prostate	12600	63	96.08	79	92.15	49	88.24	10	85.29
Leukemia	7129	23	98.61	28	89.06	26	83.33	21	87.50
时间复杂度		$O(pt^3)$		$O(t^2)$		$O(pt)$		$O(pq+t^2\log_2 t)$	

5.3.6　小结

本节针对现有特征选择方法未充分考虑特征之间的相关性导致样本分类精度低的问题，提出一种基于统计特性的邻域粗糙集肿瘤基因选择算法。首先采用新的评价准则过滤掉对分类影响较小的基因；然后通过特征相关性模型计算每个预选基因子集对分类样本的联合贡献度；最后利用邻域粗糙集对预选基因子集进行寻优。由实验结果可知，该算法不仅有效地减小了基因子集的规模，而且在一定程度上改善了传统基因选择算法的分类性能。

5.4　基于信息增益与邻域粗糙集的基因选择方法

5.4.1　引言

近年来，分析研究 DNA 微阵列数据有助于癌症的诊断和治疗。Li 等提出了一种基于邻域粗糙集和可分辨矩阵的特征约简方法，首先根据系统原理选择 32 个特征构造初始特征集，然后利用邻域粗糙集理论的评价指标来刻画特定特征空间中分类问题的可分性，实验结果表明了该方法的有效性[57]。Sun 等提出了一种基于 Fisher 线性判别法(FLD)和邻域粗糙集(NRS)的基因选择方法，首先采用 FLD 方法对肿瘤基因数据集进行降维处理，选出候选基因子集，然后在邻域决策系统中定义邻域精度和邻域粗糙度，并给出邻域依赖性的计算方法和特征的意义，构建了邻域决策系统的简化模型，实验验证了该方法的有效性[58]。Chen 等针对模式识别中普遍存在的高维问题，提出采用鱼群算法进行特征选择，实验验证了该方法的有效性[59]。Sardari 等提出了一种基于犹豫模糊集(Hesitant Fuzzy Set, HFS)的模糊决策树(Fuzzy Decision Tree, FDT)方法，对高度不平衡的数据集进行分类，即基于犹豫模糊信息增益(Hesitant Fuzzy Information Gain, HFIG)的 5 种离散化方法构造了 5 个 FDT，提出一种新的特征选择准则代替模糊信息增益[60]。Sahu 等研究的工作是将粗糙集理论、关联规则挖掘和信息增益相结合，并以它们的标准作为分类问题的重要特征排序准则，与多种传统特征排序算法进行比较，证明了该方法的有效性[61]。Kubler 等研机器学习方法的特征选择，将特征选择方法从二进制分类设置扩展到了多类问题，实验证明了该方法的有效性[62]。Sun 等提出一种基于局部线性嵌入和相关系数算法的有效特征选择方法，实验证明了该方法的有效性[63]。

　　针对基因表达谱数据处理时容易受到噪声的影响，导致现有的一些肿瘤基因选择方法存在分类能力弱和鲁棒性差等问题，本节在特征选择中引入了信息增益算法和邻域粗糙集算法，提出了一种基于信息增益和邻域粗糙集的肿瘤基因选择方法。所提方法结合了邻域粗糙集算法和信息增益算法的优点，提高了运行效率。该方法可大致分为四部分，首先，利用信息增益算法对原始肿瘤基因数据集进行处理，以信息增益值为准则，选出信息增益值最大的基因，将它作为相关性对比的标准基因；其次，引入斯皮尔曼秩相关系数，利用斯皮尔曼秩相关系数选出与最大信息增益值基因相关的基因并构建子集，进而获得预选的肿瘤基因子集；然后，采用邻域粗糙集算法对预选肿瘤基因子集进行处理，获得肿瘤基因子集；最后，将选出的肿瘤基因子集放在 WEKA 中进行仿真实验。通过实验分析，验证了该方法选取的肿瘤基因子集在肿瘤分类问题上的有效性[49]。

5.4.2　斯皮尔曼秩相关系数

　　斯皮尔曼秩相关系数(Spearman Correlation Coefficient)为研究两个变量之间相关性的方法，秩可理解为某种排列顺序。斯皮尔曼秩相关系数是针对两个特征之间关系密切程度的计算公式，又称为斯皮尔曼相关性系数。主要思想为根据数据在某种顺序的位置进行求解，无须准确知道具体数据的值和数据之间的差值等信息，只需记录数据所在的位置。斯皮尔曼秩相关系数与其他相关系数相同，取值为 $-1\sim1$，其计算公式为

$$p = 1 - \frac{6\sum d_i^2}{n(n^2-1)} \tag{5-41}$$

其中，p 表示两个特征之间的斯皮尔曼秩相关系数，d_i 表示某个特征目前所在的位置到下个位置时所变化的数据值，n 表示全部特征的数量。

5.4.3　信息增益

　　针对高维度样本难以选取出关键特征的问题，为达到剔除冗余特征、无关特征和噪声特征的目的，利用信息增益(Information Gain, IG)算法对每个特征的重要性进行量化，然后根据重要程度选出有代表性的特征(信息增益值大则认为该特征重要)[64]。近年来，研究者在实验数据上对其进行了证明，IG 算法在特征选择问题上确实有效。

定义 5-19[65]　　设数据集 D 中 K 个类 C_K，$k = 1, 2, \cdots, K$，$|C_k|$ 为属于类 C_K 的样本个数，$|D|$ 表示数据集中所有样本数量。设特征 A 有 n 个不同的取值 $\{a_1, a_2, \cdots, a_n\}$，根据特征 A 的取值将数据集 D 划分为 n 个子集，即 $D = \{D_1, D_2, \cdots, D_i, \cdots, D_n\}$，其中 $|D_i|$ 表示第 i 类样本的个数，$|D_{ik}|$ 表示 D_i 中属于类 C_K 的样本的个数。数据集 D 的经验熵 $H(D)$ 可表示为

$$H(D) = -\sum_{k=1}^{K} \frac{|C_k|}{|D|} \log_2 \frac{|C_k|}{|D|} \tag{5-42}$$

根据数据集 D 的经验熵 $H(D)$，可得特征 A 关于数据集 D 的经验条件熵 $H(D|A)$ 为

$$H(D|A) = \sum_{i=1}^{n} \frac{|D_i|}{|D|} H(D_i) = -\sum_{i=1}^{n} \frac{|D_i|}{|D|} \sum_{k=1}^{K} \frac{|D_{ik}|}{|D_i|} \log_2 \frac{|D_{ik}|}{|D_i|} \tag{5-43}$$

由式 (5-42) 和式 (5-43)，可得信息增益 $\mathrm{IG}(D, A)$ 的计算公式为

$$\mathrm{IG}(D, A) = H(D) - H(D|A) \tag{5-44}$$

5.4.4　肿瘤基因数据预处理

在 DNA 微阵列技术的支持下，可获取海量基因表达值，但肿瘤基因数据存在样本少、维度高的缺点。针对高维的肿瘤基因数据集，若直接对数据进行处理，必然对时间、性能等方面造成巨大的影响。因此，首先利用信息增益算法对原始的肿瘤基因数据集进行预处理，根据每个基因的信息增益值的大小，将全部基因以降序的方式进行排列，选出信息增益值最大的基因，然后以斯皮尔曼秩相关系数为准则，选出与它相关性较大的基因。斯皮尔曼秩相关系数越大表示该基因越重要，从而可选出肿瘤预选特征基因子集。

5.4.5　基于信息增益和邻域粗糙集的肿瘤基因选择算法

该算法首先利用信息增益算法对数据进行预处理，信息增益算法可计算单个基因的信息增益值并以降序的形式排列后，选出信息增益值最大的基因；然后引入斯皮尔曼秩相关系数对该基因进行相关性分析，选出与该基因相关性较大的基因构建预选基因子集；接着采用邻域粗糙集算法对选出的预选基因子集进行处理，进而选出基因子集；最后利用分类器对肿瘤基因子集进行仿真实验。

算法 5-4　基于信息增益和邻域粗糙集的肿瘤基因选择算法

输入：基因数据集 $D = (d_1, d_2, \cdots, d_K)$。

输出：最优基因子集 Y。

步骤 1：对原始基因数据集 D 进行预处理，根据式 (5-42) 计算出数据集 D 的经验熵；

步骤 2：计算基因 A 的关于数据集 D 的经验熵；

步骤 3：根据式(5-44)计算基因的信息增益值；

步骤 4：对全部基因的信息增益值进行降序处理，筛选出信息增益值最大的基因；

步骤 5：根据式(5-41)，将除去信息增益值最大基因外的其他基因与信息增益值最大的基因进行斯皮尔曼秩相关系数匹配；

步骤 6：选出与信息增益值最大基因的斯皮尔曼秩相关系数较高的基因集作为预选信息基因子集；

步骤 7：利用邻域粗糙集对所选的预选信息基因子集进行处理，初始化约简集合 red = $\varnothing$；

步骤 8：根据 $\varDelta_G(D_1, D_2) = \sqrt{\sum_{i=1}^{n}(f(D_1, m_j) - f(D_2, m_j))^2}$ 确定每个肿瘤样本的近邻样本；

步骤 9：根据 $\underline{N_G B} = \bigcup_{i=1}^{N} \underline{N_G x_i}, \underline{N_G x_i} = \{x_i \mid \delta_G(x_i) \cap x_i \neq \varnothing, x_i = X\}$ 构建每个基因的下近似集，根据 $\overline{N_G B} = \bigcup_{i=1}^{N} \overline{N_G x_i}, \overline{N_G x_i} = \{x_i \mid \delta_G(x_i) \cap x_i \neq \varnothing, x_i \in X\}$ 构建每个基因的上近似集；

步骤 10：根据依赖度公式 $\gamma_G(B) = \dfrac{|N_G B|}{|D|}$ 计算相应的基因依赖度；

步骤 11：根据剔除单个基因前后依赖度的变化，确定该基因的重要度；

步骤 12：选取出有重要度的基因作为约简基因子集；

步骤 13：输出基因子集 Y，结束。

5.4.6　实验结果与分析

选用的实验数据信息如表 5-9 所示。

表 5-9　数据集信息

序号	数据集	基因数	样本数
1	Lung	12600	202
2	Colon	2000	61
3	Leukemia	7129	71
4	Prostate	12600	136

为验证所提算法的有效性，将基于信息增益和邻域粗糙集的肿瘤基因选择方法与其他方法进行分类精度及信息基因数量的对比，具体如表 5-10 和表 5-11 所示。

构建邻域样本时，经反复实验，将 4 种数据集的邻域阈值分别取 2.1、2.1、2.8和 2.5。从表 5-10 中可看出，基于信息增益和邻域粗糙集的肿瘤基因选择算法的最优分类精度较高。其中基于信息增益和邻域粗糙集的肿瘤基因选择算法在 Lung 数据集上比其他算法最优分类精度分别高 3.88%、23.85%、10.06%、21.14%和 10.89%，但基于信息增益和邻域粗糙集的肿瘤基因选择算法的最优分类精度低于 Lasso 算法3.95%。对于 Colon 数据集，所提算法比其他算法最优分类精度分别高 27.31%、

30.29%、9.56%、3.11%、9.56%和 11.96%。对于 Leukemia 数据集，所提算法比其他算法最优分类精度分别高 27.05%、36.05%、0.96%、8.99%和 3.26%，但基于信息增益和邻域粗糙集的肿瘤基因选择算法的最优分类精度低于 Lasso 算法的肿瘤基因选择算法 6.29%。基于信息增益和邻域粗糙集的肿瘤基因选择算法在 Prostate 数据集上比 ODP、PCA 和 SNR 算法的分类精度分别高 33.57%、24.77%和 1.94%，但比 SNRS、Lasso 和 MRMR 算法低 1%、5.9%和 1.97%。基于信息增益和邻域粗糙集的肿瘤基因选择算法的分类精度部分低于其他算法，原因可能为基于信息增益和邻域粗糙集算法在对基因数据集中单个基因的重要度衡量时，错误地剔除较为关键的基因，即删除的基因对分类影响较大，进而影响该算法的最优分类精度。从表 5-11 可知，基于信息增益和邻域粗糙集的肿瘤基因选择算法选出的重要基因数量相对较少。

表 5-10   所提的肿瘤基因选择算法和其他肿瘤基因选择算法分类精度对比（单位：%）

数据集	ODP	PCA	SNRS	Lasso	SNR	MRMR	本节算法
Lung	91.62	71.65	85.44	99.45	74.36	84.61	95.5
Colon	64.51	61.53	82.26	88.71	82.26	79.86	91.82
Leukemia	65.27	56.27	91.36	98.61	83.33	89.06	92.32
Prostate	56.61	65.41	91.18	96.08	88.24	92.15	90.18

表 5-11   不同基因选择算法选择的基因个数对比

数据集	ODP	PCA	SNRS	Lasso	SNR	MRMR	本节算法
Lung	12600	202	6	8	10	36	15
Colon	2000	61	6	5	10	54	8
Leukemia	7129	71	4	23	26	28	11
Prostate	12600	135	5	63	49	79	12

最后，为更充分地证明所提算法的有效性，将原始肿瘤基因数据集与所提算法选出的基因子集，利用 LibSVM、J48 和 Naive Bayes 三种分类模型中进行实验对比，详细结果如表 5-12 所示。为进一步验证基于信息增益和邻域粗糙集的肿瘤基因选择算法的有效性，基于信息增益和邻域粗糙集的肿瘤基因选择方法所选重要基因具有医学验证。

表 5-12   数据处理前后在不同分类算法上的分类精度对比（单位：%）

分类器	Lung	Colon	Leukemia	Prostate
LibSVM	91.62/91.58	64.51/75.86	65.27/94.35	56.61/89.7
J48	89.01/98.5	75.8/90.32	79.16/92.3	80.14/93.18
Naive Bayes	68.34/99.5	71.23/89.18	80.21/94.44	69.46/90.6

从表 5-12 中可以看出，在 Lung 肿瘤基因数据集上，基于信息增益和邻域粗糙集的肿瘤基因选择方法选出的肿瘤基因分别利用 LibSVM、J48 和 Naive Bayes 三种分类模型进行仿真实验时，所提算法的分类精度分别高于 LibSVM、J48 和 Naive Bayes 分类精度 0.04%、9.49% 和 31.16%。对于 Colon 肿瘤基因数据集，所提算法的分类精度分别高于 LibSVM、J48 和 Naive Bayes 分类精度 11.35%、14.52% 和 17.95%。对于 Leukemia 肿瘤基因数据集，所提算法的分类精度分别高于 LibSVM、J48 和 Naive Bayes 分类精度 29.08%、13.14% 和 14.23%。对于 Prostate 肿瘤基因数据集，所提算法的分类精度分别高于 LibSVM、J48 和 Naive Bayes 分类精度 33.09%、13.04% 和 21.14%；通过以上的实验数据对比，验证了基于信息增益和邻域粗糙集的基因选择算法的有效性。为了加深理解，表 5-13 描述了上述四个数据集中被选择的部分信息基因内容。

表 5-13　部分信息基因描述

数据集	基因 ID	基因描述
Lung	U22816	LAR 相互作用蛋白 1b 的 mRNA[66]
	X04706-s	Homeobox 基因克隆 HHO.c13[67]
	L43631	支架附着因子(SAF-B)基因部分编码区[68]
Colon	H08393	$\alpha_2(x_i)$ 胶原蛋白链(人类)[69]
	R88740	ATP 合酶耦合因子 6 线粒体前体[70]
	H6524	凝溶胶蛋白前体血浆(人类)[70]
Leukemia	U82759	家族结构域蛋白 HoxA9 的 mRNA[71]
	X95735	亮点蛋白[72]
	M23197	CD33 抗原(分化抗原)[73]
Prostate	AJ001625	人类 Pex3 蛋白的 mRNA[74]
	M98539	人类前列腺素 D2 合成酶基因外显子 7[75]
	M11433	人类细胞视黄醇结合蛋白 mRNA 编码区[76]

5.4.7　小结

将信息增益算法和邻域粗糙集方法结合，提出了一种基于信息增益和邻域粗糙集的肿瘤基因选择方法。首先，采用信息增益算法计算实验数据集中单个基因的信息增益值，再利用斯皮尔曼秩相关系数选取与最大信息增益值基因较相关的基因。接着，利用邻域粗糙集算法对选出的基因子集进行约简，最后，通过 LibSVM、J48 和 Naive Bayes 三种分类模型对 Lung、Colon、Leukemia 和 Prostate 的信息基因子集进行分类验证。实验结果表明，基于信息增益和邻域粗糙集的肿瘤基因选择方法可有效地提高分类精度。

5.5　基于 PCA 和多邻域粗糙集的肿瘤基因选择方法

5.5.1　引言

基因微阵列的快速发展产生了大量的基因表达谱数据，学者能获取和测试数以千计的基因表达值，已经成功运用在生物信息处理的各个方面[77]。基因表达数据通常具有较高的维数，可实现在不同类型的组织(如各种癌细胞组织)对单个环境中的基因进行评估[78]。基于微阵列技术的数据分析有利于癌症预测和诊断，吸引了来自不同领域的研究人员，但面临的挑战是如何将这些复杂数据转化为有助于深入了解生物过程和人类疾病机理的有效信息。目前学者借助生物学和计算机科学相关知识，对大规模的基因表达谱数据进行分析，也提出了很多高效的算法[79]。

基因微阵列数据分类研究主要包括特征选择和分类验证两大过程，前者可筛选出关联度较大的基因，后者可根据构建的分类算法针对测试数据给出精准的类别结果。准确的分类对将来的肿瘤亚型分类及医疗起着异常关键的作用[49]。基因微阵列数据的"维数灾难"已经成为很多学者面临的困境，而在基因微阵列数据中只有少量基因与类别特征相关。基因选择的目的是确定一小部分相关性强的信息基因，并且提供更高的分类准确度，因此基于基因表达谱的特征选择是该研究的重要内容[80]。Callow 等提出了 T-test 测试的方法[81]。Furlanello 等采用递归特征消除方法进行基因选择[82]。但这些方法普遍存在计算复杂或分类精度低等不足。胡清华等在粗糙集的基础上提出粗糙逼近与邻域粒化的特征选择模型，其中邻域的取值采用参数法，通过多次实验求得最佳的邻域阈值[32, 83]。近年来一些研究者对邻域选择做了相关工作。目前，邻域粗糙集模型普遍采用针对全局特征空间来确定一个合适的邻域，但实验需处理的数据大多纷繁复杂，采用全局求解邻域的方式很难对数据进行精确描述，并且分类的准确率对邻域值的设定敏感性较强[84]。为了更高效地处理基因表达谱数据，本节提出了一种新的结合主成分分析和改进的邻域粗糙集(Principal Component Analysis and Neighborhood Rough Set，PNRS)模型。首先利用主成分分析法选取贡献率较大的基因，构建低维特征空间。然后采用改进的多邻域粗糙集模型(采取集合邻域半径形式，即针对每个基因计算各自的邻域值，进而得出邻域决策系统的近似)进行特征约简，选择重要度较大的特征来构建分类模型。采用标准的基因数据集，测试了本节方法的有效性。

5.5.2　主成分分析

设 $X_1, X_2, \cdots, X_p$ 为 p 维随机变量，记 $X = (X_1, X_2, \cdots, X_p)^{\mathrm{T}}$，其协方差矩阵为

$$\Sigma = (\sigma_{ij})_{p \times p} = E[(X - E(X))(X - E(X))^{\mathrm{T}}] \tag{5-45}$$

设 $l_i = (l_{i1}, l_{i2}, \cdots, l_{ip})^{\mathrm{T}} (i = 1, 2, \cdots, p)$ 为 P 个常数向量，对原变量 $(X_1, X_2, \cdots, X_p)$ 做正交转换得到新变量 Y_i

$$\begin{cases} Y_1 = l_1^{\mathrm{T}} X = l_{11} X_1 + l_{12} X_2 + \cdots l_{1p} X_p \\ Y_2 = l_2^{\mathrm{T}} X = l_{21} X_1 + l_{22} X_2 + \cdots l_{2p} X_p \\ \qquad\qquad\qquad\qquad \vdots \\ Y_p = l_p^{\mathrm{T}} X = l_{p1} X_1 + l_{p2} X_2 + \cdots l_{pp} X_p \end{cases} \tag{5-46}$$

则主成分方差为

$$\mathrm{Var}(Y_i) = \mathrm{Var}(l_i^{\mathrm{T}} X) = l_i^{\mathrm{T}} \sum l_i, \quad i = 1, 2, \cdots, p \tag{5-47}$$

协方差矩阵为

$$\mathrm{Cov}(Y_i, Y_j) = \mathrm{Cov}(l_i^{\mathrm{T}} X, l_j^{\mathrm{T}} X) = l_i^{\mathrm{T}} \sum l_j, \quad j = 1, 2, \cdots, p \tag{5-48}$$

5.5.3　主成分分析预处理

实验在进行邻域决策系统约简时，先采用主成分分析法进行降维处理，然后采用 MATLAB 工具对降维后得到的待选特征集合画出主成分的解释方差排列图，实验测试 Leukemia、Colon、Lung 和 Prostate 这 4 个肿瘤基因表达谱数据集，排列图曲线开始变化较快，逐渐趋于平稳。当基因的主成分（基因的个数）为 50 时，除了 Lung 数据集，其他数据集的主成分累计解释方差达到90%以上，说明基因微阵列数据集含有较多的冗余，只有少部分基因具有较强的辨别能力。为了尽可能保留信息基因，保证所选取的特征集可以较好地保留初始基因集的分辨性能，本小节选择主成分贡献率大于 0.01 的基因，最后从 Leukemia、Colon、Lung 和 Prostate 数据集中选出候选的基因数为 71、61、202 和 135。

5.5.4　多邻域粗糙集

数值型特征约简系统是粗糙集研究的热点之一，而邻域粗糙集表现出了较好的性能。下面阐述邻域粗糙集的有关定义。

定义 5-20[32]　给定一集合 $U = \{x_1, x_2, \cdots, x_n\}$，$A$ 为条件特征集，D 为决策特征集，若 A 产生论域上一簇邻域关系，则称 NDS $= (U, A \cup D)$ 为一邻域决策系统。

定义 5-21[32]　给定实数空间 $\varOmega$ 上的集合 $U = \{x_1, x_2, \cdots, x_n\}$，对任意 x_i 的邻域 δ 定义为 $\delta(x_i) = \{x \mid x \in U, \Delta(x, x_i) \leqslant \delta\}$。

定义 5-22[32]　邻域粗糙集 NDS $= (U, A \cup D)$，决策属性 D 把论域 U 分成 N 个等价类 $\{X_1, X_2, \cdots, X_N\}$，$B \subseteq A$，则决策属性 D 对于属性 B 的上、下近似集分别表示为

$$\overline{N}_B D = \bigcup_{i=1}^{N} \overline{N}_B X_i \tag{5-49}$$

$$\underline{N}_B D = \bigcup_{i=1}^{N} \underline{N}_B X_i \tag{5-50}$$

其中，$\overline{N}_B X = \{x_i \mid \delta_B(x_i) \cap X \neq \varnothing, \ x_i \in U\}$，$\underline{N}_B X = \{x_i \mid \delta_B(x_i) \subseteq X, \ x_i \in U\}$。

决策系统的边界域为

$$\mathrm{BN}(D) = \overline{N}_B D - \underline{N}_B D \tag{5-51}$$

邻域粗糙集的正域为

$$\mathrm{Pos}_B(D) = \underline{N}_B D \tag{5-52}$$

邻域粗糙集的负域为

$$\mathrm{Neg}_B(D) = U - \overline{N}_B D \tag{5-53}$$

决策集 D 对条件集 B 的依赖度为

$$k_D = \gamma_B(D) = \frac{\left| \mathrm{Pos}_B(D) \right|}{|U|} \tag{5-54}$$

定义 5-23[32]　　条件属性 a 和条件子集 B 关于决策集 D 的重要度表示为

$$\mathrm{Sig}(a, B, D) = \gamma_{B \cup \{a\}}(D) - \gamma_B(D) \tag{5-55}$$

本小节通过分析邻域粗糙集的相关理论，选用欧氏距离作为基因间的相似度量，欧氏距离也常用在数值型的变量中。

定义 5-24　　给定一邻域粗糙集 $\mathrm{NDS} = (U, A \cup D)$，$\forall x, y \in U$ 在属性子集 $R \subseteq A$ 上的欧氏距离 $\varDelta$ 定义为

$$\varDelta = \sqrt{\sum_{a \in R} (f_a(x) - f_a(y))^2} \tag{5-56}$$

经典的邻域粗糙集算法是针对整个特征空间选取一个最优的邻域阈值，但是该邻域取值方法会造成对特征空间描述不准确的问题。本小节提出一种新的基于欧氏距离的多邻域计算，将欧氏距离作为距离度量，针对每个基因计算其邻域。基于欧氏距离的多邻域定义为

$$L_R^{\varDelta}(x) = \left\{ y \mid y \in U, \frac{\varDelta(x, y, \{a\})}{r} \right\} \tag{5-57}$$

其中，r 为设定的阈值。

5.5.5　基于主成分分析和多邻域粗糙集的肿瘤基因选择算法

邻域粗糙集的邻域计算是一个迭代过程，假设一个基因数据集含有 X 个样本和

m 个基因，其约简的时间消耗为 $O(m^2 X \log X)$ [32]。为了减少迭代运算，首先采用主成分分析降维处理，构建低维的特征空间。然后采用本节构建的多邻域粗糙算法筛选出较优的基因子集。

定义 5-25[85]　给定一个 N 维特征空间 Ω 中，$\mathbf{R}$ 为实数集，$\mathbf{R}^N$ 是 N 维实数向量空间，输入空间是 M 个样本 $x_k (k=1,2,\cdots,M)$，$x_k \in \mathbf{R}^N$，其协方差矩阵 F 为

$$F = \frac{1}{M} \sum_{k=1}^{M} x_k x_k^{\mathrm{T}} \tag{5-58}$$

定义 5-26[86]　A 为 N 阶矩阵，λ 为一实数，X 为 N 维向量，若

$$AX = \lambda X \tag{5-59}$$

则 λ 称为 A 的特征值，X 称为 A 的特征向量。

定义 5-27[86]　第 i 个主成分的方差占总方差的比重为

$$L = \frac{\lambda_i}{\sum\limits_{i=1}^{p} \lambda_i} \tag{5-60}$$

其中，L 称为贡献率，反映了原 p 维数据的重要程度，则 k 个主成分的累计贡献率 η 为

$$\eta = \frac{\sum\limits_{i=1}^{k} \lambda_i}{\sum\limits_{i=1}^{p} \lambda_i} \tag{5-61}$$

定义 5-28[86]　非空有限集合 $U = \{x_1, x_2, \cdots, x_n\}$，对 $\forall x_i$ 的邻域 δ 定义为

$$\delta(x_i) = \frac{\Delta(x_i)}{r} \tag{5-62}$$

其中，$\Delta(x_i)$ 为条件属性的欧氏距离，r 为计算邻域设定的参数。

算法 5-5　基于 PCA 和多邻域粗糙集的肿瘤基因选择算法（PNRS）

输入：基因数据集 $S = (x_1, x_2, \cdots, x_N)$，邻域决策系统 $\mathrm{NDS} = (U, A \cup D)$，计算邻域半径参数 r 及特征重要度下限参数 β。

输出：约简基因集合 S_D。

步骤 1：采用 PCA 算法对基因数据集 S 选取贡献率 η 大于 1% 的基因数据集 S_A；

步骤 2：初始化约简集合 $\mathrm{red} = \varnothing$；

步骤 3：计算特征 a_i 邻域，$\delta(x_i) = \dfrac{\Delta(x_i)}{r}$；

步骤 4：对 S_A 中的 $a_i \in S_A - \mathrm{red}$；// a_i 表示基因集合 S_A 的特征列；

步骤 5：计算 a_i 的正域及其重要度 Sig；

步骤 6：获取特征 a_i 的正域集合 $\mathrm{Pos}_k(D)$；

步骤 7：判断重要度 Sig 是否大于设定的下限 β；

步骤 8：若 $\mathrm{Sig} < \beta$，记录 k 值，$\mathrm{red} = \mathrm{red} + a_k$，$S = S_A - \mathrm{Pos}_k$，返回步骤 7；若 $\mathrm{Sig} > \beta$，输出约简结果 red；

步骤 9：根据 red 对应的特征，获取较优的基因子集 S_D；

步骤 10：结束。

5.5.6　实验结果与分析

为了检验该方法的可行性，本小节在 Leukemia、Colon、Lung 和 Prostate4 个标准的基因微阵列数据集上进行测试，数据集信息如表 5-14 所示。实验环境为 AMD Athlon(tm) II X4 645 Processor、4G 内存、Window 7 系统，实验软件为 MATLAB R2010a 和 WEKA 3.9.0。多邻域粗糙集中计算邻域的参数 r，经过多次实验比较，r 在 [0, 2] 上取值的实验效果较佳，重要度下限 β 取值为 0.01。实验选取了具有相关性强、低噪声的信息基因子集。选择出的基因子集数及实验参数如表 5-15 所示。

表 5-14　数据集信息

数据集	基因数	样本数
Leukemia	7129	47/25
Colon	2000	22/40
Lung	12600	17/186
Prostate	12600	59/77

表 5-15　不同数据的基因子集数及实验参数

数据集	基因数	r
Leukemia	5	0.39
Colon	6	0.77
Lung	6	0.19
Prostate	4	1.56

为了说明本节算法与当前相关研究成果的差异，实验采用一些经典的特征选择算法和学者提出的相关算法进行对比。如 ODP、主成分分析(PCA)和邻域粗糙集(NRS)及 BQPSO 算法[87]、IGA 算法[88]、GSIL 算法[8]。为了保证对比实验的有效性，PCA 算法选取贡献率为 0.01 的基因，NRS 算法中的邻域参数取值与 PNRS 算法邻域取值相同。采用 WEKA 工具里的 LibSVM 分类算法进行实验，选择出的特征子集数如表 5-16 所示，分类精度结果如表 5-17 所示。

从表 5-16 可以看出，与经典的特征选择算法对比，PNRS 算法选择出的基因个数相对较少。如采用 PCA 算法针对 Leukemia、Colon、Lung 和 Prostate 这 4 个数据集提取的基因个数分别为 71、61、202 和 135，而 PNRS 算法选择出的基因数目分别为 5、6、6 和 4，说明 PNRS 算法比经典的特征选择算法能提取较少的基因子集，最大程度地删除冗余基因和噪声。对比 BQPSO、IGA 和 GSIL 这 3 种算法，PNRS 算法也表现出了较高的性能，选择出的基因子集规模均小于上述几种算法（除了 Colon 数据集在 GSIL 算法中选择出的特征子集个数小于 PNRS 算法）。从表 5-17 可以看出，PNRS 算法对 4 个基因数据集测试的分类精度比 ODP、PCA、NRS 算法均有较大的提高。采用 ODP 方法得到的基因分类精度最小（如 Prostate 基因数据集测试的分类精度为 56.61%，相比 PCA 算法的 65.41%、NRA 算法的 69.87%、BQPSO 算法的 99.25%、IGA 算法的 98.82%、GSIL 算法的 96.08% 以及 PNRS 算法的 99.41% 均偏低），说明原始基因表达谱数据集中含有冗余信息较多。另外几种算法都采用基因选择的过程，实验得到了较高的分类精度，说明基因数据在去除冗余噪声后，可提高基因子集的分类能力，较多的信息基因并不一定能提高模型的分辨能力。总之，PNRS 算法在分类精度上高于 ODP、PCA 和 NRS 等算法，且提取出了较少的基因子集，验证了 PNRS 算法的可行性和有效性。

表 5-16　不同基因选择算法选择的基因数量

数据集	PNRS	ODP	PCA	NRS	BQPSO	IGA	GSIL
Leukemia	5	7129	71	37	9	12	14
Colon	6	2000	61	51	11	17	4
Lung	6	12600	202	128	10	14	7
Prostate	4	12600	135	67	10	16	9

表 5-17　不同基因选择算法的分类精度对比（单位：%）

数据集	PNRS	ODP	PCA	NRS	BQPSO	IGA	GSIL
Leukemia	100	65.27	56.27	67.38	100	99.89	98.61
Colon	94.09	64.51	61.53	73.24	95.52	92.13	90.32
Lung	99.01	91.62	71.65	88.36	99.69	100	100
Prostate	99.41	56.61	65.41	69.87	99.25	98.82	96.08

5.5.7　小结

主成分分析法可去除低相关度的基因，选择出较少的基因变量。邻域粗糙集可有效地进行特征约简，提取出低冗余的信息基因。本节根据基因表达谱的空间分布特点，首先采用主成分分析法构建新的低维特征空间，减小邻域计算的复杂度。然后利用改进的多邻域粗糙集算法，通过欧氏距离计算各基因的邻域值，构造邻域集合来计算近似。最后根据启发式搜索提取出基因子集。结果表明，PNRS 算法选择出了高相关度和高分类精度的基因子集。

5.6　基于 logistic 与相关信息熵的基因选择方法

5.6.1　引言

随着 DNA 芯片和微阵列技术的迅速发展，研究基因表达数据中蕴含的价值信息已成为生物信息学的重要研究方向[89]。虽然肿瘤基因表达谱数据获取技术已被广泛应用，但是获取的肿瘤基因表达数据通常具有高维少样本的特点，同时，原始数据存在大量无关基因和冗余基因。因此，在利用构建的分类器对新样本进行预测时，不仅造成较高的时间开销，而且也使得样本的分类效果欠佳。如何利用基因表达数据识别出对疾病鉴别有意义的基因组，一直是肿瘤基因表达谱分析的难点和热点问题[90]。

数据聚类和分类是重要的数据挖掘方法，也是分析基因表达谱和识别基因功能的重要工具之一[91]。文献[25]指出，衡量特征选择算法的合理性和高效性，一是所选的基因个数较少，二是所选的基因能包含基因表达所蕴含的信息，即具有有效的鉴别能力。因此，针对肿瘤基因表达谱数据，无关基因的去除和冗余基因的剔除是基因选择的两个必要过程。为了使得所选的基因子集与目标特征具有较强的关联度，同时将特征间的冗余度降到最低，国内外学者对基因选择算法进行了深入研究。为了有效地去除冗余，Wang 等采用过滤法将初始信息基因进行评估排序，然后将聚类分析思想引入特征选择过程中，取得较好的效果[92]；王树林等以支持向量机为分类器，并将其分类性能作为评估准则，通过启发式宽度优先搜索策略对整个特征空间进行搜索，逐步剔除冗余基因[93]；Chuang 等在基因选择过程中，首先采用改进的微粒子群算法选择优化的特征，然后利用遗传算法选择特征，最后采用 K 近邻分类器进行分类，缩小基因子集规模，有效减少了冗余基因数目[94]。虽然上述方法在一定程度上避免了冗余基因对分类的影响，但直接利用学习算法衡量特征重要度仍存在过拟合与泛化性差等缺陷。这对现在的机器学习算法提出了更高的要求。监督学习中的 logistic 回归模型是一种线性回归模型，它克服了传统方法在选择模型上的不足，在基因表达谱分析中被广泛应用。基因之间存在较强的冗余，为防止样本与模型出现过拟合，本节用相关信息熵来剔除冗余基因[49]。首先引入 logistic 回归模型进行基因筛选，获得对分类影响较大的基因，从而提高基因数据质量；然后基于 Relief 算法，利用相关信息熵代替互信息来度量基因之间的相关性，缩小基因子集规模；最后利用支持向量机分类器对选择出的重要基因进行分类验证，并通过仿真实验验证了所提方法的有效性和合理性。

5.6.2　logistic 回归模型与信息熵

二项 logistic 回归模型[65] (Binomial Logistic Regression Model, BLRM) 是一种分类模型，该模型可抽象化为条件概率分布 $P(X|Y)$，也可形式化为参数化的逻辑斯谛分布。因此，二项 logistic 回归模型可表示为

$$P(Y=1\,|\,X)=\frac{\exp(w\cdot x)}{1+\exp(w\cdot x)} \tag{5-63}$$

$$P(Y=0\,|\,X)=\frac{1}{1+\exp(w\cdot x)} \tag{5-64}$$

其中，$x\in\mathbf{R}^n$ 是输入变量，$Y\in\{0,1\}$ 是输出变量，$w\cdot x$ 为 w 和 x 的内积，$w=(w(1),w(2),\cdots,w(n),b)^{\mathrm{T}}$，$x=(x(1),x(2),\cdots,x(n),1)^{\mathrm{T}}$，$w$ 为权值向量，b 为偏置。如果事件发生的概率为 p，则该事件的对数概率或 logit 函数为 $\mathrm{logit}(p)=\log\left(\dfrac{p}{1-p}\right)$。

logistic 回归主要是计算两个条件的概率值，并将实例 x 划分到概率值较大的类中。

设 X 为一个离散型随机变量，其概率密度函数为 $p(x)$，则变量 X 的不确定性程度可以表示为信息熵 $H(X)$ [95, 96]，定义为

$$H(X)=-\sum_{x\in X}p(x)\log p(x) \tag{5-65}$$

由式 (5-65) 可知，实际上，熵是随机变量 X 的分布泛函数，但熵与 X 的概率分布特征有关，与 X 的实际取值无关。由此可知，信息熵可以在一定程度上避免噪声样本的干扰。信息熵的值越大，则变量 X 的不确定性程度越大。

给定概率分布 $p=(p_1,p_2,\cdots,p_n)$，则该分布所携带的信息熵被称为 p 的熵，公式为

$$\begin{aligned}I(p)&=-(p_1(x_1)\times\log_2 p_1(x_1)+p_2(x_2)\times\log_2 p_2(x_2)+\cdots+p_n(x_n)\times\log_2 p_n(x_n))\\&=-\sum_{k=1}^{n}p_k\times\log_2 p_k\end{aligned} \tag{5-66}$$

当变量 $x_1,x_2,\cdots,x_n$ 的顺序任意变换时，熵的值保持不变，因此熵的取值只取决于样本取值的整体分布概率，与样本的输入顺序无关。当变量只有唯一取值时，熵值为 0，表示其他任何情况的取值都不会出现。

5.6.3　二项 logistic 回归模型

logistic 回归模型只能对数值型输入变量建模，而且分类变量取值分别为 1 和−1。因此针对二分类数据集，1 表示正类样本，−1 表示负类样本。基于 SPSS 统计软件，将数据集中的基因进行 logistic 逐步回归并获得每个基因变量的卡方值和 P 值。为

了避免基因变量因阈值过大而被剔除掉,在该回归过程中,将筛选阈值 P 设置为 0.3,剔除 P 值大于 0.3 的基因变量。如果一个基因具有高的估计值,则该基因具有较高的信息分类能力,因此该基因具有与该数据其他基因的相关性。基于该估计,本节使用 logistic 回归来评估选择的基因。

5.6.4　相关信息熵

相关信息熵可以度量多个变量之间的相关性[97-101]。设 S 为多变量、非线性系统,该系统具有 Q 个变量,在时刻 $t(t=1,2,\cdots,K)$ 的多变量时间序列矩阵为 P,$P \in \mathbf{R}^{K \times Q}$,$y_i(t)$ 表示第 i 个时刻 t 的取值,不失一般性,$Q << K$,有

$$P = \{y_i(t)\}_{1 \leqslant t \leqslant K, 1 \leqslant i \leqslant Q} \tag{5-67}$$

则相关系数矩阵 R,$R \in \mathbf{R}^{K \times Q}$ 为

$$R = P^{\mathrm{T}} P \tag{5-68}$$

可变形为

$$R = \begin{bmatrix} 1 & r_{12} & \cdots & r_{1N} \\ r_{21} & 1 & \cdots & r_{2N} \\ \vdots & \vdots & & \vdots \\ r_{N1} & r_{N2} & \cdots & 1 \end{bmatrix} \tag{5-69}$$

定义 5-29　设基因的个数为 N,基因子集中基因的个数为 W,在相关系数矩阵中存在特征值 λ_j,且 $\lambda_j > 0$,$j = 1,2,\cdots,W$,且 $W << N$,则基因相关信息熵为

$$H_R = -\sum_{i=1}^{w} \frac{\lambda_j}{W} \log_N \frac{\lambda_j}{W} \tag{5-70}$$

基因相关信息熵 H_R 值越大,表明选取基因之间的相关性越小,基因之间的独立性越大;反之,亦然。若 H_R 的值为零,说明所有的基因线性相关;若 H_R 的值为 1,说明所有的基因相互独立。

5.6.5　基于 logistic 和相关信息熵的基因选择算法

本小节将 logistic 回归和相关信息熵引入基因选择算法中。采用 logistic 回归初步得到分类信息较大的基因子集,利用 Relief 算法消除癌症无关基因以及噪声的影响,为了有效地处理基因数据,利用相关信息熵度量样本特征间的关系,可在较小的基因集合中进行精确搜索。为了有效去除冗余基因,本小节采用相关信息熵去除冗余基因。为了更好地呈现变量之间的相关性,构建了所有变量的相关系数矩阵,采用均方误差衡量 n 元随机变量 $y_1, y_2, \cdots, y_n$ 的线性相关性,将均方误差记为

$$E = \alpha^{\mathrm{T}} R \alpha = y^{\mathrm{T}} \wedge y = \lambda_1 y_1^2 + \lambda_2 y_2^2 + \cdots + \lambda_n y_n^2 \geqslant 0 \qquad (5\text{-}71)$$

若变量的线性组合为常系数方程，则 E 的大小由特征值 $\lambda_1, \lambda_2, \cdots, \lambda_n$ 决定。特征值与 E 值正相关，即相关系数矩阵的特征值在一定程度上反映了变量的线性相关程度。

定义 5-30　对于已知的基因信息熵 H_R，使所选择的基因子集 F 具有最大的相关信息熵为

$$\mathrm{Max} H_R (F \cup g_i), \quad i = 1, 2, 3, \cdots, n \qquad (5\text{-}72)$$

其中，g_i 为基因变量，n 为基因的个数。

基于以上分析，本节提出了基于 logistic 和相关信息熵的基因选择算法，该算法的主要思想是针对癌症基因表达谱，经 logistic 回归模型得到初步选择的基因集合，利用 Relief 算法计算每个基因的重要度并排序；将基因按照重要度由大到小依次添加到基因子集 F。F 初始为空集，若将选择的基因加入候选子集时相关信息熵增大，则保留该基因；否则去除。

算法 5-6　基于 logistic 和相关信息熵的基因选择算法
（Logistic and correlation information entropy feature gene selection algorithm, Lciea）

输入：训练数据集 TR，测试数据集 TE，Relief 过滤值 δ，相关信息熵 H_R，logistic 回归模型得到初始基因数据 $S = \{g_1, g_2, \cdots, g_n\}$。

输出：基因集合 F。

步骤 1：$F = \mathrm{null}$；$H_R = 0$；

步骤 2：Relief(TR)；//利用 Relief 算法对特征赋值，得到特征权值 $w = \{w_1, w_2, \cdots, w_n\}$；

步骤 3：for $i = 1, 2, \cdots, n$ do

步骤 4：if $(w_i > \delta)$

　　　　$F = F \cup \{g_i\}$；//将 g_i 插入到 F 中得到新特征集合 F；

步骤 5：将 F 基因权值从大到小排序得到 F_s，依次为 $F_s = \{g_1, g_2, \cdots, g_m\}$；

　　　　end for

步骤 6：$F = \mathrm{null}$；//初始化为空集；

步骤 7：for $i = 1, 2, \cdots, m$ do

步骤 8：计算 $H_R(F \cup g_i)$，$g_i \in (F_s - F)$；//将权值最大的基因添加到 F，计算相关信息熵；

　　　　end for

步骤 9：if $(H_R(F \cup g_i) - H_R(F)) > 0$　then

　　　　$F = F \cup g_i$；//如果相关信息熵增大，将该基因加到基因子集中；

　　end if

步骤 10：if $(H_R(F \cup g_i) - H_R(F)) < 0$　then

　　　　$F = F - g_i$；//否则，去掉该基因；

　　　　end if

步骤 11：返回 F；

步骤 12：结束。

5.6.6　实验结果与分析

　　为了验证所提算法的有效性，本节采用来自 UCI 数据库中的乳腺癌数据集（Breast）和胃癌数据集（Gastric）作为实验数据。其中，Breast 数据集[20]有 84 个样本和 9216 个基因表达数据，Gastric 数据集[102]有 40 个样本和 1520 个基因表达数据。针对 Gastric 数据集 1520 个基因，将该数据集的 40 个目标进行 logistic 逐步回归，初步将变量减少为 942 个基因变量；针对 Breast 数据集 9216 个基因，将该数据集的 84 个目标进行 logistic 逐步回归，初步将基因变量减少为 5623，经过上述算法得到 S_{Breast} 和 S_{Gastric} 两个特征子集。针对癌症基因表达数据集，采用分类器 LibSVM[97,103]，其中使用的核函数是 RBF，惩罚因子 c =100，找出对应的参数最优点，其他参数默认。表 5-18 和表 5-19 可直观说明该算法在特征子集规模及分类准确率的优势。

表 5-18　Lciea 算法中的三个阶段

三个阶段	特征个数		分类精度/%	
	Breast	Gastric	Breast	Gastric
logistic	942	5623	86.2431	88.1941
Relief	639	214	88.3687	89.8165
Lciea	410	76	96.3928	95.6243

　　表 5-18 描述了 Lciea 算法三个阶段中产生的基因子集的分类性能。如在 logistic 回归模型阶段中，从 Gastric 数据集中获得 942 个基因，其分类精度为 86.2431%，从 Gastric 数据集中获得 5623 个基因，其分类精度为 88.1941%，由于此过程是初步过滤，所以数据集的规模较大；在 Relief 过程中，从 Breast 数据集中获得 639 个基因，其分类精度为 88.3687%，从 Gastric 数据集中获得 214 个基因，其分类精度为 89.8165%；而本节算法在 Breast 和 Gastric 数据集分别获取 410 个和 76 个基因，它们的分类精度分别为 96.3928%和 95.6243%。

　　本节对剔除冗余基因的方法进行研究，其中 Recorre（Relief correlation）特征选择算法采用互信息去除冗余基因，Resbsw（Relief sbswrapper）特征选择算法采用向后搜索法去除冗余基因[104]，Ners（Neighborhood rough set）特征选择算法采用属性约简方法去除冗余基因，而本节所提算法采用相关信息熵去除冗余基因。为了更好地比较四种算法的分类性能，本小节采用十折交叉验证方法评估算法的分类性能，并将分类结果的平均值作为最终的分类精度，实验结果如表 5-19 所示。可以看出，基于 logistic 和相关信息熵的基因选择算法无论在基因选择个数，还是分类精度方面均优于 Resbsw 算法和 Recorre 算法。Recorre 算法虽然可以获得较小的基因子集，但其分类精度较低并且时间复杂度较大，而 Resbsw 算法虽然分类精度高于前者，但获得基因子集较大。在 Breast 数据集中,利用 Recorre 算法得到的 683 个基因较 Resbsw 算法得到的 754 个基因少,但前者分类准确率为 84.6243%,较后者的分类精度 86.5814%低。而 Ners 算法分类性能较差,且其时间复杂度为 $O(mn\log n)$。本节算法不仅能获得基因数目最小的特征集合,而且在分类精度上得到很大的提升,如 Breast 数据集通过本节算法选择 410 个基因的分类精度达到 96.3928%,并且时间复杂度为 $O(n)$,因此该算法能有效地剔除冗余基因。

表 5-19　四种算法的分类性能比较

算法	基因子集		分类精度/%		时间复杂度	
	Breast	Gastric	Breast	Gastric	Breast	Gastric
Ners	421	95	80.4325	83.5179	$O(mn\log n)$	$O(mn\log n)$
Recore	683	112	84.6243	85.6217	$O(n^2)$	$O(n^2)$
Resbsw	754	134	86.5814	86.9712	$O(n)$	$O(n)$
Lciea	410	76	96.3928	95.6243	$O(n)$	$O(n)$

5.6.7　小结

本节将机器学习中 logistic 回归模型和相关信息熵引入特征选择的算法中,并采用支持向量机作为分类器进行分类,对癌症基因表达谱数据的基因选择问题进行研究。实验结果表明,该方法具有以下优点:可以获得较少的基因;在没增加时间复杂度的情况下可以获得较高的分类精度。

参 考 文 献

[1] 张霄雨. 面向肿瘤基因数据的邻域粗糙集特征选择方法研究. 新乡: 河南师范大学, 2019.

[2] Bissan G, Joe N. High dimensional data classification and feature selection using support vector machines. European Journal of Operational Research, 2018, 265(3): 993-1004.

[3] 史天亮, 王文光. 信息观和粒子群算法在城市交通拥堵中的研究. 重庆交通大学学报(自然科学版), 2021, 40(4):19-25.

[4] Wang C Z, Hu Q H, Wang X Z, et al. Feature selection based on neighborhood discrimination index. IEEE Transactions on Neural Networks and Learning Systems, 2018, 29(7): 2986-2999.

[5] 殷腾宇. 面向多标记学习的邻域粗糙集特征选择方法研究. 新乡: 河南师范大学, 2021.

[6] 叶小泉, 吴云峰. 基于支持向量机递归特征消除和特征聚类的致癌基因选择方法. 厦门大学学报(自然科学版), 2018, 57(5): 702-707.

[7] 陈涛, 洪增林, 邓方安. 基于优化的邻域粗糙集的混合基因选择算法. 计算机科学, 2014, 41(10): 291-294.

[8] 张靖, 胡学钢, 李培培, 等. 基于迭代 Lasso 的肿瘤分类信息基因选择方法研究. 模式识别与人工智能, 2014, 27(1): 49-59.

[9] 李涛. 基于监督学习的肿瘤特征基因选择方法研究. 新乡: 河南师范大学, 2016.

[10] Dai J H, Xu Q. Attribute selection based on information gain ratio in fuzzy rough set theory with application to tumor classification. Applied Soft Computing, 2013, 13(1): 211-221.

[11] 胡清华, 于达仁, 谢宗霞. 基于邻域粒化和粗糙逼近的数值属性约简. 软件学报, 2008, (3): 640-649.

[12] 孙林, 潘俊方, 张霄雨, 等. 一种基于邻域粗糙集的多标记专属特征选择方法. 计算机科学, 2018, 45(1): 173-178.

[13] Ronald A F. The use of multiple measurements in taxonomic problems. Annals of Eugenics, 1936, 7(2): 179-188.

[14] 张灵均. 基于邻域的扩展粗糙集模型及其在特征基因选择中的应用研究. 新乡: 河南师范大学, 2012.

[15] Zhou Z Y, Xu G, Xia J S, et al. Multiple instance learning tracking based on Fisher linear discriminant with incorporated priors. International Journal of Advanced Robotic Systems, 2018, 15(1): 1-19.

[16] Hu Q H, Yu D R, Liu J F, et al. Neighborhood rough set based heterogeneous feature subset selection. Information Sciences, 2008, 178(18): 3577-3594.

[17] 黄方舟. 基于 DNA 微阵列数据的肿瘤特征基因选择方法研究. 新乡: 河南师范大学, 2018.

[18] 汪荆, 徐林莉. 一种基于多视图数据的半监督特征选择和聚类方法. 数据采集与处理, 2015, 30(1): 106-116.

[19] 王蓝莹. 基于邻域粗糙集和 Lebesgue 测度的特征选择方法研究. 新乡: 河南师范大学, 2020.

[20] 周昉, 何洁月. 生物信息学中基因芯片的特征选择技术综述. 计算机科学, 2007, 34(12): 143-150.

[21] Shreem S S, Abdullah S, Nazri M Z A. Hybrid feature selection algorithm using symmetrical uncertainty and a harmony search algorithm. Internation Journal of System Science, 2016, 47(6): 1312-1319.

[22] Guerrero-Enamorado A, Morell C, Noaman A Y. An algorithm evaluation for discovering classification rules with gene expression programming. International Journal of Computational Intelligence System, 2016, 9(2): 263-280.

[23] 张新乐. 基于邻域粗糙集的特征选择方法研究. 新乡: 河南师范大学, 2018.

[24] 刘金勇, 郑恩辉, 陆慧娟. 基于聚类与微粒子群优化的基因选择方法. 数据采集与处理, 2014, 29(1): 84-89.

[25] 李更新, 郭庆雷, 贺益恒. 时序基因表达缺失值的加权上相回归估计算法. 数据采集与处理, 2013, 28(2): 137-140.

[26] 徐久成, 徐天贺, 孙林, 等. 基于邻域粗糙集和粒子群优化的肿瘤分类特征基因选取. 小型微型计算机系统, 2014, 35(11): 2529-2532.

[27] 李涛. 基于演化计算的特征选择方法研究. 哈尔滨: 哈尔滨工程大学, 2019.

[28] Chen X W. Margin-based wrapper methods for gene identification using microarray. Neurocomputing, 2006, 69(18): 2236-2243.

[29] Ramon D U, Sara A A. Gene selection and classification of microarray data using random forest. BMC Bioinformatics, 2006, 7(1): 3-4.

[30] Ma S G, Song X, Huang J. Supervised group Lasso with applications to microarray data analysis. BMC Bioinformatics, 2007, 8(1): 60-65.

[31] 王楠, 欧阳丹彤. 基于模型诊断的抽象分层过程. 计算机科学, 2011, 34(2): 384-394.

[32] 胡清华, 于达仁. 基于邻域粒化和粗糙逼近的属性约简. 软件学报, 2008, 15(3): 121-125.

[33] 张文修, 仇国芳. 粗糙集属性约简的一般理论. 中国科学: 信息科学, 2005, 12: 1304-1313.

[34] 黄德双. 基因表达谱数据挖掘方法研究. 北京: 科学出版社, 2009.

[35] 谢娟英, 李楠, 乔子芮. 基于邻域粗糙集的不完整决策系统特征选择算法. 南京大学学报(自然科学), 2011, 47(4): 384-390.

[36] 毛勇, 周晓波, 夏铮, 等. 特征选择算法研究综述. 模式识别与人工智能, 2007, 20(2): 212-218.

[37] 姚旭, 王晓丹, 张玉玺, 等. 特征选择方法综述. 控制与决策, 2012, 27(2): 162-166.

[38] Li S T, Wu X X, Hu X Y. Gene selection using genetic algorithm and support vectors machine. Soft Computing, 2008, 12(7): 693-698.

[39] 何清, 李宁. 大数据下的机器学习算法综述. 模式识别与人工智能, 2014, 27(4): 328-336.

[40] Liu H W, Liu L, Zhang H J. Ensemble gene selection by grouping for microarray data classification. Journal of Biomedical Informatics, 2010, 43(1): 81-87.

[41] Xie J Y, Xie W X. Several feature selection algorithms based on the discernibility of a feature subset and support vector machine. Journal of Computers, 2014, 37(8): 1704-1718.

[42] 袁晓龙, 梅雪, 黄嘉爽, 等. 基于随机森林算法的特征选择及在 fMRI 数据中的应用. 微电子学与计算机, 2014, 31(8): 133-135.

[43] Hu Q, Pedrycz W, Yu D. Selection discrete and continuous features based on neighborhood decision error minimization. IEEE Transaction on Systems Man and Cybernetics: Cybernetics, 2010, 40(1): 137-150.

[44] 谢娟英, 高红超. 基于统计相关性与 K-means 的区分基因子集选择算法. 软件学报, 2014, 25(9): 2050-2075.

[45] 宋源, 梁雪春, 张然. 基于统计特性随机森林算法的特征选择. 计算机应用, 2015, 35(5): 1459-1461.

[46] 徐久成, 李涛, 孙林, 等. 基于信噪比与邻域粗糙集的特征基因选择方法. 数据采集与处理,

2015, 30(5): 973-981.

[47] 明利特, 蒋芸, 王勇, 等. 基于邻域粗糙集和概率神经网络集成基因表达谱分类方法. 计算机应用研究, 2011, 28(12): 4441-4444.

[48] 陈智勤. 基于邻域粗糙集的加权 KNN 肿瘤基因表达谱分类算法. 计算机应用, 2010, 19(12): 86-89, 16.

[49] 李颖新, 阮晓钢. 基于支持向量机的肿瘤分类特征基因选取. 计算机研究与发展, 2005, 42(10): 1796-1801.

[50] Mark A H, Lloyd A S. Feature selection for machine learning: comparing a correlation-based filter approach to the wrapper. Hamilton: University of Waikato, 1999.

[51] Tapia E, Bulacio P, Angelone L. Sparse and stable gene selection with consensus SVM-FRE. Pattern Recognition Letters, 2012, 33(2): 164-172.

[52] 梁海龙, 谢珺, 续欣莹, 等. 新的基于区分对象的邻域粗糙集属性约简算法. 计算机应用, 2015, 35(8): 2366-2370.

[53] 段洁, 胡清华, 张灵均, 等. 基于邻域粗糙集的多标记分类特征选择算法. 计算机研究与发展, 2015, 52(1): 56-65.

[54] 张清华, 王国胤, 肖雨. 粗糙集的近似集. 软件学报, 2012, 23(7): 1745-1759.

[55] Tang Y C, Zhang Y Q, Huang Z. Development of two-stage SVM-RFE gene selection strategy for microarray expression data analysis. IEEE/ACM Transactions on Computational Biology and Bioinformatics, 2007, 4(3): 365-381.

[56] Cormen T H, Leiserson C E, Rivest R L. Introduction to Algorithms. Cambridge: MIT Press, 2009.

[57] Li B, Xiao J, Wang X. Feature reduction for power system transient stability assessment based on neighborhood rough set and discernibility matrix. Energies, 2018, 11(1): 185-204.

[58] Sun L, Zhang X, Xu J. A gene selection approach based on the fisher linear discriminant and the neighborhood rough set. Bioengineered, 2018, 91(1): 144-151.

[59] Chen Y, Zeng Z, Lu J. Neighborhood rough set reduction with fish swarm algorithm. Applied Soft Computing, 2017, 21(23): 6907-6918.

[60] Sardari S, Mahdi E, Fatemeh A. Hesitant fuzzy decision tree approach for highly imbalanced data classification. Applied Soft Computing, 2017, 61: 727-741.

[61] Sahu M, Nagwani N K, Shrish V. Optimal channel selection on electroencephalography device data using feature re-ranking and rough set theory on eye state classification problem. Journal of Medical Imaging and Health Informatics, 2018, 8(2): 214-222.

[62] Kubler S, Liu C, Sayyed Z A. To use or not to use: feature selection for sentiment analysis of highly imbalanced data. Natural Language Engineering, 2018, 24(1): 1-35.

[63] Sun L, Xu J C, Wang W. Locally linear embedding and neighborhood rough set-based gene

selection for gene expression data classification. Genetics and Molecular Research, 2016, 15(3):15038990.

[64] Khan S, Naseem I, Togneri R, et al. RAFP-Pred: robust prediction of antifreeze proteins using localized analysis of n-peptide compositions. IEEE/ACM Transactions on Computational Biology and Bioinformatics, 2018, 15(1): 244-250.

[65] 李航. 统计学习方法. 北京: 清华大学出版社, 2012.

[66] Serrapagès C, Kedersha N L, Fazikas L, et al. The LAR transmembrane protein tyrosine phosphatase and a coiled-coil LAR-interacting protein co-localize at focal adhesions. Embo Journal, 1995, 14(12): 2827-2838.

[67] Simeone A, Mavilio F, Acampora D, et al. Two human homeobox genes, c1 and c8: structure analysis and expression in embryonic development. Proceedings of the National Academy of Sciences of the United States of America, 1987, 84(14): 4914-4918.

[68] Parra C A. Characterization of the drosophila scaffold attachment factor B (SAFB). College Station: Texas A&M University, 2010.

[69] Swoboda B, Holmdahl R, Stoß H, et al. Cellular heterogeneity in cultured human chondrocytes identified by antibodies specific for α2(XI) collagen chains. Journal of Cell Biology, 1989, 109(3):1363-1369.

[70] Tracer H L, Loh Y P, Birch N P. Rat mitochondrial coupling factor 6: molecular cloning of a cDNA encoding the imported precursor. Gene, 1992, 116(2): 291.

[71] Xiong C, Yan Y, Gao F. Diagnostic utility of gene expression profiles. Journal of Biometrics and Biostatistics, 2013, 4(1): 1000158.

[72] Zhang Y, Morrone G, Zhang J, et al. CUL-4A stimulates ubiquitylation and degradation of the HOXA9 homeodomain protein. Embo Journal, 2003, 22(22): 6057-6067.

[73] Macalma T, Otte J, Hensler M E, et al. Molecular characterization of human zyxin. Journal of Biological Chemistry, 1996, 269(51): 31470-31478.

[74] Adriaansen H J, Kessel A H M G V, Bresser W D, et al. Expression of the myeloid differentiation antigen CD33 depends on the presence of human chromosome 19 in human-mouse hybrids. Annals of Human Genetics, 1990, 54(2): 115-119.

[75] Mayerhofer P U, Manuel B, Ismael M, et al. Human peroxin PEX3Is co-translationally integrated into the ER and Exits the ER in budding vesicles. Traffic, 2015, 17(2): 117-130.

[76] Reiterova J, Miroslav M, Stekrova J, et al. The influence of G-protein β3-subunit gene and endothelial nitric oxide synthase gene in exon 7 polymorphisms on progression of autosomal dominant polycystic kidney disease. Renal Failure, 2009, 26(2): 119-125.

[77] Huang X, Zhang L, Wang B, et al. Feature clustering based support vector machine recursive feature elimination for gene selection. Applied Intelligence, 2017, 48(10): 1-14.

[78] Chen S B, Zhang Y, Ding C H Q, et al. A discriminative multi-class feature selection method via weighted l2, 1-norm and extended elastic net. Neurocomputing, 2018, 275: 1140-1149.

[79] Chen J, Dong X, Lei X, et al. Non-small-cell lung cancer pathological subtype-related gene selection and bioinformatics analysis based on gene expression profiles. Molecular and Clinical Oncology, 2018, 8(2): 356-361.

[80] Du D, Li K, Li X, et al. A novel forward gene selection algorithm for microarray data. Neurocomputing, 2014, 133(8): 446-458.

[81] Callow M J, Dudoit S, Gong E L, et al. Microarray expression profiling identifies genes with altered expression in HDL-deficient mice. Genome Research, 2000,10(12): 2022-2029.

[82] Furlanello C, Serafini M, Merler S, et al. Entropy-based gene ranking without selection bias for the predictive classification of microarray data. BMC Bioinformatics, 2003, 4: 54-59.

[83] Hu Q H, Pan W. An effifient gene selection technique for cancer recognition based on neighborhood mutual information. International Journal of Machine and Cybernetics, 2010, 1(4): 63-74.

[84] Meng J, Zhang J, Li R, et al. Gene selection using rough set based on neighborhood for the analysis of plant stress response. Applied Soft Computing, 2014, 25(3): 51-63.

[85] Manjon J V, Coupe P, Buades A. MRI noise estimation and denoising using non-local PCA. Medical Image Analysis, 2015, 22(1): 35-47.

[86] 魏佐忠. 二阶矩阵的特征值和特征向量常考题型例析. 数学通讯, 2014, (2): 85-88.

[87] Xi M, Sun J, Li L, et al. Cancer feature selection and classification using a binary quantum behaved particle swarm optimization and support vector machine. Computational and Mathematical Methods in Medicine, 2016, 2016(9): 1-9.

[88] 范方云, 孙俊, 王梦梅. 一种基于改进的遗传算法的癌症特征基因选择方法. 江南大学学报(自然科学版), 2015, 14(4): 413-418.

[89] 秦传东, 刘三, 张市芳. 一种肿瘤基因的支持向量机提取方法. 西安电子科技大学学报(自然科学版), 2012, 39(1): 192-196.

[90] Krishnapuram B, Carin L, Hartemink A. Gene expression analysis: joint feature selection and classifier design. Kernel Methods in Computation Biology, 2004: 299-318.

[91] 李杰, 唐降龙, 王亚东, 等. 基因表达谱数据/分类技术研究及展望. 生物工程学报, 2005, 21(4): 668-673.

[92] Wang Y, Makedon F, Ford J, et al. HykGene: a hybrid approach for selecting marker genes for phenotype classification using microarray gene expression data. Bioinformatics, 2005, 21(8): 1350-1357.

[93] 王树林, 王戟, 陈火旺, 等. 肿瘤信息基因启发式宽度优先搜索算法研究. 计算机学报, 2008, 31(4): 636-649.

[94] Chuang L Y, Yang C H, Li J C, et al. A hybrid BPSO-CGA approach for gene selection and classification of microarray data. Joural of Computational Bioloy, 2012, 19(1): 68-82.

[95] Li A G, Wang B N. Feature subset selection based on binary particle swarm optimization and overlap information entropy. Proceedings of the IEEE International Conference on Computational Intelligence and Software Engineering, 2009: 1-4.

[96] 陈媛, 杨栋. 基于信息熵的属性约简算法及应用. 重庆理工大学学报(自然科学), 2013, 27(1): 43-46.

[97] 穆辉宇. 肿瘤基因特征选择方法研究. 新乡: 河南师范大学, 2018.

[98] 刘庆和, 梁正友. 一种基于信息增益的特征优化选择方法. 计算机工程与应用, 2011, 47(12): 130-132.

[99] 孙宇航. 粗糙集属性约简方法在医疗诊断中的应用研究. 苏州: 苏州大学, 2015.

[100] 赵旭俊, 蔡江辉, 马洋. 基于信息熵的加权频繁模式树构造算法研究. 模式识别与人工智能, 2014, 27(1): 29-34.

[101] 徐久成, 黄方舟, 穆辉宇, 等. 基于 PCA 和信息增益的肿瘤特征基因选择方法. 河南师范大学学报(自然科学版), 2018, 46(2):104-110+2.

[102] 高娟, 王国胤, 胡峰. 多类别肿瘤基因表达谱的自动特征选择方法. 计算机科学, 2012, 39(10): 193-197.

[103] 王海燕, 黎建辉, 杨风雷. 支持向量机理论及算法研究综述. 计算机应用研究, 2014, 31(5): 1282-1286.

[104] 张丽新, 王家廞, 赵雁南, 等. 基于 Relief 的组合式特征选择. 复旦学报(自然科学版), 2004, 43(5): 894-897.